江西财经大学信毅学术文库

节能环保企业战略经营业绩评估体系研究

方 芳 著

中国财经出版传媒集团

中国财政经济出版社

图书在版编目（CIP）数据

节能环保企业战略经营业绩评估体系研究／方芳著.
--北京：中国财政经济出版社，2019.10
（江西财经大学信毅学术文库）
ISBN 978 - 7 - 5095 - 9210 - 6

Ⅰ.①节…　Ⅱ.①方…　Ⅲ.①环保产业－企业经营管
理－经济评价－研究　Ⅳ.①X324

中国版本图书馆 CIP 数据核字（2019）第 190559 号

责任编辑：彭　波　　　　责任印制：党　辉
封面设计：王　颖　　　　责任校对：张　凡

中国财政经济出版社 出版

URL：http：//www.cfeph.cn
E - mail：cfeph @ cfemg.cn
（版权所有　翻印必究）

社址：北京市海淀区阜成路甲 28 号　邮政编码：100142
营销中心电话：010 - 88191537
北京财经印刷厂印装　各地新华书店经销
710 × 1000 毫米　16 开　15.25 印张　234 000 字
2019 年 10 月第 1 版　2019 年 10 月北京第 1 次印刷
定价：68.00 元
ISBN 978 - 7 - 5095 - 9210 - 6
（图书出现印装问题，本社负责调换）
本社质量投诉电话：010 - 88190744
打击盗版举报热线：010 - 88191661　QQ：2242791300

总　序

　　书籍是人类进步的阶梯。通过书籍出版，由语言文字所承载的人类智慧得到较为完好的保存，作者思想得到快速传播，这大大地方便了知识传承与人类学习交流活动。当前，国家和社会对知识创新的高度重视和巨大需求促成了中国学术出版事业的新一轮繁荣。学术能力已成为高校综合服务水平的重要体现，是高校价值追求和价值创造的关键衡量指标。

　　科学合理的学科专业、引领学术前沿的师资队伍、作为知识载体和传播媒介的优秀作品，是高校作为学术创新主体必备的三大要素。江西财经大学较为合理的学科结构和相对优秀的师资队伍，为学校学术发展与繁荣奠定了坚实的基础。近年来，学校教师教材、学术专著编撰和出版活动相当活跃。

　　为加强我校学术专著出版管理，锤炼教师学术科研能力，提高学术科研质量和教师整体科研水平，将师资、学科、学术等优势转化为人才培养优势，我校决定分批次出版高质量专著系列；并选取学校"信敏廉毅"校训精神的前尾两字，将该专著系列命名为"信毅学术文库"。在此之前，我校已分批出版"江西财经大学学术文库"和"江西财经大学博士论文文库"。为打造学术品牌，突出江财特色，学校在上述两个文库出版经验的基础上，推出"信毅学术文库"。在复旦大学出版社的大力支持下，"信毅学术文库"已成功出版两期，获得了业界的广泛好评。

　　"信毅学术文库"每年选取 10 部学术专著予以资助出版。这些学术专著囊括经济、管理、法律、社会等方面内容，均为关注社会热点论题或有重要研究参考价值的选题。这些专著不仅对专业研究人员开展研究工作具有参考价值，也贴近人们的实际生活，有一定的学术价值和现实指导意义。专著的作者既有学术领域的资深学者，也有初出茅庐的优秀博士。资深学者因其学术涵养深厚，他们的学术观点代表着专业研究领域的理论前沿，对他们专著的出版能够带来较好的学术影响和社会效益。优秀博士作为青年学者，他们学术思维活跃，容易提出新的甚至是有突破性的学术观点，从而成为学术研究或学术争论的焦点，出版他们学术成果的社会效益也不言自明。一般而言，国家级科研基金资助项目具有较强的创新性，该类研究成果常常在国内甚至国际专业研究领域处于领先水平，基于以上考虑，我们在本次出版的专著中也吸纳了国家级科研课题项目研究成果。

"信毅学术文库"将分期分批出版问世，我们将严格质量管理，努力提升学术专著水平，力争将"信毅学术文库"打造成为业内有影响力的高端品牌。

王 乔

2016 年 11 月

前　言

当今世界新技术、新产业发展迅猛，孕育着新一轮产业革命，新兴产业正在成为引领未来经济社会发展的重要力量，世界主要国家纷纷调整发展战略，大力培育新兴产业，抢占未来经济、科技竞争的制高点。战略性新兴产业是以重大技术突破和重大发展需求为基础，对经济社会全局和长远发展具有重大引领带动作用，知识技术密集、物质资源消耗小、成长潜力大、综合效益好的产业。对战略性新兴产业企业进行业绩评价，既是我国"十二五"期间社会经济发展中遇到的实际问题，又是我国社会主义经济研究面临的理论课题。因此，开展战略性新兴产业企业业绩评价理论研究、构建企业业绩指标体系、创新业绩评价方法具有重要的理论价值和实践意义。

本书以战略性新兴产业之首的节能环保产业为对象，研究节能环保企业战略经营业绩评价体系，从理论角度阐述在新兴产业引领世界经济的特殊环境下，影响企业价值形成的因素，并以此为依据，设置企业战略经营业绩评价指标体系，并通过设置指标权重和使用多属性决策方法综合评价，对评价结果的一致性和稳定性进行验证，期望为综合评价战略性新兴产业企业经营业绩提供有益的参考。

围绕研究主题，本书拟分为如下几个部分进行研究，具体内容如下：

（1）节能环保企业战略经营业绩评价指标体系的构建。

在设置企业战略经营业绩评价指标体系时应考虑的因素包括企业战略经营的特征、目标、经营管理理念以及应遵循的原则。同时，指标体系的设置必须遵循企业绩效的形成因素，而节能环保企业绩效形成的能力来源包括来自企业内部的财务运营能力、学习创新能力、战略引导能力和履行社会责任能力四个方面因素。在此分析的基础上，结合数据来源，确定样本企业，并对原始数据进行预处理，构建一个由财务性层面、新兴性层面、战略性层面以及循环性层面构成的节能环保企业战略经营业绩评价体系。

（2）节能环保企业战略经营业绩评价指标权数的确定。

企业战略经营业绩的综合评价，必须要先确定指标体系的权重系数。从目前常用的几种权数确定方法的原理及其优缺点来看，最适合节能环保企业的指标权重计算是熵值法。根据熵值法对于权数计算的基本步骤，处理原始数据，得出各项指标的权重系数，分析的结果是相对合理的。

（3）节能环保企业战略经营业绩的综合评价。

在确定了样本企业、指标体系及其权重系数之后，就是选择合适的方法进行综合评价。书中选择了修正后的 TOPSIS 法。在介绍了传统 TOPSIS 法的原理及其计算步骤后，发现该方法的不足之处，并进行修正分析，得出修正后的 TOPSIS 法进行企业业绩综合评价的计算步骤。以此为依据，对样本企业的原始数据进行预处理，按步骤计算其综合评价得分以及综合排序。对评价结果使用鲁棒性分析稳健性，再对其合理性进一步评估。

（4）节能环保企业绩效评价的案例分析。

设置的指标体系能否实际运用是检验研究成果的最终标准。书中从节能环保样本企业中按照相关选择依据挑选出若干家企业，使用指标体系进行综合评价以及排序。将评价结果与企业实际情况相比对，比较分析指标体系评价结果的科学性与合理性，并结合我国国情，对提高节能环保企业战略经营业绩提出相应的对策和建议。

最后总结本书的研究成果，阐述本书研究存在的创新之处和不足之处，并说明未来的研究方向。

本书的研究目标可归纳为：

（1）归纳整理企业绩效形成的影响因素，构建节能环保企业业绩评价指标体系。探讨不同因素共同作用时对企业绩效形成的影响，为企业绩效评价指标的选取提供理论基础。

（2）从节能环保企业的实际情况出发，将由财务性层面、新兴性层面、战略性层面以及循环性层面构成的节能环保企业战略经营业绩评价体系，进行综合评价，并对评价结果进行稳定性与合理性分析。

（3）以我国上市的节能环保概念五家企业为样本，实证分析企业业绩评价指标体系综合评价结果的合理性，得出节能环保企业战略经营改进对策与建议，根据实际情况给出相应的政策建议。

　　为了展开研究并达到前面预期的研究目标，本书拟采取文献研究法、实证分析方法完成研究工作，具体是指：

　　（1）通过文献检索和阅读，对国内外关于业绩评价的概念、目标、原则、评价体系和评价方法等文献回顾，以此为基础，形成本书的研究思路和内容。

　　（2）通过对节能环保概念上市公司的数据搜集和预处理，采用多属性决策方法中修正的 TOPSIS 法对企业战略经营业绩综合评价，测算样本企业综合得分并对其进行相应排序，同时对评价结果的稳定性作出了测试和分析。为更好地说明指标体系与评价方法的实用性，理论联系实际，收集我国节能环保概念五家上市公司数据，再使用指标体系进行了实证分析。

　　纵观全书，基于委托代理理论、利益相关者理论、战略管理理论、循环经济理论和社会网络理论这几种跨学科理论，采用了定性分析与定量分析相结合的方法。以定量分析为主，系统研究了节能环保产业特色，节能环保企业创造价值的驱动因素，并以此为依据设置了节能环保企业绩效评价指标体系，试图通过多属性决策方法的测算来验证指标体系的稳定性和合理性。总结起来，本书主要形成了以下研究结论：

　　（1）分析了财务运营能力、学习创新能力、战略引领能力和履行社会责任能力是帮助节能环保企业业绩形成的内在因素。通过对绩效一词的内涵分析，本书归纳了节能环保企业战略经营绩效形成外在应考虑的因素包括政府因素、产业周期因素和技术工艺因素，内在因素从各项跨学科理论着手，分析了财务运营能力、学习创新能力、战略引领能力和履行社会责任能力能够帮助节能环保企业形成战略经营业绩。企业绩效评价作为现代公司治理一个重要的环节，在设置指标体系时必须与时俱进，参照企业业绩形成的因素。因此，本书分析得出节能环保企业应当从财务运营层面、学习创新层面、战略引导层面和社会责任层面四个方面衡量企业战略经营的业绩水平。

　　（2）构建出一套由财务性层面指标、新兴性层面指标、战略性层面指标和循环性层面指标，共计 32 项指标构成的节能环保企业战略经营业绩评价指标体系。本书依照指标体系设置的总体思路，遵循指标设置的原则，从文献资料、数据库等整理分析计算指标所需数据，计算各个层次所需指标的具体数值。再对计算数值进行预处理，进行各项指标的筛选。最后构建出一个有财务性层面、新兴性层面、战略性层面和循环性层面构成的节能环保企业战略经营业绩评价指标体系。其中，财务性层面指标包括盈利能力指标、营运能力指标、偿债能力指标和增长能力指标四个方面的一级指标，对应的二级指标分别是总资产报酬率、总资产净利率、净资产收益率、成本费用利润率和营业利润率；总资产周转率、流动资产周转率、应收账款周转率、存货周转率和营运资本周转率；流动比率、利息保障倍数、权益乘数和速动比率；总资产增长率、营业利润增长率、可持续增长率、营业总收入增长率和资本保值增值率。新兴性层面指标包括技术研发潜力一级指标，具体来说，包括研发投入强度指标、技术人员密度指标、员工人均培训费用几项指标。战略性层面指标包括管理者社会能力指标、企业社会能力指标、客户满意度指标和市场占有率指标，分别由管理者受教育程度、管理者社会联系程度、企业公共关系费用支出率、就业人数增长率、存量客户销售额占销售总额的比率和品牌产品销售增长率来表示。循环性层面指标包括节能指标、环保指标和资源循环再利用指标，分别用能耗指标、"三废"排放达标率和废弃物综合利用率来计算。

（3）综合评价了节能环保企业战略经营业绩，测算了我国节能环保概念上市企业战略经营业绩的综合评分和排名，验证了指标体系业绩评价结果的稳定性和合理性。采用熵值法设置指标权重系数。本书在节能环保企业绩效评价指标体系的基础上，分析了各项目前常用的权数计算原理，对比了各种方法的优缺点。通过比较分析，总结了本书搜集的节能环保企业原始数据，适合采用熵值法计算权重系数。再根据熵值法的原理和计算步骤，将原始数据进一步处理，得出各项指标的权重值。根据实际情况，对权重数值的合理性进行了确认。为下一部分的综合评价预做了准备。采用修正的 TOPSIS 方法对节能环保企业进行综合评价，依据评分结果进行排序。也就是根据研究目的，从搜集的资料以及汇总的指标信息中寻找依据，借助多属性决策方法中的修正的 TOPSIS 法，对节能环保企业战略经营绩效做出一种价值判断，揭示企业经营绩效孰优孰劣，为企业发展规划提供有价值的管理建议和意见。本书选择 TOPSIS 法时，论述了方法本身的缺陷。于是，归纳了修正的思路，根据修正后的计算步骤，将原始数据进一步处理，计算得出了所有样本企业的综合得分及其排序。从完整性的角度，本书采用了鲁棒性分析计算结果的稳定性。从变动系数比例、变动样本数量和更换样本范围三个角度进行稳健性测试，均得到了较为理想的结果。

作者

2019 年 6 月

目　　录

第1章 绪 论

1.1 问题提出及研究意义

当今世界新技术、新产业发展迅猛，孕育着新一轮产业革命，新兴产业正在成为引领未来经济社会发展的重要力量，世界主要国家纷纷调整发展战略，大力培育新兴产业，抢占未来经济、科技竞争的制高点。战略性新兴产业是以重大技术突破和重大发展需求为基础，对经济社会全局和长远发展具有重大引领带动作用，知识技术密集、物质资源消耗小、成长潜力大、综合效益好的产业。对战略性新兴产业企业进行业绩评价，既是我国"十二五"期间社会经济发展中遇到的实际问题，又是我国社会主义经济研究面临的理论课题。因此，开展战略性新兴产业企业业绩评价理论研究、构建企业业绩指标体系、创新业绩评价方法具有重要的理论价值和实践意义。

第一，2009 年 11 月 3 日，温家宝在人民大会堂向首都科技界发表了题为《让科技引领中国可持续发展》的讲话，他认为科学选择战略性新兴产业非常重要，选对了能跨越发展，选错了将会贻误时机。为此确定节能环保、新一代信息技术、生物、高端装备制造、新能源、新材料、新能源汽车等七大产业为我国战略性新兴产业。2010 年 9 月 8 日召开的国务院常务会议，审议并原则通过《国务院关于加快培育和发展战略性新兴产业的决定》。会议指出，加快培育和发展以重大技术突破、重大发展需求为基础的战略性新兴产业，对于推进产业结构升级和经济发展方式转变，提升我国自主发展能力和国际竞争力，促进经济社会可持续发展，具有重要意义。2012 年，国务院出台了《"十二五"国家战略性新兴产业发展规划》，明确了七个重点领域及 2015～2020 年的发展目标，以及相应的配套政策与重大工程。规划明确指出：必须坚持发挥市场基础性作用与政府引导推动相结合，科技创新与实现产业化相结合，深化体制改革，以企业为主体，推进产学研结合，把战略性新兴产业培育成为国民经济的先导产业和支柱产业。任何经济发展模式的作用发挥都是以企业为载体，而业绩评价是企业实现其经营目标的一项重要制度安排，因此，对战略性新兴产业企业业绩评价问题成为亟待解决的一个重要问题，具有重大政策意义。本书对战略性新兴产业之首的节能环保产业企业业绩评价理论问题的研究，包括节能环保产业企业经营目标及定位、战略管理特征，以及评价的目标、原则等问题，将拓展业绩评价理论的内容，促进业绩评价理论的发展。可见，本书的研究具有重要的理论价值。

在 2013 年 3 月举行的第十二届全国人大第一次会议第五次全体会议中，党和国家领导人纷纷来到各代表团，与代表们一起审议政府工作报告，审查预算报告和计划报告。习近平主席在出席江西代表团参加审议时，提出环境就是民生，青山就是美丽，蓝天也是幸福。要像保护眼睛一样保护生态环境，像对待生命一样对待生态环境。这一重要讲话，再一次表明国家政府对节约能源、保护环境的决心和信念。

第二，企业业绩评价是为了实现企业的生产经营目的，运用特定的指标和标准，采用科学的方法，对企业生产经营活动过程及其结果做出的一种价值判断。从历史上看西方业绩评价经历了从成本业绩评价向财务业绩评价再向战略业绩评价的演进，促使这种演进的内在动因是企业经营环境的变化，满足评价主体全面评价企业业绩的需要。而我国企业财务业绩评价指标体系的历史演进过程中出现过三次重大变革：第一次变革是 1993 年财政部出台《企业财务通则》所设计的财务绩效评价指标体系；第二次变革是 1995 年财政部制定的《企业经济效益评价指标体系（试行）》；第三次变革是 1999 年财政部等四部委联合颁布《国有资本金绩效评价规划》。我国企业业绩评价方法经过了计划经济时期以"实物产量指标"为主体内容的业绩评价，到改革开放初期以"利润总量指标"为核心内容的业绩评价，进一步到 20 世纪 90 年代末以综合评价为基础内容的业绩评价。而运用数理统计和运筹学的方法去研究企业战略经营业绩评价与应用实践还有值得探索的空间，并对评价结果的一致性、优劣性和稳定性等进行研究。

本书拟在以上方面做出研究，这将有助于业绩评价方法的拓展与创新，因此具有重要理论方法意义。

1.2 研究对象和基本概念

1.2.1 研究对象

本书以战略性新兴产业之首的节能环保产业为例，研究节能环保企业战略经营业绩评价体系，从理论角度阐述在新兴产业引领世界经济的特殊环境下，企业价值形成的能力来源，以此为依据，设置企业战略经营业绩评价指标体系，并通过设置指标权重和使用多属性评价方法，对评价结果的一致性和稳定性进行验证，为综合评价战略性新兴产业企业的经营业绩提供有益的参考。

1.2.2 基本概念

（1）业绩评价。

"如果你不能评价，你就无法管理。"对于企业而言，无论是制定战略、实施控制还是培养能力，都离不开业绩评价系统，可以说业绩评价是进行企业管理的前提。业绩评价，也称绩效评价或效绩评价，从科学管理之父泰罗选择工作效率进行业绩评价以来，业绩评价已经从传统的财务业绩评价发展成为一个综合的评价系统。

（2）节能环保产业。

节能环保产业与循环经济发展模式的关系，也就是全书研究的逻辑起点。节能主要是从工业活动前端提升能源与资源的有效利用率，从源头减少能源的消耗；环保则更多的是从后端处理，对工业活动日常经营产生的污染物进行处理后，排放到自然环境中，循环经济从某种意义上讲是联系前端节能与后端处理的纽带。节能环保产业作为国家战略性新兴产业之首，其发展方式是循环经济发展模式的更高发展阶段的现实表现。

1.3 研究内容和研究思路

1.3.1 研究内容

围绕研究主题，本书拟分为如下几个部分进行研究，具体内容如下：

（1）节能环保企业战略经营业绩评价指标体系的构建。

在设置企业战略经营业绩评价指标体系时应考虑的因素包括企业战略经营的特征、目标、经营管理理念以及应遵循的原则。同时，指标体系的设置必须遵循企业绩效的形成因素，而节能环保企业绩效形成的能力来源包括来自企业内部的财务运营能力、学习创新能力、战略引导能力和履行社会责任能力四个方面的因素。在此分析的基础上，结合数据来源，确定样本企业，并对原始数据进行预处理，构建一个由财务性层面、新兴性层面、战略性层面以及循环性层面构成的节能环保企业战略经营业绩评价体系。

（2）节能环保企业战略经营业绩评价指标权数的确定。

企业战略经营业绩的综合评价，必须先确定指标体系的权重系数。从目前常用的几种权数确定方法的原理及其优缺点来看，最适合节能环保企业的指标权重计算是熵值法。根据熵值法对于权数计算的基本步骤，处理原始数据，得出各项指标的权重系数，分析的结果是相对合理的。

（3）节能环保企业战略经营业绩的综合评价。

在确定了样本企业、指标体系及其权重系数之后，就是选择合适的方法进行综合评价。书中选择了修正后的 TOPSIS 法。在介绍了传统 TOPSIS 法的原理及其计算步骤后，发现该方法的不足之处，并进行修正分析，得出修正后的 TOPSIS 法进行企业业绩综合评价的计算步骤。以此为依据，对样本企业的原始数据进行预处理，按步骤计算其综合评价得分以及综合排序；对评价结果使用鲁棒性分析稳健性，再对其合理性进一步评估。

（4）节能环保企业绩效评价的案例分析。

设置的指标体系能否实际运用是检验研究成果的最终标准。书中从节能环保样本企业中按照相关选择依据挑选出若干家企业，使用指标体系进行综合评价以及排序。将评价结果与企业实际情况相比对，比较分析指标体系评价结果的科学性与合理性，并结合我国国情，对提高节能环保企业战略经营业绩提出相应的对策和建议。

最后总结本书的研究成果，阐述本书研究存在的创新之处和不足之处，并说明未来的研究方向。

1.3.2　研究思路

全书的研究思路是围绕着"理论问题研究→评价体系研究→应用案例研究"的逻辑展开的。其中，第一部分"理论问题研究"的研究思路从业绩评价相关理论研究的述评展开，对企业战略经营特征、企业战略经营目标、企业经营管理理念和企业业绩评价应遵循的原则等方面进行文献回顾及相应的述评，在此基础上分析节能环保企业战略经营业绩形成因素包括财务运营能力、学习创新能力、战略引导能力以及履行社会责任能力。第二部分"评价体系研究"的研究思路是构建节能环保企业战略经营业绩评价指标体系。思路来源于第一部分理论问题研究的分析结果，具体包括财务性层面指标、新兴性层面指标、战略性层面指标和循环性层面指标的多层面指标体系。选择熵值法对指标赋权，使用多属性决策方法（修正的TOPSIS 法）综合评价，测算评价结果的鲁棒性，验证综合评价体系的稳定性。第三部分"应用案例研究"的研究思路是实际应用第二部分构建的指标体系。围绕着节能环保概念，选择样本企业，对企业战略经营业绩综合评价和排序，说明综合评价体系的适用性，并由此得出对节能环保企业战略经营的改进对策与建议。具体的研究思路如图 1-1 所示。

1.3.3　结构安排

全书分九章：绪论、国内外相关文献综述、节能环保企业战略经营业绩评价的理论概述、节能环保企业战略经营业绩评价应遵循的原则和应考虑的因素、节能环保企业战略经营业绩评价指标体系的构建、节能环保企业战略经营业绩评价指标权数的确定、节能环保企业战略经营业绩的综合

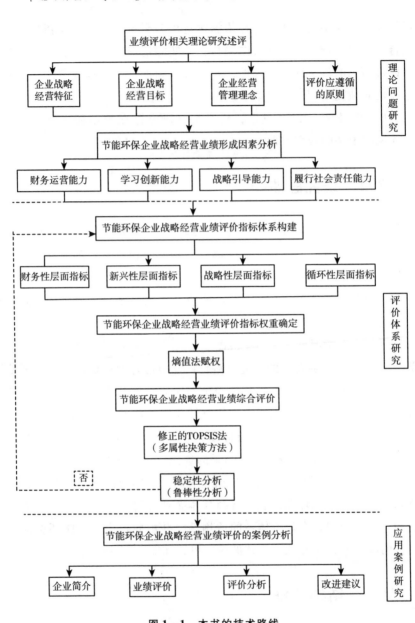

图 1-1 本书的技术路线

评价、节能环保企业战略经营业绩评价案例分析、研究结论与展望。全书结构安排如图 1-2 所示。

第 1 章在分析节能环保企业战略经营业绩评价的重要性基础上，提出

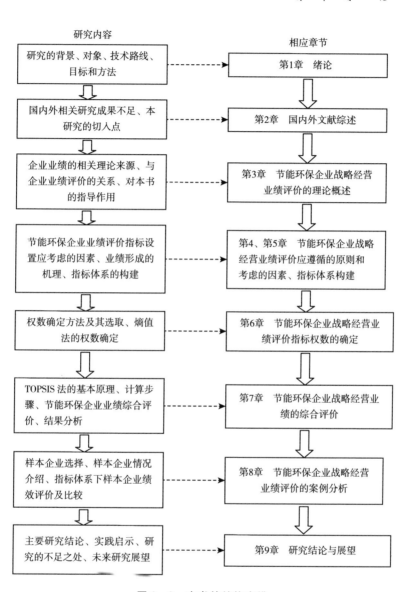

图 1 - 2 本书的结构安排

本书研究的主要问题，并说明研究的理论意义和实践意义，然后对本书研究的相关基本概念进行界定，阐述研究的方法和技术路线，最后对本书研究目标和方法进行介绍。

第 2 章在整理文献的基础上，系统回顾了业绩评价相关的文献研究。

从企业业绩评价的相关概念、目标、原则、企业业绩评价的指标体系、企业业绩评价的方面对国内外研究进行回顾，再对现有研究作出述评，总结已有研究的成果与不足，据此提出本书研究内容的切入点。

第 3 章对业绩评价研究的相关理论概述进行梳理、归纳和总结。从节能环保企业业绩的基本概念着手，分析了企业战略经营的特征、目标和管理理念。从财务运营能力、学习创新能力、战略引领能力和履行社会责任能力四个方面，挖掘促成节能环保企业战略经营业绩形成因素。再从委托代理理论、利益相关者理论、战略管理理论、循环经济理论、社会网络理论这些理论依据寻根溯源，重点厘清这些理论与业绩评价之间相互关系以及它们的发展演化历程，从而更好地理解企业业绩评价研究的理论基础，为本书的研究提供研究方法的切入点。

第 4 章从节能环保企业战略经营业绩评价指标体系设置应考虑的因素着手，分析了节能环保企业业绩评价应遵循的原则。分析了相关性、全面性、系统性、国家意志及以财务业绩为落脚点的评价原则，并从节能环保产业政策法规、产业生命周期以及企业生产技术工艺等角度分析了节能环保企业战略经营业绩评价应考虑的各项相关因素，为构建节能环保企业业绩评价指标体系预做准备。

第 5 章是建立在前面文献梳理、理论概述以及相关因素分析的基础之上的。从来自企业的财务运营能力、学习创新能力、战略引导能力和履行社会责任能力四个方面的内在因素分析，再结合数据来源，确定样本企业，并对原始数据进行预处理，构建出一套由财务性层面指标、新兴性层面指标、战略性层面指标以及循环性层面指标构成的节能环保企业战略经营业绩评价体系，为后续章节的综合评价奠定基础。

第 6 章首先从目前常用的权数确定方法的分析出发，通过比较和分析主要权重计算方法的原理和优缺点，分析了节能环保企业业绩评价权重的确定方法是熵值法。根据熵值法赋权基本原理，按步骤计算节能环保企业业绩评价指标的权重系数，处理原始数据，得出各项指标的权重系数，再结合实际情况分析计算结果的合理性。

第 7 章基于熵权法赋权的结果，对节能环保企业战略经营业绩进行综合评价。传统的 TOPSIS 法在进行业绩评价时会出现逆序和无法绝对排序的问题，需要经过修正才能保证结果的稳定性。按照修正后的 TOPSIS 法，对原始数据进行预处理，计算企业的综合评价结果。对评价结果的稳定性进行检验，以揭示修正后的 TOPSIS 法综合评价的稳定性与合理性，并给出相关政策启示。

第 8 章首先根据行业和企业的不同情况对实际应用的样本企业做出选择。其次，介绍每一家企业的基本情况，并对新样本企业的原始数据进行汇总，使用指标体系对样本企业经营业绩进行综合评价和排序，对比分析评价结果，以此分析我国节能环保企业战略经营状况并提出改进对策与建议，进而给出相关政策启示。

第 9 章总结本书研究的创新之处，结合本书研究的不足之处讨论今后进一步研究方向。

1.4　研究目标和研究方法

依据 1.3 节的主要内容，本书的研究目标可归纳为：

（1）归纳整理企业绩效形成的影响因素，构建节能环保企业业绩评价指标体系。探讨不同因素共同作用时对企业绩效形成的影响，为企业绩效评价指标的选取提供理论基础。

（2）从节能环保企业的实际情况出发，将由财务性层面、新兴性层面、战略性层面以及循环性层面构成的节能环保企业战略经营业绩评价体系，进行综合评价，并对评价结果进行稳定性与合理性分析。

（3）以我国上市的节能环保概念企业为样本，实证分析企业业绩评价指标体系再综合评价结果，通过对比分析，得出节能环保企业战略经营改进对策与建议，根据实际情况给出相应的政策建议。

为了展开研究并达到前面预期的研究目标，本书拟采取文献研究法、实证分析方法完成研究工作，具体是指：

（1）通过文献检索和阅读，对国内外关于业绩评价的概念、目标、原则、评价体系和评价方法等文献回顾，以此为基础，形成本书的研究思路和内容；

（2）通过对节能环保概念上市公司的数据搜集和预处理，采用多属性决策方法中修正的 TOPSIS 法对企业战略经营业绩综合评价，测算样本企业综合得分并对其进行相应排序，同时对评价结果的稳定性作出了测试和分析。为更好地说明指标体系与评价方法的实用性，理论联系实际，收集我国节能环保概念五家上市公司数据，再使用指标体系进行实证分析。

1.5　本章小结

本章首先从理论和实践背景阐述了节能环保企业战略经营业绩评价的重要意义，其次阐述了本书研究对象和相关基本概念，说明了本书的研究内容和结构安排，最后描述了本书的研究目标和方法。第 2 章将围绕研究问题进行文献综述，为本书的理论建模和实证分析奠定基础。

第 2 章　国内外相关文献综述

本章围绕业绩评价进行相关文献综述，分别从企业业绩评价的概念、目标和原则，以及业绩评价的指标体系和评价方法等方面进行相关文献回顾，并在此基础之上对现有研究述评，随后提出了本书研究切入点和思路。

2.1　企业业绩评价相关概念的文献回顾

2.1.1　评价主体

从概念上说，企业业绩评价是管理者等权益相关者对经营结果的判断，直接影响战略经营决策。而整个经营战略决策是一项由多因素共同相互影响的综合过程，因此有必要对影响企业业绩评价的各项因素进行分析。

评价主体实际上是描述"谁评价"，即发起评价的人或组织为谁。企业业绩评价主体主要有"单一主体观""多元主体观"两种代表观点。"单一主体观"的代表人物有杜胜利，认为企业业绩评价的主体定位于企业所有者（杜胜利，1999）。大多数学者认为企业业绩评价主体观是"多元主体观"，企业是由股东、债权人、供应商、客户、员工、政府等利益相关者组成，各利益相关者出于某种目的会对企业绩效进行评价（孙世敏，2010；陆庆平，2006；潘康宇，2011；陈维政，2002）。从评价主体的研究来看，它由业主制下单一自我评价，逐渐演变为公司制下出资者对职业经理人、债权人对公司整体的二元评价，以及各利益相关者对公司所作的二元评价，与各利益相关者对公司所作的多元性评价（陈共荣、曾峻，2005）。如果是以企业内部也即以形成过程管理为目的的业绩评价，其评价主体主要是企业的管理人员；如果是以业绩形成结果管理为目的的评价，则评价主体主要是指出资者、债权人、政府、社区公众等（王化成等，2004）。

2.1.2 评价内涵

绩效评估就是将以往发生的行为对当前企业绩效产生的影响进行量化的过程。现代企业的绩效测量是为了满足迅速变化的市场环境下企业战略管理所需。更为准确的定义是：绩效评估系统是通过对所需要的数据进行收集、整理、分类、分析、解释和传递，并对以往行为的效率和效力进行量化，并据此作出相应决策分析，采取相应行为的过程（Neely A.，2000）。

根据财政部统计评价司的阐述，所谓企业绩效评价，是指运用数理统计和运筹学原理，特定指标体系，对照统一的标准，按照一定程序，通过定量定性对比分析，对企业一定经营期间的经营效益和经营者业绩作出客观、公正和准确的综合评判。

企业绩效评价的基本特征是以企业法人作为具体评价对象，评价内容重点在盈利能力、资产质量、债务风险和经营增长等方面，以能准确反映上述内容的各项定量和定性指标作为主要评价依据，并将各项指标与同行业和规模以上的平均水平对比，以期求得某一企业公正、客观的评价结果。

企业业绩评价就是运用统一、规范、科学的评价方法，对企业的生产经营活动过程及其结果做出的一种价值判断，进而实现企业的生产经营目的。其核心内容就是将收入与费用进行比较分析，通过对比分析得出最佳状况（张蕊，2006）。

企业业绩评价是考察企业占有、使用、管理支配与处置资产的能力，即通过对企业的经营成果和经营者的经营业绩的评判，不但可以检查合同的执行情况，为企业实施下一步发展战略提供决策信息，而且还能为企业管理者及其他的利益相关者对企业的经营成果和经营者的经营业绩提供有效的决策参考，从而引导企业经营者改善经营管理方式，进一步提高企业的综合竞争力（孟建明，2002）。

简单地说，企业业绩评价就是评价主体运用特定的指标、标准和方法，对某一时期内企业预期目标的实现情况所进行的价值判断（Brickley，Smith and Zimmerman，2004）。

2.1.3　评价客体

业绩评价的客体是指业绩评价的对象，描述的是"评价什么"，即围绕什么进行评价，评价的对象是什么。从评价客体上，它可以是被评价的企业整体（是为"经营业绩评价"），也可以是被评价企业经理人或团队（是为"管理业绩评价"）（王斌，2008）。评价的客体是相对评价的主体而言的，是指实施评价的对象。评价的客体是由主体的需要而决定的，即由企业相关利益方的需要所决定的。企业以循环经济条件下的战略经营行为为评价对象，其评价的内容通常包括在以"3R"为指导原则下企业的盈利水平、偿债能力、发展能力及"三废"的治理能力，也即在"3R"为指导思想下企业的核心竞争能力评价。

从评价内容上看，它随着企业经营环境及企业目标在不同时期的改变而改变，从注重成本业绩（19 世纪初至 20 世纪初）到关注财务业绩（20世纪初至 20 世纪 90 年代），再发展到综合业绩（20 世纪 90 年代至今），从而逐步形成了相对完善的评价内容体系（张蕊，2001）。目前，在企业绩效评价中，对评价客体的确定有两种方法：一是将所有企业作为一个评价客体；二是采取案例研究的方法，将某一家企业作为评价客体。黎毅（2009）认为既不能将所有的企业放在一起，用一套评价体系进行评价，也不能每一家企业都设置一套绩效评价体系，而需要按照一定的标准对企业进行科学合理的分类，每一类企业设置一套绩效评价体系。

本书按照《"十二五"国家战略性新兴产业发展规划》所明确的七大国家重点发展的战略性新兴产业名录，以 2015～2020 年国家发展目标为依据，选择"排头兵"节能环保产业为研究对象，将评价的对象定位在节能环保类上市公司。之所以这样定位，是因为节能环保企业的经营与发展，代表着我国经济转型的风向标，有鲜明的代表意义，能够作为企业业绩评价的研究范本。

2.2　企业业绩评价相关目标的文献回顾

评价思路的形成，有赖于相对正确的评价目标的设定。中外业绩评价史充分说明了：经营环境的变化是企业经营业绩评价体系发生变革的重要原因（张蕊，2002）。也即经营环境的变化，导致企业经营目标的改变，继而产生企业经营管理理念和方法的变革，从而使企业业绩评价体系发生变化（张蕊，2007）。

企业的经营管理目标是企业经营管理的核心，企业业绩评价的目标应服从企业的经营管理目标（陆庆平，2006；张蕊，2002），企业在不同的发展时期和所处的经营环境的不同，其经营管理的目标是不同的，企业业绩评价的目标自然就不同（张蕊，2002；孙世敏，2010），对于战略管理而言，企业业绩评价的目标就是便于管理者及时发现问题，采取措施以保证预定战略目标的顺利实现（孙世敏，2010），或者说企业业绩评价的目的就是决策与行动，评价的目的是由实践的目的所决定的（杜胜利，1999）。

由于业绩评价是为企业经营目标实现服务的，因此，企业的经营目标是企业业绩评价体系形成的最直接也是最重要的依据，是判断业绩评价导向性功能作用是否正确发挥的重要标准，由此决定了业绩评价体系的主要内容。而企业经营目标的定位主要受企业经营环境的影响，其由当时的经济发展模式所决定。对于企业而言，生存与发展是硬道理，因此，追求可持续发展前提下的价值最大化是企业发展永恒不变的主体（张蕊，2014）。

2.3　企业业绩评价相关原则的文献回顾

如前所述，业绩评价是为企业经营管理服务的，是企业经营目标得以实现的一项有效制度安排。企业的战略经营目标的定位以及管理理念不但决定着企业业绩评价的内容，而且也决定着业绩评价的原则。随着战略性新兴产业企业经营目标的确定、管理理念的转变，业绩评价的原则及其具体内容也将随之发生变化（张蕊，2014）。

企业绩效评价须遵守一定的原则。张蕊（2011）认为企业战略经营业绩评价必须遵循相关性原则、全面性原则、可理解性原则、可接受性原则、可操作性原则、适应性原则、预测性原则、重要性原则、成本效益原则。陆庆平（2006）提出企业绩效评价体系设计的原则，包括目标一致原则、沟通原则、激励原则、客观公正原则、比较原则、成本效益原则、可控原则、实用性原则等。杜胜利（1999）在此基础上则提出了企业业绩评价应遵循目标原则、沟通原则、激励原则、客观原则、比较原则、责任原则、时效原则等。

2.4　企业业绩评价相关指标体系的文献回顾

评价指标是指根据评价主体的需要而设计的，以指标形式所体现的则能反映评价对象特征的因素。它可以是定量的指标，也可以是定性的指标。指标是实施循环经济下企业战略经营业绩评价的基础和客观依据。如果没有指标，业绩就无从展示，评价也不可能进行。因此，如何将反映企业循环经济下的战略经营状况的要素准确地体现在各项具体指标上，是业绩评价系统设计的一个重要问题。

"如何评价"是一个较为复杂的问题，首先要在评价目标的指导下，形成一定的评价思路。然后沿着评价思路构建评价模型，包括评价方法、评价基准、评价指标、评价数据和评价步骤，对评价客体进行评价，并最终将评价结果形成报告。

2.4.1　企业战略经营业绩评价指标体系

企业的经营业绩评价，指的是对企业一定经营期间的资产经营、会计收益、资本保值增值等经营成果，进行真实、公正、客观的综合评价，它包括企业经济效益的评价和经营者业绩的评价。业绩评价是适应特定历史条件下企业管理要求的一种方法，当某种特定评价指标体系所赖以存在的环境和管理要求变了，其业绩评价指标体系也应进行适当的变革，从而适应企业经营管理的要求。

我国企业经营业绩评价系统多年以来一直以根据现行会计准则和会计制度计算的净利润指标为主。1992年，国家计委、国务院生产办、国家统计局联合下发了工业经济评价考核指标体系，包括6项指标。在1993年颁布的"两则""两制"中，规定了8项财务评价指标。1995年，财政部发布了企业经济效益评价指标体系，包括10项指标。1997年，国家经贸委、国家计委、国家统计局又修改了原来的工业经济评价考核指标，由6项调整为7项。1999年，财政部、国家经贸委、人事部、国家计委联合颁布了企业绩效评价体系，包括8项基本指标、16项修正指标和8项评议指标。尽管该套指标体系以资本运营效益为核心，采用多层次指标体系和采取多因素逐项修正的方法，以统一的评价标准值作基准，运用系统论、运筹学和数理统计的基本原理，实行定量分析与定性分析相结合，其科学性、规范性、公正性均克服了过去评价体系中存在的一些缺陷。但是由于其选择的核心指标是净资产收益率，因此，它并未改变我国传统企业业绩评价体系以净利润以及在净利润基础上计算出的指标为主的主要特点。根据现代财务理论，利润并不是企业经营管理的核心，更不是企业价值的体现。企业的利润只是会计学权责发生制的产物。它是按照现行的会计准则，将一定期间的全部收入与全部成本费用配比的结果。因此，这些指标难以公正、客观、真实地反映企业的经营成果和经营者业绩，只会使企业绩效状况产生扭曲。

因此，西方学者对于企业经营业绩评价体系的研究，主要成果包括以下方式；

（1）平衡记分卡。

在以战略为中心的评价模式中，最具代表性和影响力的是卡普兰（Kaplan）和诺顿（Norton）的平衡记分卡（the balance scorecard）（1992年、1996年），平衡记分卡从四个角度（财务、内部业务、顾客、学习与创新）来综合评价企业的业绩，并且通过建立因果关系将最后的财务目标与其驱动因素联系起来，指出了战略目标与实现目标的途径之间的关系。平衡记分卡开创了企业综合业绩评价模式的先河。

科莱斯平衡记分卡（careersmart balanced score card），源自哈佛大学教授 Robert Kaplan 和诺朗顿研究院（Nolan Norton Institute）的执行长 David

Norton 所从事的"未来组织绩效衡量方法"的一种绩效评价体系，当时该计划的目的，在于找出超越传统以财务量度为主的绩效评价模式，以使组织的"策略"能够转变为"行动"。经过将近 20 年的发展，平衡记分卡已经发展成为集团战略管理的工具，在集团战略规划与执行管理方面发挥非常重要的作用。

在 Robert S. Kaplan 和 David Norton 研究平衡记分卡之前，Analog Device（简称 ADI）公司最早于 1987 年就进行了平衡记分卡实践尝试。ADI 是一家半导体公司，主要生产模拟、数字及数模混合信号处理装置，其产品广泛应用于通信、计算机、工业自动化领域。与其他大多数公司一样，ADI 每五年进行一次战略方案调整，在制定新的战略方案的同时检讨原方案的执行情况。但是，如同管理者们经常遇到的战略问题一样，"制定战略方案"被当作一项"任务"完成后，形成的文件被束之高阁，而不能在公司日程生产经营工作中得以执行。在 1987 年，ADI 公司又开始了公司战略方案的调整。与以前不同的是，这次战略方案的制定，公司决策层意识到战略不仅要注意制定过程的本身，还要注意战略的实施。他们希望通过面对面与公司员工的交流与沟通，使他们能充分理解并认同公司战略需求方案。同时公司高层还希望将战略紧密落实到日常管理中以推动战略的执行。此次 ADI 公司的战略文件在形式上发生了重大变革，摒弃了烦冗的战略文件，取而代之的是精简到几页纸的战略文档。在制定战略的过程中，ADI 公司首先确定了公司的重要利益相关者为股东、员工、客户、供应商和社区，然后 ADI 公司在公司的使命、价值观与愿景下，根据上述利益相关者的"利益"分别设定了战略目标并明晰了三个战略重点。为了确保战略目标的实现，ADI 推行了一个名为"质量提高"的子项目（Quality Improvement Process，QIP）。在该项目进行的同时，ADI 公司强调战略目标实现的关键成功要素，并且促其转化为年度经营绩效计划，由此衍生出了世界上第一张平衡记分卡的雏形：ADI 公司第一张"平衡记分卡"在 ADI 公司实施全面质量管理的过程中，公司为推行作业成本法（ABC）特地邀请了一部分管理学者参与，哈佛商学院的教授 Robert S. Kaplan 就是其中的一位，他是这样描述如何发现 ADI 公司记分卡过程的："在参观和整理案例的过程中，将一个公司高层用来评价公司整体绩效的记分卡加以文本化。这个记分卡除了传统的财务指标外，还包括客户服务指标（主要涉及供货时间、及时交货）、内部生产流程（产量、质量和成本）和新产品发展（革新）"。在帮助 ADI 公司推行 ABC 的过程中，Kaplan 发现了平衡记分卡，并认识到它的重要价值。尽管 Kaplan 与 Nolan-Norton 在后期又做了学术上的深化，并把它推广到全球的企业中，但是 ADI 公司对平衡记分卡的贡献仍然不可忽视。

在 Robert S. Kaplan 教授发现 ADI 公司的第一张平衡记分卡后，他与复兴全球战略集团（Nolan-Norton）总裁 David P. Norton 开始了平衡记分卡的理论研究。平衡记分卡的研究课题首先是从公司绩效考核开始的。1990 年美国的复兴全球战略集团 Nolan-Norton 专门设立了一个为期一年的新的公司绩效考核模式，Nolan-Norton 的执行总裁 David P. Norton 任该项目的项目经理，Robert S. Kaplan 担任学术顾问，参加此次项目开发的还有通用电气公司、杜邦、惠普等 12 家著名的公司。项目小组重点对 ADI 公司的记分卡进行了深入的研究，并将其在公司绩效考核方面扩展、深化，并将研究出的成果命名为"平衡记分卡"（balanced score card）。该小组的最终研究报告详细地阐述了平衡记分卡对公司绩效考核的重大贡献意义，并建立了平衡记分卡的四个考核维度：财务、顾客、内部运营与学习发展。1992 年年初，Kaplan 和 Norton 将平衡记分卡的研究结果在《哈佛商业评论》上进行了总结，这是他们所公开发表的第一篇关于平衡记分卡的论文。论文的名称为《平衡记分卡—驱动绩效指标》，在论文中 Kaplan 和 Norton 详细地阐述了 1990 年参加最初研究项目采用平衡记分卡进行公司绩效考核所获得的益处。第二个重要的里程碑是 1993 年 Kaplan 和 Norton 将平衡记分卡延伸到企业的战略管理之中。在最初的企业平衡记分卡实践中，Kaplan 和 Norton 发现平衡记分卡能够有效地传递公司的战略思维。他们认为平衡记分卡不仅仅是公司绩效考核的工具，更为重要的它还是一个公司战略管理的工具。Kaplan 和 Norton 为此发表了《哈佛商业评论》的第二篇关于平衡记分卡的重要论文《在实践中运用平衡记分卡》，指出企业应当根据企业战略实施的关键成功要素来选择绩效考核的指标。1993 年，Kaplan 和 Norton 将平衡记分卡延伸到企业的战略管理系统之后，平衡记分卡开始广泛得到全球企业界的接受与认同，越来越多的企业在平衡记分卡的实践项目中受益，包括一些非营利性的组织机构。以美国为例，有关统计数字显示，截止到 1997 年，美国财富 500 强企业已有 60% 左右实施了绩效管理，而在银行、保险公司等所谓财务服务行业，这一比例则更高，这与美国企业在 20 世纪 90 年代整体的优秀表现不能说不无关系。美国政府于 1993 年通过了《政府绩效与结果法案》（*The Government Performance and Result Act*）。美国联邦政府几乎所有部门都已建立和实施了绩效管理。1996 年，Kaplan 和 Norton 继续合作，在《哈佛商业评论》上发表第三篇关于平衡记分卡的论文，一方面重申了平衡记分卡作为战略管理工具对于企业战略实践的重要性；另一方面从管理大师皮的德鲁克《目标管理》中吸取精髓，在论文中解释了平衡记分卡作为战略与绩效管理工具的框架，该框架包括设定目标、编制行动计划、分配预算资金、绩效的指导与反馈以及连续薪酬激励机制等内容。同年，他们还出版了第一本关于平衡记分卡的专著《平衡记分卡》，该著作更加详尽地阐述了平衡记分卡的上述两个方面内容。2001 年随着平衡记分卡在全球的风靡，Kaplan 和 Norton 在总结众多企业实践成功经验的基础上，又出版了他们的第二部关于平衡记分卡的专著《战略中心组织》。在该著作中，Kaplan 和 Norton 指出企业可以通过平衡记分卡，依据公司的战略目标来建立企业内部的组织管理模式，要让企业的核心流程聚焦于企业的战略实践，以此为标志平衡记分卡开始成为经营组织管理的重要工具。

实际上，平衡记分卡法打破了传统的只注重财务指标的业绩管理方法。平衡记分卡中的目标和评估指标来源于组织战略方针，它把组织的使命和战略方针转化为有形的目标和衡量指标。

平衡记分卡首次将因果关系引入业绩评价系统之中，从而引发了业绩评价领域的一次革命，在业绩评价系统功能，在增强的同时还相应提高了业绩评价系统在企业管理中的地位与作用。平衡记分卡中的因果关系贯穿了其全部的四个角度，并将财务结果与其驱动因素联系为一体，其基本走向为：学习与创新角度—内部业务角度—顾客角度—财务角度。其逻辑关系表明前者是后者业绩提高的驱动因素，财务业绩是因果关系的最终指向。因果关系的建立实现了财务指标与非财务指标的有机结合，使企业可以对业绩进行全面的评价，也使企业可以层层推进地找出最终财务结果在不同阶段的驱动因素，将战略目标清晰地转化为具体的行动和措施，并且从客观上讲，其更便于战略的沟通、实施与反馈。根据平衡记分卡中的因果关系，企业中的每位员工能够清楚地理解他们的行动将怎样影响企业的战略，这就使企业可以通过把财务的和战略的目标与能够在企业的不同层次被观察和影响的较低层的目标相联系来达到企业目标的一致性（安东尼等，1999）。因此，因果关系的存在增强了企业根据其战略来行动的能力。然而，建立在因果关系之上的业绩评价系统也存在着本身难以克服的局限性：首先，因果关系可靠性很难证实，要证实因果关系的可靠性需要搜集大量的数据及花费很长的时间，而且因果关系也会随着时间的推移而发生变化。其次，因果关系的完整性问题：某个结果可能是由很多原因造成的，因果关系中很可能只包含其部分原因而将其真正原因或主要原因遗漏。再次，因果关系中存在的"时间延滞"问题：如果因与果之间的时间间隔较长而在测评时又将他们同时加以考虑，则测评结论显然是不合理的。最后，平衡记分卡中单相式的因果关系也存在着严重缺陷：它不能解决现实经济活动中大量存在的"动态性复杂"问题（圣吉，1994）。如这样一个因果关系：提高服务质量—吸引更多顾客，但它并不能传递这样一个反向的重要信息：顾客多了反过来也会造成人手不足或为每位顾客服务时间减少从而降低服务质量。另外，单向因果关系也使对利益相关者的考虑过于片面。如平衡记分卡只评价了股东、顾客的满意度，却未反映其对企业的贡献，这对企业极为不利（Neely，2000）。以顾客为例，好的顾客满意度并不一定会带来好的财务结果。

（2）业绩三棱镜。

Neely 提出了业绩三棱镜（performance prism）的概念，业绩三棱镜业绩计量的内容包括利益相关者的满意度、贡献度、战略、流程和能力五个层面，这五个相互关联的方面共同形成了一个完整的业绩评价系统。

绩效三棱镜是英国克兰菲尔德大学（Cranfield University）管理学院的 Neely 等教授和安德森咨询公司（Andersen Consulting）的合作研究成果。他们针对传统的业绩评价体系都过分强调股东利益的缺点，以及平衡记分卡只考虑了股东、员工与顾客三个利益相关者的不足，提出了绩效三棱镜体系。绩效三棱镜的基本寓意为：日光经过三棱镜的折射显示出七彩颜色，而企业经营环境经过绩效三棱镜的"折射"则反映出各类利益相关者的要求，企业可以据此开展管理并对结果进行评价。绩效三棱镜以利益相关者价值导向为考虑点，包含五个方面。

利益相关者的满意：谁是公司的主要利益相关者？他们的愿望和要求

是什么？

利益相关者的贡献：公司要从利益相关者那里获得什么？

战略：公司应该制定何种战略来满足利益相关者的需求，同时也满足公司自己的需求？

流程：公司需要什么样的流程才能执行战略？

能力：公司需要什么样的能力来运作这些流程？

其中，利益相关者的满意和利益相关者的贡献构成了绩效三棱镜的两个底面，战略、流程和能力分别构成了绩效三棱镜的三个侧面。

绩效三棱镜为企业绩效评价的研究提供了新的思路。与平衡记分卡相比，绩效三棱镜考虑了更广泛的利益相关者，及其在企业中的双向作用，即要求与贡献，五个方面的逻辑关系也更加明确。它针对不同的利益相关者，分别从需求、贡献、战略、流程、能力五个方面建立评价指标体系，从而将利益相关者与公司战略有效地结合起来，进而将战略与行动与之相结合，形成了矩阵式结构的绩效评价指标体系。业绩三棱镜最大的特点是对平衡记分卡中因果关系存在的问题进行了改进，把利益相关者置于业绩评价的中心地位，从利益相关者的角度出发来构成企业的战略目标，确定企业的内部流程和企业发展的能力。上述五个问题是为了便于企业构建业绩评价系统，Neely 等以利益相关者的满意度为起点，从各个方面设计出相应问题，引导企业通过对问题的思考和回答来导出业绩评价指标。

与平衡记分卡相比，业绩三棱镜进行了重大的创新：第一，引入了系统思考思想，这主要体现在上述五个问题的设计是一环扣一环的，从而使其在逻辑上构成了一条"因果闭环"，这不仅使企业明确各种结果与其驱动因素的逻辑关系，而且还能使企业看清每一方面的行动都会对闭环上前后各方面行为或结果造成影响，这实际上大大拓宽了企业决策的视野。第二，从满意度与贡献度两个相反方面来对利益相关者进行评价。平衡记分卡只注重从一个侧面来对利益相关者进行评价，它考核了员工的贡献却忽视了员工的满意度，评价了股东、顾客的满意度却未反映其对企业的贡献。Neely 等认为利益相关者的满意与贡献其实是企业生存与发展的两翼，缺少对其中任何一方的测评对企业都是不利的，因此他们在业绩三棱镜中就提出了企业要双向、平衡测评各利益相关者的满意度与贡献度，认为只有如此才能实现企业及其利益相关者双方的共存与双赢，才能适应未来更加动荡的市场竞争环境。第三，业绩三棱镜拓宽了利益相关者的涵盖范围。平衡记分卡实际上只关注了股东、雇员和顾客而忽视了其他重要的利益相关者。业绩三棱镜将所有能对企业生产经营产生重要影响的利益相关者都"纳入视野"，从而降低了企业的经营风险。第四，以"利益相关者中心论"取代"战略中心论"。战略是企业对环境中出现的机会与威胁的反应，平衡记分卡体现的"以战略为中心"的观点其实隐含着一个前提条件：企业需要关注的关键利益相关者只包括股东、员工与顾客，而其他利益相关者，如供应商、竞争对手等，对企业经营的影响是无足轻重的。这显然反映了过去经营环境下的思维方式。而在当前的经济环境下，能对企业产生影响的利益相关者越来越多，影响也越来越大，战略就必须应利益相关者的需求变化而变化。此时若继续以战略为中心来构建业绩评价系统，则容易使战略僵化或过时。因此，企业为了谋求长期的生存与发展就必须首先满足各种关键利益相关者的需要，在业绩评价系统中将本源性的利益相关者的利益放在中心位置而不是战略本身。另外，针对不少人对平衡记分卡中的指标能否反映企业战略的质疑，Neely 等将战略列为因果闭环中的一个要件，从而降低了战略的模糊性，便于企业对战略的沟通、执行，也便于对当前战略建立的前提条件进行监测并在必要时及时对战略进行调整。

（3）经济增加值。

美国 Stern 和 Stewart 公司在 1919 年提出了经济增加值概念，并且把这一概念形成了实际方法。评价企业战略业绩，在这种战略业绩评价的方法中使用了以资本成本为核心的理论。张纯（2003）以 EVA（economic value added）业绩评价作为研究对象，通过将 EVA 业绩评价系统与传统业绩评价方法进行比较，对 EVA 业绩评价系统进行了全面、系统、客观的分析，既充分肯定了 EVA 评价方法的优点，又指出了其自身存在的不足之处。

EVA 经济增加值，来源于诺贝尔奖获得者经济学家默顿、米勒和弗兰科、莫迪利亚尼 1958～1961 年关于公司价值的经济模型的一系列论文。从最基本的意义上讲，经济增加值是公司业绩度量指标，与大多数其他度量指标不同之处在于：EVA 考虑了带来企业利润的所有资金成本。公司每年创造的经济增加值等于税后净营业利润与全部资本成本之间的差额。其中资本成本包括债务资本的成本，也包括股本资本的成本。从算术角度说，EVA 等于税后经营利润减去债务和股本成本，是所有成本被扣除后的剩余收入（residual income）。EVA 是对真正"经济"利润的评价，或者说，是表示净营运利润与投资者用同样资本投资其他风险相近的有价证券的最低回报相比，超出或低于后者的量值。EVA 是一种评价企业经营者有效使用资本和为股东创造价值能力，体现企业最终经营目标的经营业绩考核工具。思腾思特公司提出的"Four M's"的概念较好地阐述了 EVA 体系，即评价指标（measurement）、管理体系（management）、激励制度（motivation）以及理念体系（mindset）。其中，评价指标方面。EVA（measurement）应该说是衡量业绩最准确的尺度，对于无论出于何时间段的公司业绩，都可以做出最准确恰当的评价。

（4）业绩"金字塔"。

Richard Lynch 和 Kelvin Cross（1991）提出业绩"金字塔"模型。为了强调总战略与业绩指标之间的联系，他们列出了一个业绩"金字塔"模型。业绩金字塔共分为四个层次：最高层是公司战略，其次是市场与财务，第三层是将战略目标分解到以顾客满意度、灵活性和生产效率的操作层面，最后是将第三层的目标再具体细分。为了凸现战略性业绩评价中总体战略与业绩指标的重要联系，Richard Lynch 和 Kelvin Cross（1991）提出了一个把企业总体战略与财务和非财务信息结合起来的业绩评价系统——业绩"金字塔"模型。在业绩"金字塔"中，公司总体战略位于最高层——由此产生企业的具体战略目标，并向企业组织逐级传递，直到最基层的作业中心。战略目标的传递呈多级瀑布式向企业组织逐级传递，直到最基层的作业中心。战略目标制定后，作业中心就可以开始建立合理的经营业绩指标，以满足战略目标的要求，然后，这些指标再反馈给企业高层管理人员，作为企业制定未来战略目标的基础。先拟订战略目标，而后建立合理的经营效率指标，以满足战略目标的要求。然后，这些指标再反馈给企业高层管理人员，作为制定企业未来战略目标的基础。通过业绩"金字塔"可以看出，战略目标传递的过程是多级瀑布式的，它先产生了市场满意度和财务业绩指标。战略目标再继续向下传递给企业的业务经营系统，产生的指标有顾客的满意程度、灵活性、生产效率等。前两者共同构成企业组织的市场目标，生产效率则构成财务目标。最后，战略目标传递到作业中心层面。其构成要素有质量、运输、周转时间和耗费。质量和运输构成顾客的满意度，运输和周转时间构成灵活性，周转时间和耗费构成生产效率。由此，业绩信息渗透到整个企业的各个层面。当这个信息向组织的上层运动时，目的是逐级汇总，其最终目的是使高层管理人员可以利用该信息为企业制订未来的战略目标。业绩"金字塔"着重强调了组织战略在确定业绩指标中所扮演的重要角色，反映了业绩目标和业绩指标的互赢性，揭示了战略目标"自上而下"层层分解和行动计划"自下而上"逐级质询重复运动的等级制度。这个逐级的循环过程揭示了企业持续发展的能力，为正确评价企业业绩作出了重要贡献。

（5）四尺度论。

Robert Hall（1998）的"四尺度论"认为评价企业的业绩需要以四个尺度为标准，即质量、作业时间、资源利用和人力资源开发。四尺度论是对企业业绩评价的一种非财务指标，Robert Hall认为通过对四个尺度的改进可以减少竞争风险。他将质量、时间、人力资源等非财务指标导入企业的业绩评价系统，并认为企业组织可以通过对上述四个尺度的改进，减少竞争风险。如把作业时间作为业绩评价标准有助于帮助企业关注潜在的增值区域，发现非增值活动，同时提供了关于企业灵活性的有用信息。在今天的市场中，顾客是上帝，产品和服务满足特殊需要的能力是企业生存的关键。为完成这一目标，企业必须以订单为导向从事业务活动，而作业时间的衡量恰恰反映企业是如何进行生存经营活动的。但要求企业做出全方位的改变是困难的，企业通常只能在一段时间内取得四个方面的逐渐改进。需要注意的是，任何指标的改进不应以牺牲其他指标为代价，如作业时间的改进不应以降低质量为代价，同样，在质量方面的改进也不应以牺牲资源为代价。但四尺度论在人力资源开发方面也没有提出更具体的建议，这也是其缺陷之一。

（6）动态多维业绩框架。

Alna C. Maltz等人（2003）提出了一种基于实证结果来构建业绩评价框架的方法：通过实证研究来搭建一个用于指导企业根据其自身特点选择业绩评价指标的框架，他们称其为动态多维业绩框架。这是美国 Stevens 技术学院的 Alna C. Maltz 博士等（2003）针对因果关系的局限性提出的另一种超越平衡记分卡的方法：动态多维业绩框架（dynamic multi-dimensional performance framework）。Alna C. Maltz 等认为，由于一套特定的业绩评价指标不可能对每一个企业都适用，因此可以先搭建一个业绩评价的通用框架，企业再根据其所处的环境和自身的特点在其中选择相应的指标并确定其重要性程度。为了搭建这一框架，Alna C. Maltz 等对先前已发表的散见于战略、经营过程、市场营销、财务等领域而与企业业绩评价密切相关的实证研究文献进行了检索和梳理，总结形成了刻画企业成功的五个维度（即财务、市场、过程、人员的发展与未来的准备）及其相关的具体指标。在研究过程中，他们先对一组经过选择的 CEO 及其他高级职员进行了现场访谈以对先前提出的维度划分及具体指标的实用性和有效性进行验证，并根据访谈调查结果特别补充了三个未见于文献记载而高级经理人又特别重视的指标，即优秀员工的保留率、标准流程的数量与程度和对外部环境突变的准备程度（他们认为这反映了实务工作者与学术研究者之间存在的认识上的差距）；然后再通过大量的问卷调查来确定各项指标的重要性程度并确定影响指标选择的权变因素。通过研究分析，他们在五个企业成功维度中辨识出适用于所有企业的 12 个基本指标以及适用于特定企业的一些专门指标（影响指标选择的权变因素主要包括企业规模、技术、行业、产品生命周期等），并据此构筑了动态多维业绩框架。

相对于平衡记分卡而言，动态多维业绩框架具有以下的特点：第一，考虑的时间跨度更大。在动态多维业绩框架中，财务和市场维度分别反映较短的（一年以下）及短的（一年或一年稍长）时间范围内企业的经营结果，而过程、人员的发展与未来的准备维度可反映企业从长到很长时间内（一般 3~10 年）的发展潜力。特别是，动态多维业绩框架增加了未来的发展维度，这可使企业着眼未来，时刻关注环境的变化，努力为员工创造一个适宜长期发展的工作环境及为投资者创造一个能满足其长期需求的投资环境。第二，加强了对利益相关者的关注。针对平衡记分卡所忽视的一些重要利益相关者的缺陷，动态多维业绩框架专门设置了人员发展维度，这使企业在重视员工贡献的同时又重视了员工满意度的考核；而未来的准备维度的设置则可促使企业为创造一个能够长期持续发展的环境必须关注并设法满足各类关键的利益相关者（如股东、供应商等）的需求。第三，体现了权变管理思想。平衡记分卡固定的角度设置常常招致人们的批评，而动态多维业绩框架是一个进一步构建企业业绩评价系统的基本框架。这一特点也大大增强了它对企业的适应性，企业可以根据自身的规模、技术含量、行业特征等权变因素确定各维度的重要性并选择相应的具体评价指标，如福特汽车公司可能会非常关注财务与过程维度，而亚马逊网上书店则会以未来的准备维度为重点。最后动态多维业绩框架还有一个突出的特点，即它本身就是一个经过实证支持的业绩评价框架，其不采用因果关系的思路也使它回避了"时间延滞"问题。当然，动态多维业绩框架作为一种结果驱动型的业绩评价框架，与过程驱动型的平衡记分卡相比有着先天的缺陷，即各维度之间、财务指标与非财务指标之间、结果与为实现该结果所采取的行动之间的关系并不明确，这就使企业在出现问题时很难发现症结所在，并迅速采取改进措施，员工也很难明晰他们的工作在组织中的作用与贡献，从而采取统一协调的行动。

（7）利润轮盘模式。

Robert Simons（1998）提出的基于企业战略的业绩评价理论，主要应用于战略业绩目标的制定和战略实施过程的控制。管理者在进行利润计划前必须要分析三个轮盘，分别是利润轮盘、现金轮盘和净资产收益率轮盘。这三个轮盘相互咬合形成一个整体，任何一个轮盘内部发生变化，都会导致整个体系发生改变。利润计划轮盘是罗伯特·西蒙斯（Robert Simons）1998 年在《利润计划要诀》一文中提出的一种基于企业战略的业绩评价模式，是一种主要应用于战略业绩目标制定和战略实施过程控制的战略管理工具。利润计划轮盘的建立在理论上和实践上都具有重要价值，正确认识利润轮盘的特点与局限性，对推动企业战略管理具有重要意义。

第一，构成分析。

利润计划轮盘由利润轮盘、现金轮盘和净资产收益率轮盘三部分组成。这三个轮盘就如同齿轮一样互相咬合成一个整体，其中任何一个轮盘的数量发生调整和变化，就会导致所有变量的改变。管理者在制订利润计划之前，必须对三个轮盘进行分析。第一层次是利润轮盘。罗伯特·西蒙斯认为，任何一种利润计划的起点都是一系列关于未来的假设，这些假设是管理者对于消费者、供应商、竞争对手以及资本市场未来的表现所达成的一致意见。同时，利润轮盘还能够反映管理者对于因果关系的认识，如管理者通过分析资产投入与销售之间的关系，来判断增加广告投入是否能促进销售增长。利润轮盘还反映出管理者对实施战略的主要思路，如资产投入方式和数量均能够反映出管理者的战略观点。利润轮盘概括了未来某个会计期间内预期的收入流入和费用流出，是利润计划轮盘的基础。为了制定利润轮盘，管理者必须对即将到来的运营期间的利润循环分析，计算出销售收入、运营费用、利润以及所需要的投资额，然后对现金循环和投资回报率循环进行研究，确保有足够的自愿实施利润计划。第二层次是现金轮盘。在利润计划被认可之前，管理者必须预测未来是否有足够的现金流入支持营运，给投资者的回报是否有吸引力，如果不能满足这些约束条件，则必须重新调整利润计划。现金轮盘揭示了企业的经营现金循环过程：产品和服务销售产生的应收账款转化为现金，这部分现金用来购买存货，存货又可以产生更多的销售。管理者可以据此预测出经营现金流入和流出，同时，现金流分析还可以帮助管理者推导出是否需要提醒负债融资或权益融资，以支持利润计划的实现。现金轮盘强调所有企业都在应收账款、存货和其他营运资产账户上投入了大量资源，管理者必须努力加快现金轮盘的转动，释放出现金，为企业的投资、理财或增长做准备。第三层次是净资产收益率轮盘。股东价值最大化是企业战略最终目标，净资产收益率直接反映了股东投入资本的回报，是所有财务业绩指标中最具代表性的指标。净资产收益率轮盘的计算具体包括计算总资产回报率、估计资产利用率、将净资产收益率与行业数据及投资者期望值进行比较等步骤。与现金轮盘一样，如果净资产收益率预测值不能满足投资者的预期要求，管理者就要重新考虑利润计划，增加利润或提高资产的使用效率。

第二，实践意义。

罗伯特·西蒙斯把利润作为分析战略目标的逻辑起点，试图在高层管理者与各级员工之间建立战略沟通，并估计出是否有足够的资源来支撑所选择的战略，是否能满足股东对投资回报率的期望。利润计划轮盘的特点在于从财务管理的角度来对企业战略进行描述，强调利润计划在整个战略管理中的重要性，并且制定出企业的战略目标，以具体的财务指标值—净资产收益率作为战略的最高业绩目标。在利润计划制订和实施的过程中，利润计划轮盘清晰地表达出现金—利润—投资报酬率三者之间的互动关系，认为现金循环、利润循环、投资报酬率循环三者中任何一个环节的偏离都会导致整个系统失衡，不能再按照预定的轨迹达到计划的战略目标。利润计划轮盘立足于财务管理理论体系中的预测、决策和资金管理理论，其管理思想的中心点是：战略业绩评价的起点和终点都要归结到财务成果，即期望获得什么样的成果、是否有可能获得、怎样去获得、最终是否获得这样一个过程。

利润计划轮盘的管理思想对战略业绩评价最大的积极意义在于，它提出了一个基于财务资源循环链的战略业绩评价与控制框架。在这个框架中，罗伯特·西蒙斯认为所有战略的最终财务目标都是追求股东投资回报率最大化，并且认为这应该是所有战略业绩评价的起点，也是对战略实施进行监控的依据。这种观点认为，财务资源的良性循环是战略实施最直接的保障，是战略管理中一切资源和能力的最终体现。他特别强调现金流的重要性，强调利润计划是所有管理活动的出发点，并且认为应从利润计划的角度来描述战略，对战略的内涵和目标在企业上下各阶层进行充分的沟通；强调对财务资源的分解和财务分析与控制能力的制定。在具体的操作方法上，企业应以业绩目标为中心进行组织设计、信息流程设计、资产分配系统设计、市场销售管理等内部管理活动，并最后落实到通过对资金流的管理来支撑利润计划。在战略实施过程中，要在利润计划三个轮盘的理论框架中进行诊断控制和交互控制，认识和管理战略风险，运用控制杠杆等方式监控战略实施过程，适时反馈信息，实现战略业绩目标。利润计划轮盘在理论上是严谨的，现金轮盘、利润轮盘和净资产收益率轮盘组成一个互动的闭合循环链，具有严密的内在逻辑性，它们的相互关系都可以通过严密的数学公式推理表示。这种战略业绩评价与控制方法以及财务指标的设立和计算都继承了传统的方法，具有简单、明确的特点，在实践中也具有较强的可操作性；战略业绩目标完全可在各责任中心进行分解与沟通。将这三个轮盘作为战略实施的框架，当战略运行偏离计划的业绩指标值时，可以通过三个轮盘的运行状态清楚地发现问题的所在、造成问题的原因及可能的后果。

第三，局限性分析。

利润计划轮盘在理论上是严谨的，在实践中是可行的。但其局限性也十分明显，主要表现在三个方面：其一，利润计划轮盘的理论框架建立在财务资源内部循环的基础上，但对战略计划的控制则建立在对体系中相关财务指标监控的基础上，而财务指标本身的缺陷会在相当程度上影响利润计划轮盘实施的有效性。对净利润的计算，会计利润与经济利润各有其不同的计算标准，会计利润通常不能准确反映战略计划实施中真正创造的价值，利润信息可能失真，近年来一些国内外上市公司财务信息失真案例可以说明这一点。利润计划轮盘没有使用其他非财务指标来表述战略利润计划，而是完全用会计利润和投资报酬率这些财务指标来表示利润计划，这很可能会影响战略监控的有效性。而且，会计利润是按照确定的会计分期来核算的，如季度、半年或一年，而企业战略追求的是项目整个寿命期内的总收益。如果采用会计利润进行业绩评价，会导致经营者过度追求短期财务利润最大化、致使企业短期性利益与长期目标相冲突，长期目标难以实现，这是以会计利润作为战略目标的另一个弊端。正如罗布特卡普兰（Robert S. Kaplan，1992）所说："将整个行程的利润主观地划分为行程中各期间的利润是没有意义的"。其二，利润计划轮盘理论没有对影响企业生存发展的内外部环境因素做出综合性考虑。利润计划是战略实施的目标，也是战略实施过程的约束因素，但它最终实现与否不仅取决于企业的资金投入和对资金周转的管理，还取决于企业对市场的把握度，这要求企业必须用全局的眼光来考察市场、客户和竞争对手这些外部因素对战略目标制定、实施和控制的影响。利润计划轮盘虽然设定了利润目标，但没有反映顾客的满意度与忠诚度、企业的市场占有率等实现目标的外部驱动因素。其三，利润计划轮盘是基于利润目标建立起来的业绩评价与控制框架，没有考虑战略的动态性，适合于相对稳定的、可预测的市场环境。当外部环境和条件发生变化时，战略业绩评价体系必须做出相应的调整。否则，利润计划轮盘就不可能按预定的轨迹运行。对任何企业而言，核心竞争力是其最重要的资产。但核心竞争力是一个动态的概念，时刻处于变化之中：人才会流动，新技术会融合，新的战略同盟会形成，原有的核心竞争力会萎缩。企业必须适时补充与调整新的核心竞争力，三个轮盘理论均未强调核心竞争力的培养、没有反映核心竞争力的相关指标放在利润计划轮盘之中。同时，在战略实施过程中，内外部环境也在不停的变化之中，政治、经济、文化、技术乃至自然环境都有可能发生无法预见的变化。难以预测而迅速变化的因素日益增长，并不可避免地伴随着一切商业运行，面对不可预测的变化唯一可进行的战略就是使自身变得更具有适应性。因此，在战略管理理论中，对于动态环境中企业适应能力的培养越来越被关注。

由于利润计划轮盘存在上述局限性，因而其主要适用于稳定的市场环境。尽管如此，利润计划轮盘仍不失为一种非常有价值的战略管理工具，为开展企业战略管理研究提供了一种新的思路。在战略业绩评价与控制实践中，如果能使利润计划轮盘的管理模式符合当今动态环境下的战略管理发展趋势，在确定战略目标的同时关注业绩动因及核心竞争力的培养，那么，这种管理工具将在实践中发挥更大的效用。

（8）利益相关者企业业绩评价指标体系。

黎毅（2010）认为在利益相关者理论下，企业目标不再是单一的追求股东利益最大化，而是按照可持续性和协调性原则，为利益相关者创造持续发展的价值，利益相关者视角下的企业绩效评价体系将成为主流的绩效评价体系。其认为利益相关者视角下的企业绩效评价体系是指根据其利益要求，通过指标设计、权数确定、标准值选取、综合模型构建等步骤，对企业一定经营期间内对其利益要求的满意程度进行客观、公正和标准的综合评价，助其进行有效决策，引导企业改善经营管理，提高经营水平。

郝云宏等（2009）基于利益相关者理论，从过程与结果两个层面，构建了企业经营业绩评价体系的三维结构。

针对以往业绩评价理论只强调股东利益，而忽视公司其他利益相关者的利益，Atkinson 等提出了利益相关者的战略业绩评价系统。他认为组织是由股东、员工、顾客、供应商、社区、政府等利益相关者构成，通过对利益相关者特征以及相互关系的分析得出影响企业未来业绩的因素，以帮助经营者作出正确决策。在此基础上，Neely 等提出了绩效棱柱模型。该模型利用棱柱的 5 个面来代表与战略业绩相关的 5 个关键因素。其中，上下两端分别代表"利益相关者的满意度"与"利益相关者的贡献"，另外3 个面分别表示"战略""流程"和"能力"。由于企业经营环境经过业绩棱柱的"折射"会反映出各利益相关者的要求，以利益相关者的满意度为起点，通过战略、流程和能力环节，最终以反映利益相关者的贡献为终点，从而更有效地作用于企业的持续创新过程。缺点在于它没有进一步分析其中的具体作用机制，使其影响不能落到实处。

2.4.2　循环经济下的企业战略经营业绩评价指标体系

循环经济强调对资源废弃物排放的"减量化、再利用、再循环"，是战略性新兴产业应具备的生产模式。国内外有关循环经济与可持续发展方面的指标体系评价模型众多，1989 年，经济学家代尔和库伯（Daly and Cobb）制定了可持续发展经济福利模型（WMDS）。1991 年，布朗提出了可持续发展经济福利指标（ISEW）。1996 年，联合国可持续发展委员会与联合国政策协调和可持续发展部提出了"驱动力—状态—响应" DSR 概念模型并结合《21 世纪议程》中的有关章节提出了由 33 个指标构成的可持续发展核心指标框架。以资源利用与环境保护为着眼点，学者们还提出了新的可持续发展指标——绿色 GNP 指标。我国专家学者根据《21 世纪议程》，借鉴国外的经验，提出了中国可持续发展指标体系的初步设想。

国外基于循环经济下的企业业绩评价体系进行过许多有价值的研究。早在 1969 年，美国环境保护署所公布的国家环境政策法案关于推动产业界采用系统化环境影响评估程序的叙述中就有许多关于环境绩效评估应用的说明。1989 年，Pearce 等发表了《绿色经济的蓝图》，首次提出将环境因素融入企业经营决策的问题，探讨了对环境资源进行实物核算的可行性。ISAR 于 1991 年、1992 年和 1994 年分别对各国企业环境信息披露状况进行了调查，并陆续公布建议书，确定了 8 个关键性的企业环境业绩指标，发布了《企业环境业绩与财务业绩指标的结合》等指南。在国内，张蕊（2007）给出了循环经济发展模式下企业的战略经营目标：以"3R"为原则，以生态化产出创新为内核，以竞争优势和核心竞争力的形成与保持为关键要素，谋求持续的企业价值最大化。并在此基础上从财务层面、顾客层面、内部生产经营过程层面和职员层面提出循环经济下企业战略经营业绩评价指标体系。李健（2004）等分别从经营效果、绿色效果、资源和能源属性、生产过程属性、销售和消费属性、环境效果以及发展潜力 7 个方面构建了面向循环经济的企业绩效评价指标体系，他们认为企业绩效评价是一个多目标评价问题，并用模糊综合评价法对企业绩效进行量化考评。史晓燕（2005）构建了基于循环经济的企业绩效评价指标体系，体系包括经济效益、创新发展能力、绿色环保、资源和能源消耗、回收利用指标 5 个方面 19 个指标。除了经济效益指标外，其余 4 个方面都从循环经济的角度对企业绩效进行考核，并应用层次分析法对企业绩效进行综合评价。高前善（2006）从财务绩效、生态绩效和社会绩效三个方面对企业绩效进行三重评价，并论述了三者之间的关系，即以企业财务绩效的评价为主要经

信毅学术文库

济增长效益的评价；企业生态绩效的评价，是对企业可持续发展的评价，依照联合国国际会计和报告标准政府间专家工作组（ISAR）发布的《企业环境管理与财务业绩指标的结合》的有关规定，生态效率 = 环境业绩指标/财务业绩指标。企业社会绩效评价就是对和谐发展的评价。三者既相互对立，又相互统一的。这种对立与统一的关系是发展、持续发展与和谐发展关系的表现。这些研究都为循环经济下企业战略经营业绩评价奠定了基础。

2.4.3　战略性新兴产业企业业绩评价指标体系

理论界关于战略性新兴产业的定义尚未形成一致意见，学者们根据中央领导的讲话和国务院颁布的指导方针，将这一产业分为战略性和新兴性两部分，并赋予其性质上的诠释，即以重大技术突破和重大发展需求为基础，对经济社会全局和长远发展具有重大引领带动作用，知识技术密集、物质资源消耗少、成长潜力大、综合效益好的产业。据此，专家学者们对战略性新兴产业业绩评价指标体系进行了诸多研究，提出了一系列的指标体系。东北财经大学产业组织与企业组织研究中心课题组（2011）提出了中国战略新兴产业选择的指标体系，认为遴选战略性新兴产业的指标体系应由三部分构成，即产业主导力、产业发展力和产业竞争力等。贺正楚、吴艳（2011）从产业全局性、产业关联性、产业动态性三个方面建立了评价指标体系。刘嘉宁（2013）考虑到战略性新兴产业的特征和新兴产业对区域产业结构优化升级，从发展性、战略性、新兴性、资源环境匹配性和产业体系完整性五个方面建立了指标体系。纵观已有的研究成果，主要研究范围集中在战略性新兴产业的宏观研究和整体产业的指标体系研究上，而对于微观企业的业绩评价体系涉及甚少，包括节能环保企业的业绩评价指标体系。节能环保产业作为战略性新兴产业的"排头兵"，其重要引领作用不言而喻。中国经济想要在更长的周期内全面、协调、可持续发展，尽快走上创新驱动、内生性拉动增长的轨道，就必须在战略决策、科技创新、领军人才和产业化这四个方面储备力量。这样的选择代表了国家中长期科学和技术发展的规划刚要，把建设创新性国家作为首要战略目标，把可持续发展作为战略方向，把争夺经济科技制高点作为战略重点，逐步使战略性新兴产业成为经济发展的主导力量。战略性新兴产业必须掌握关键核心技术，具有市场需求前景，具备资源能耗低、带动系数大、就业机会多、综合效益好的基本特征。在节能环保产业，重点开发推广高效节能技术装备及产品，实现重点领域关键技术突破，带动能效整体水平的提高。加快资源循环利用关键共性技术研究和产业化示范，提高资源综合利用水平和再制造产业化水平；示范推广先进环保技术装备及产品，提升污染防治水平；推进市场化节能环保服务体系建设；加快建立以先进技术为支撑的废旧商品回收利用体系，积极推进煤炭清洁利用和海水综合利用等技术。这也是本书拟研究节能环保产业企业业绩评价的原因。

2.5　企业业绩评价相关方法的文献回顾

　　评价方法是获取业绩评价信息的手段。有了评价指标与评价标准，还需要采用一定的评价方法，如多元统计分析法等，从而实施对评价指标与评价标准的运用，以取得公正的评价结果。没有科学、合理的评价方法，评价指标与评价标准就成了孤立的评价要素，也就失去了其本身存在的意义（张蕊，2009）。

　　20 世纪中叶，决策理论就已经成为经济学和管理科学的重要分支，多属性决策（或称为有限方案的多目标决策）是现代决策科学的一个重要分支。针对不同问题与不同情形，学者们从不同角度提出了多种多属性决策方法。

　　（1）TOPSIS 法。

　　Hwang 和 Yoon 于 1981 年首次提出 TOPSIS 方法，后来 Lai 等于 1994 年将 TOPSIS 的观念应用到多属性决策问题，TOPSIS 评价法是多属性决策分析中一种常用的科学评价法。郭新艳、郭耀煌给出了加权主成分 TOPSIS 价值函数模型；Chen 提出 fuzzy 环境下求解群决策问题的 TOPSIS 方法；周晓光、张强、胡望斌将 TOPSIS 方法在 Vague 集下进行了扩展；孙晓东、焦玥、胡劲松引入灰色系统理论对传统 TOPSIS 法进行了拓展，提出了一种基于灰色关联度的 TOPSIS 法；王兴娟（2009）利用熵权 TOPSIS 对企业的业绩进行评价研究。

其他评价方法：众多学者还利用不同决策方法在企业业绩评价上做了很多有益的工作。层次分析法由美国著名运筹学家 T. L. Satty 等在 20 世纪 70 年代提出，是将决策问题的有关元素分解成目标、准则、方案等层次，并以此基础进行定性和定量分析的一种决策方法。朱顺泉（2002）提出首先对上市公司投资价值的评价目标进行多层次分解，利用突变理论与模糊数学相结合产生突变模糊隶属函数对上市公司投资价值进行分析。翁钢民等（2010）运用突变级数法，无须对评价指标赋以权重，避免权重赋值主观性较大的特点，建立突变级数法的评价步骤。吴润衡等（2004）在全面分析上市公司财务报告的基础上，引用模糊数学中的评价方法提出了上市公司经营业绩评价的指标体系，并应用隶属矩阵及其相关概念建立了多因素层次模糊评价模型，进而对上市公司的经营业绩进行评价。梅国平（2004）提出在上市公司利用基于复相关系数法进行公司绩效评价，通过实证研究对四川省部分上市公司盈利能力进行综合评价。汤学俊（2006）就灰色综合评价法评价步骤进行了介绍，并应用于对企业的可持续成长进行评价。闫少铭等（2006）提出利用数据包络分析的理论和方法，从有效分析与有效沿面上的投影分析角度对不同上市公司的经营业绩进行评价。周莉等（2006）运用功效系数法在企业业绩评价时能消除行业内企业不可控因素的影响，较为真实地反映了经营者主观努力程度及能力对业绩的贡献的特点，对企业业绩进行评价。

（2）主成分分析法。

Hotelling（1933）提出了主成分分析法（PCA），该方法是利用降维的思想，在损失很少信息的前提下把多个指标转化为几个综合指标的多元统计方法。考虑到多属性决策问题中各指标的量纲不一致和指标值的数量级的不同，通常在做主成分分析之前都要对数据进行标准化处理，但是标准化在消除量纲或数量级影响的同时，也抹杀了各指标变异程度的差异信息，由此，徐雅静、汪远征提出了数据均值化的主成分综合评价方法。实际问题中可能存在相关性不大的变量，这时采用线性主成分分析法达不到理想的效果，Twining、Taylor 提出了主成分分析（KPCA）。张辉、田建国提出了基于关联度矩阵的灰色主成分分析。利用主成分分析法和因子分析法来研究企业的业绩评价文献众多，张立华等（2009）根据财政部等四部委联合颁布的《国有资本金绩效评价规则》的不足，运用主成分分析评价法对上市公司业绩进行评价。冯根福等（2001）引入因子分析模型，并由此构建评价上市公司经营业绩的指标体系，然后应用该模型对上市公司经营业绩进行实证研究。张慧等（2012）以我国旅游上市公司为样本，采用因子分析评价法对企业业绩进行评价。

张蕊（2006）对主成分分析法、层次分析评价法、功效系数评价法、综合分析判断法、比较分析评价法等企业业绩的评价方法概念、特点、评价步骤以及企业业绩评价方法的选择与运用进行了详细的梳理和比较。

对于评价结果的分析，由于经典的多属性决策方法通常基于常识和实践，得到的结果往往是刚性的，但由于输入信息的不确定性，这种做法就显得相对武断，影响了结果的可信度。解决这类问题的通常方法是灵敏度分析。灵敏度分析通过对计算结果的分析，确定最敏感的参数或是确定接近最优方案的代替方案。关于灵敏度分析国内外研究较多：Rios Inusu 在文献中定义了可能最优方案相邻、有可能最优方案和敏感指数等概念，规范了 MADM 灵敏度分析的研究框架。左军在文献中给出了线性加权方法的灵敏度分析的方法。但灵敏度分析需要参数的中心估计值，忽略了其他潜在最优的参数组合，只考查单一参数，就忽视了参数之间的相关性。鲁棒性分析是近几年学术界关注的热点，被期望成为解决多属性决策中信息不完备的有效工具。它是一种与灵敏度分析相反的观点：不是研究当参数或模型变化时结果是如何变化的，而是分析在保证结果不变的情况下参数如何变化，目的是评价最优方案的稳定性。正如 Roy 和 Bouyssou 所说："鲁棒性分析是当获得对应于'中心'参数值组合的结果后，研究结论中如何隐含其他可以接受的参数值组合的问题。"对于鲁棒性的研究比较有代表性是 Roy，Vincke，Kouvelis 和 Yu，Dias，他们的研究开拓了学术界研究鲁棒性问题的思路。Vincke 探讨了 MADM 鲁棒性的形式化定义、分析方法和一些结论，以及和 MADM 的类比；Kouvelis 和 Yu 在离散优化系统中定义鲁棒性决策结果为最差情况下的最好参数组合；Dias 定义的鲁棒性分析是在不完全信息条件下，研究结果稳定的场景组合。我国学者在鲁棒性分析上刚刚起步，孙世岩等对 MADM 鲁棒性分析进行了一定的研究。

2.6   现有研究述评

应该说，现有的关于企业战略经营业绩评价问题的研究视角新颖，内容全面，主要体现在：其一，业绩评价理论问题研究全面，涵盖了企业业绩评价的主体、客体，评价的目标、原则等。其二，企业战略经营业绩评价指标体系规范成熟。其三，企业战略经营业绩评价方法众多，如主成分分析方法等。

但是，中国经济如果要在更长时期内全面协调可持续发展，尽快走上创新驱动、内生增长的轨道，必须在战略决策、科技创新、领军人才和产业化这四个方面的努力储备。制定国家中长期科学和技术发展规划纲要，把建设创新型国家作为战略目标，把可持续发展作为战略方向，把争夺经济科技制高点作为战略重点，逐步使战略性新兴产业成为经济社会发展的主导力量。这些前瞻性、战略性和全局性安排，体现了自主创新、重点跨越、支撑发展、引领未来的我国科技发展战略方针。科学选择战略性新兴产业非常关键，选对了就能跨越发展，错了将会贻误时机。战略性新兴产业必须掌握关键核心技术，具有市场需求前景，具备资源能耗低、带动系数大、就业机会多、综合效益好的特征。

从文献检索情况来看，目前关于战略性新兴产业企业业绩评价的研究尚不多，并存在以下几个方面的问题：第一，系统阐述战略性新兴产业企业业绩评价理论很少，如战略性新兴产业与循环经济之间的关系没有涉及，企业战略经营目标定位不明确，企业业绩评价依据不够充分；第二，现有评价指标体系大多是针对战略性新兴产业，很少涉及微观企业；第三，TOPSIS法等多属性决策方法鲜有运用于企业业绩评价，并且在进行企业业绩评价时往往忽略对评价结果的稳定性分析研究。而这些方面又恰恰是加快战略性新兴产业快速健康发展的重要因素。因此，本书认为：以我国上市的节能环保企业为对象，综合考虑国家政策、自然、经济、社会以及法律等因素，厘清节能环保产业与循环经济的关系以及节能环保企业业绩评价理论的内涵，构建全面衡量我国节能环保产业企业业绩评价指标体系，采用现代先进评价技术方法对企业业绩做出科学合理的价值判断，是摆在我们面前急需解决的一个系统性研究问题。

　　本章根据全书主题对国内外相关文献进行了回顾。首先，就企业业绩评价的相关概念做了梳理，从评价的主体、内涵、客体、目标以及原则等方面分析了企业业绩评价应考虑的因素；其次，从企业战略经营业绩评价指标体系、循环经济下的企业战略经营业绩评价指标体系和战略性新兴产业企业业绩评价指标体系三个方面回顾了企业业绩评价指标体系方面的文献，并对企业业绩综合评价方法做了综述；最后，从文献综述分析中，提出拟研究的方向和主要内容是以我国上市的节能环保企业为对象，综合考虑国家政策、自然、经济、社会以及法律等因素，厘清节能环保产业与循环经济的关系以及节能环保企业业绩评价理论的内涵，构建全面衡量我国节能环保产业企业业绩的评价指标体系，采用现代先进评价技术方法对我国节能环保产业企业做出科学合理的价值判断。第 3 章，将对节能环保企业战略经营业绩评价的理论进行概述，为进一步深入研究做好理论铺垫。

第3章 节能环保企业战略经营业绩评价的理论概述

自20世纪90年代以来，企业业绩评价问题就得到了大量的研究。由于企业业绩评价的涉及面既包含现代公司治理的理论研究，也包括实践运用，属于交叉学科领域，因此，企业业绩评价的理论依据来源于经济学、管理学等，包括资本保全理论、委托代理理论、现代管理理论、权变理论、产权理论等。如张蕊（2002）提出"最大""最小"法则、资本保全理论、委托代理理论和现代管理理论等均是现代企业经营业绩评价的理论基础，并阐述了各理论与企业经营业绩评价之间的关系。张川（2008）认为企业业绩评价的最主要的理论基础是权变理论和代理理论，除此之外，激励理论、利益相关者理论、制度变迁理论等也是企业业绩评价的理论基础。潘康宇（2011）认为，企业绩效评价的理论有代理理论、控制理论、权变理论、交易费用理论、超产权理论、企业能力理论、利益相关者理论等。

那么节能环保企业绩效评价将会怎样考虑企业战略经营的特征、目标和相关管理理念？将会涉及哪些基础理论？本章将依次进行分析和讨论。从节能环保企业业绩的概念，战略经营的相关特征、目标和管理理念进行梳理，从"能力"视角对节能环保企业业绩形成的原因进行剖析，再对企业业绩评价研究的相关理论进行归纳和总结。以业绩评价涉及的相关理论为主要脉络，从委托代理理论、利益相关者理论、战略管理理论、循环经济理论和社会网络理论这些方面着手，简单介绍这些理论思想，同时理顺这些理论与企业业绩评价之间的相互关系以及它们对本书的解释作用，从而更好地理解企业业绩评价的研究发展，为其他交叉学科研究企业业绩评价提供有益借鉴，同时也为后续章节的研究提供理论支撑。

3.1　节能环保企业业绩的概念和经营特征

3.1.1　节能环保企业绩效的概念分析

如果希望探讨节能环保企业战略经营业绩的形成来源，就应该在充分了解节能环保企业绩效形成过程中的各种影响因素的基础上，探求节能环保企业绩效在其影响和作用之下，一步步由形成、发展进而到成熟阶段的，重点是探讨企业内部各种要素、企业外部的各种环境和资源对节能环保企业绩效的形成如何产生作用。在此，本章先对文献中有关"绩效"一词予以阐述。

（1）绩效。

绩效在牛津词典中的解释为"执行、履行、表现、成绩"。管理学大师彼得·德鲁克在《卓有成效的管理者》一书中认为绩效是"直接成果"。对于绩效的观点综合起来主要有三种：①结果作为绩效的考评依据；②行为作为绩效考核的依据；③行为和结果综合一起作为绩效考核的依据。外国学者的观点为："绩效是工作的成绩与结果，因为这些成绩与结果和企业战略目标、顾客满意度、资金投资回报紧密相关；绩效是与工作目的相对存在的工作成果"。绩效是以结果为依据、为目标，将绩效定义为，"绩效是与所工作单位的目标相一致的行为表现的结果；绩效与结果不同，它不受系统其他因素的影响，是一种行为"。绩效以行为为导向，是行为和结果的综合体现。运用管理学的知识进行分析，绩效是组织或者单位为实现其期望的目标和结果而在各个部门进行的有效输出，具体由个人的绩效和组织的绩效两个方面组成。组织绩效和个人绩效存在一定的关系：个人绩效是组织绩效形成的前提，但两者无对等关系，个人绩效的实现并不意味着组织绩效的完成。如果先将组织绩效分解，逐一落实到各部门、人员，那么当个人绩效完成时，组织绩效也能实现。财政部统计评价司认为绩效是企业在一段时间内的经营绩效和业绩。企业经营绩效主要由获利能力、偿债能力、运营能力、发展能力所反映。经营业绩主要由企业在生产经营过程中获取的成果来体现。

（2）经济绩效。

古典经济学家大卫·李嘉图最早对经济绩效作出理论概述。他认为，财富在于投入与产出的比例，是用最少的价值创造出尽量多的使用价值，可以表示为：用较少的劳动时间创造较多的物质财富。当生产的产品所包含的劳动价值大于投入的劳动价值，生产便形成了经济绩效。经济绩效有很强的层次维度，它是社会经济绩效、企业经济效益、部门经济绩效三部分结合的整体，它们之间存在着相互的关联与内在的联系。企业的经济绩效是指企业从经济活动的整体循环过程中取得的经济绩效。杨东宁、周长辉认为，企业经济绩效是指市场所反映出的企业所拥有的价值和效率。后期学者们将经济绩效引入社会资本理论中，研究表明社会资本对经济绩效有一定的影响。

（3）收益。

经济学中首次提出了收益的概念。亚当·斯密在《国富论》中定义收益为"那部分不侵蚀资本的可予消费的数额"，将收益认为是财富的增加。20世纪初期，美国著名经济学家发展了经济收益理论。在《资本与收益的性质》一书中，从收益的表现形式的角度概括了收益的概念，并提出：①精神收益——精神上获得的满足；②实际收益——物质财富的增加；③货币收益——增加资产的货币价值。经济学家认为收益是企业资本的增加值，可以看作利息。《价值与资本》一书中提及，人们计算收益是为了知道自己在保持现有财产的基础上，可以支出的消费额。据此，其为收益做出了一个定义："在期末、期初保持同等富裕程度的前提下，一个人可以在该时期消费的最大金额"。

（4）利润。

利润对于不同的社会环境和社会关系所体现的含义也不相同。在资本主义制度下，利润被认为是剩余价值的一种转化形式，它是商品价值减去商品成本价值的余额。利润实际上被认为是可变资本的增值额，是资本家雇用劳动者的剩余劳动所创造的价值，为资本家无偿占有的那一部分。在社会主义制度下，利润表现为劳动者为社会创造的剩余产品的价值。具体形式包括：实现利润，企业销售收入与费用配比后剩余的款项；上缴利润，由财政部门对于企业的利润所征收的一部分资金；税后利润，企业实现利润扣除上缴利润后归企业所拥有的利润。

两种社会形态的利润观存在本质上的区别，社会主义利润是为了扩大再生产，为人民创造更好的生活条件，是社会主义积累的主要来源，也是衡量和评价企业经济活动的一个重要指标。

（5）绩效形成的经济学分析。

科斯的交易费用和产权理论对绩效形成的论述。制度经济学派早期就产生了，但战后经历了一段发展的低谷期。继其发表《企业的性质》之后，科斯的《社会成本问题》一文发表，首次明确了"交场费用"的概念和内涵；更为重要的是，其还分析了交易费用和产权制度之间的内在联系，并运用交易费用将产权制度问题纳入经济分析框架之中，阐明了明晰的产权结构对于市场运行绩效的重要作用。该文指出，产权的明晰界定是市场交易的前提；如果交易费用为零，那么传统的新古典经济理论所描绘的市场机制是充分有效的，最终的结果，即产值最大化是不受法律状况的影响的，外部性也能根治；但一旦考虑交易费用，合法权利的初始界定会对经济制度运行的效率产生影响，市场机制也可能会由于外部性的存在而"失灵"。这一论断后来被命名为"科斯定理"。实际上，科斯定理已经把交易费用、产权界定与资源配置效率联系起来；其中产权安排对资源配置效率具有决定性的影响，而交易费用则是将制度问题纳入经济分析的纽带，也是新制度学派区别于原来的制度学派的特征。

（6）《资本论》对利润形成的论述。

马克思的《资本论》的内容涵盖了社会生产关系的产生、发展、衰落，从中详细透彻地向人们揭示了现代社会中存在的经济运动规律。在资本主义社会中，马克思从占据社会经济主导地位的商品开始分析。他认为随着各个阶段商品的发展，货币就在逐步地向资本转化。具体商品在流通中可以用"商品—货币—商品"这一公式来表示，可以说商品通过货币转化，卖出一种商品换来的货币，买入另一种商品。恰恰相反，买商品是为了卖出后获得的利润。马克思将货币在周转中的这种增值称为剩余价值。由于商品的流通是等价的换取，剩余价值很难从中获取。但是，为了取得剩余价值，资本家就需要在商场上发现这种特殊的商品，在具有使用价值的同时，也是价值的源泉，这种商品的使用过程和价值创造过程相统一。最终，人们发现了这种商品即劳动力。从生产过程角度进行分析，可将资本划分为可变资本和不变资本两部分。不变资本体现在机器、厂房、原材料等资产的投入上，可变资本体现在劳动力投入的资本上，这种资本在生产的过程中会增加，产生剩余价值古典经济学对利润理论的论述，英国古典政治经济学的杰出的代表和理论体系的建立者亚当·斯密认为，利润是随着资本的出现而产生的，是资本主义社会的一个特殊的经济范畴。这种观点为有关利润问题的研究做出了不可或缺的功绩。但亚当·斯密对利润的看法也是双重的、自相矛盾的。一方面，从劳动决定价值出发，指出利润是工人创造价值的一部分，是雇主分享的有工人劳动对原材料加工所增加的价值扣除工资后的余额；另一方面，从收入构成价值出发，把"来自运用资本的收入称为利润，认为利润是资本的自然报酬，是生产费用的一部分，是商品价值的源泉之一"。前一种说法是正确的，但由于混淆了劳动和劳动力、利润和剩余价值，也没有有意识地明确使用必要劳动、剩余劳动、可变资本、剩余价值等范畴，所以不能根据价值规律来说明剩余价值的来源问题，从而不能科学系统地说明利润的起源及其变化规律等问题。后一种说法不正确，以收入构成理论为基础，割裂了利润与劳动的关系，认为资本是利润的源泉，掩盖了利润是资本家对工人剩余劳动成果的无偿占有以及剥削与被剥削关系的实质。

本书对于"绩效"的理解是企业持续经营的综合成果，受到来自企业内外部多项因素的综合影响。科学、合理地衡量企业经营绩效是现代公司治理的一个重要制度安排。对比企业经营目标与经营绩效是衡量企业经营优劣的直接标准，为总结企业经营成果，改善下一个会计期间的经营策略都有很重要的意义，也即"衡量什么，就得到什么"。因此，"怎样才能最贴切地衡量企业经营绩效水平"是一项研究的永恒话题。后面将深入地从企业绩效形成的外在及内在机理视角，继续剖析企业绩效形成的源头，以此为线索，设置绩效衡量的指标体系。

3.1.2 节能环保企业战略经营的特征

节能环保产业被列为我国战略性新兴产业的"排头兵"，可见其对带动社会经济进步、提升综合国力具有重要作用，反映了国家在未来一段时期内产业的重点发展方向和欲率先突破的领域。历史上从未有任何一个国家能够在不破坏自然环境的前提下成为一个工业大国，中国也不例外。近40 年的工业强国之路，带来的是我国经济高速发展成为 "世界第二大经济体""最大的发展中国家"，同时还带来了空前的环境污染问题，对生态与公众健康构成巨大威胁。"癌症村""雾霾" 等字眼频繁地出现在公共媒体上，触目惊心。经济发展的负面效果严重影响着人民健康、农业生产、社会经济，甚至威胁国家安全。然而，仅仅依靠强制性的行政手段节能减排，结果显然不尽如人意，而且有悖于市场规律，导致社会成本大幅度上升。因此，节能环保产业的推动正是为了国家对于调整经济结构、转变经济发展方式的迫切需要，符合我国当前社会经济长远持续发展的重大需求。通过节能减排、发展循环经济、保护生态环境提供物质基础和技术保障，扭转经济增长模式进入合理发展路径，顺应了经济增长所需的一股强劲内生动力，引导投资进入在未来成就更有竞争力的实体经济群。同时，节能环保产品和技术的推广，有助于改善工业能效、治理环境污染，大大提高了民生质量。

提速节能环保产业高效发展，需要产业技术创新的重大突破。一个新兴产业的形成与发展，取决于诸多因素，其中技术进步与创新起着至关重要的作用。一方面，节能环保产业具有很强的制度驱动型特点。政府不断提高相关能效和环境标准，成为推动产业发展的原动力；处于发展初期的企业，面临着种种高风险和不确定性因素，需要政府给予相应的财政补贴、税收优惠、绿色采购等直接鼓励政策；许多节能环保服务，如自来水供应和污水处理等市政工程具有公共物品性质，私营企业作为主要参与者需要获得政府授权并制定相关市场规则。所以节能环保发展模式往往成本高、见效慢，企业价值实现难度大。另一方面，节能环保产业目前是一个新兴的业态，需要独立出来并表现出与应用现场直接结合的工程化应用特征，产业发展呈现出全新的价值构成。市场需求涉及生产、生活的各个领域，包括工业、农业、服务业、建筑、交通、餐饮等多方面，技术供给包含机、热、电、光等各专业，范围广、难度大。长期以来人们形成了节能环保是一项社会公益事业的定式思维，认为只产生社会价值，不创造或者很少能产生经济价值。技术创新不仅为节能环保提供了强大的技术支持，而且使节能、环保和资源的循环利用成为一项有经济效益和经济产出的非社会公益事业。为企业发展萌发了内生动力，产业前进插上了飞翔的翅膀。

可以预见，依靠国家的政策引导和业界的大力经营，节能环保产业对国民经济的直接贡献比重将由小变大，逐渐成为优化经济运行质量、拉动经济增长、提高经济技术含量的支柱型新兴产业。这种产业的兴起，会对企业的战略经营目标产生重大影响。也即以国务院关于大力发展战略性新兴产业有关政策为指引，在遵循循环经济发展规律的基础上，以重大技术创新能力和关键核心技术的形成与保持为核心，追求企业高成长能力和发展潜力，从而达到可持续的企业价值最大化（张蕊，2014）。因此，依照节能环保企业战略经营的目标，追溯企业价值创造的来源，构建节能环保企业业绩评价体系。

3.2 节能环保企业战略经营的目标和管理理念

3.2.1 节能环保企业战略经营的目标

由于业绩评价是为企业经营目标实现服务的，因此，企业的经营目标是企业业绩评价体系形成的最直接也是最重要的依据，是判断业绩评价导向性功能作用是否正确发挥的重要标准，并决定了业绩评价体系的主要内容。而企业经营目标的定位主要受到企业经营环境的影响，是由当时的经济发展模式所决定的。

对于企业而言，生存与发展是硬道理，因此，追求可持续发展在不同的发展时期，其内涵不尽相同。在工业经济的早中期，企业是以利润最大化为其经营目标的；在后工业经济时期，则主要以企业价值最大化为其战略经营目标。在循环经济发展模式下，企业必须按生态经济发展规律组织生产经营，这也就要求企业必须将生态经济发展规律与创新相结合，形成生态化的创新，而将这种创新成为循环经济发展模式的重要支撑，是循环经济下企业战略经营目标得以实现的保证。因此，循环经济发展模式下的企业战略经营目标是：以"3R"为原则和指导思想，以生态创新为内核，以竞争优势和核心竞争力的形成与保持为关键要素，谋求持续的企业价值最大化（张蕊，2007）。

随着社会经济的快速发展，对经济资源的需求比以往任何一个时期都更为迫切，人类的发展与资源有限性的矛盾尤为突出，人类为了生产与发展，需要寻找一种既与自然和谐相处，又能促进经济高效增长的发展方式来解决这一矛盾。战略性新兴产业，作为引领经济发展的重要方式便应运而生。根据《国务院关于加快培育和发展战略性新兴产业的决定》，战略性新兴产业是以重大技术突破和重大发展需求为基础，对经济社会全局和长远发展具有重大引领作用，知识技术密集、物质资源消耗少、成长潜力大、综合效益好的产业。战略性新兴产业可分为支柱产业（pillar industry）和先导产业（leading industry）。支柱产业是指在国民经济中占比重大，对整个经济起引导和推动作用的产业；而先导产业是指在国民经济体系中具有重要战略地位，并在国民经济规划中先行发展以引导其他产业往某一战略目标方向发展的产业或产业群。由此可见，这种新兴产业的特征在于：第一，重大技术创新驱动。这种新兴产业是以重大技术创新与突破为其核心竞争力，从而驱动产业的发展。第二，经济发展中的引领作用。无论是支柱产业还是先导产业，在整个经济发展中的引领与推动作用是其显著特征之一。第三，以遵循循环经济发展规律为前提。循环经济发展模式的核心是资源消耗的节约、资源的循环作用，强调人类经济发展与自然的和谐，从而使人类经济发展可持续。而战略性新兴产业是在遵循循环经济发展规律的前提之下，寻找新的经济增长点，通过发挥引领作用达到经济的高速增长。也即，要很好地发挥循环经济发展模式的作用，就必须发展战略性新兴产业；而要发展战略性新兴产业，则必须遵循循环经济发展规律。第四，高效的可持续增长。这一特征是由前述特征所带来的，在这种以循环经济发展规律为前提、以重大技术创新与突破为支撑的新兴产业的引领与推动下而产生的经济效益必定是高效的、可持续发展的，这种新兴产业是以最新科技成果为支撑的产业，因此，在发展的初期所面临的高风险和不确定性是不可避免的，这时，来自政府的扶持和引导是必不可少的。

这种战略性新兴产业的兴起对企业的影响在于：企业应适应国内外经济发展方式的转变，在政策的引导下，选择适合企业自身特点的新兴产业进行经营，力争使其成为支柱或先导产业，真正发挥战略性新兴产业在国民经济发展中的引领作用。这种产业的兴起，将对企业的经营目标产生重大的影响。

根据战略性新兴产业特征，企业的经营目标应定位于：以国务院关于大力发展战略性新兴产业有关政策为指引，在遵循循环经济发展规律的基础上，以重大技术创新能力和关键核心技术的形成与保持为核心，追求企业高成长能力和发展能力，从而达到可持续的企业价值最大化，真正发挥企业的战略性新兴产业在地域或国民经济发展中的支柱或先导作用。这一经营目标与之前的，包括循环经济下的企业战略经营目标的不同或最大特点在于：第一，经营目标的定位突出强调企业所经营产业的新兴性和引领性，由此带来的企业的可持续发展和经济的快速增长，即战略性。第二，强调企业的核心竞争力是重大技术创新能力和关键核心技术，而不是一般创新的形成与保持，当然，这种核心竞争力是以遵循循环经济发展规律为前提的，是生态化产出的创新。这些内容构成了战略性新兴产业企业业绩评价体系的主要内容。

3.2.2 节能环保企业战略经营的管理理念

企业的经营管理是为其经营目标的实现服务的，企业的战略经营目标决定了企业的经营管理理念与内容；而企业的经营管理理念与内容决定了业绩评价体系的特点，并与企业经营目标一起共同构成了业绩评价体系的内容。为了使战略性新兴产业企业的经营目标得以实现，企业需要确立与之相适应的管理理念。

（1）新的效率观。这里的"新"主要指这种效率既要充分体现战略性新兴产业企业引领经济高速发展的本质，又要遵循循环经济发展规律。因此，这种效率观的"新"体现在企业的发展和创利水平对社会经济发展的贡献比以往任何经济发展时期都更大，这也就要求企业的管理应时刻关注企业在同行业中的发展水平和所处的位置，以便及时作出必要的调整，真正发挥企业所经营产业的支柱或先导的作用。同时，在企业的经营管理过程中，应充分处理好污染治理、清洁生产与高效率的关系，任何的价值增长不能以牺牲环境作为代价。这一新的效率观要求业绩评价应包括企业在行业中的发展水平、地位、关联度及企业遵循循环经济发展规律要求方面的内容。

（2）新的利益观。循环经济发展模式下的利益观主要强调企业在获取自身利益的同时，应充分考虑与兼顾社会和人类的全局利益，应将循环经济的发展规律纳入企业的战略管理范围内。这里的利益观的"新"主要是体现在"以点带面"，即通过发挥战略性新兴产业的"主导"或"先导"（点）的作用，带动企业整体经营的发展，从而实现企业价值最大化；同时，引领社会经济整体的发展（面）。在多样化经营的情况下，企业必须明确属于战略性新兴产业的产品生产经营，通过该类产品的生产经营来引领整个企业，乃至整个地域经济的高效发展，使地域经济利益最大化。在整个企业的战略管理过程中，首先，应当在政策引导之下，寻找能带动企业及地域经济增长的新兴产业产品；其次，通过对该种或几种产品的经营管理，引领整个企业的发展，实现战略经营目标；最后，在整个经营管理过程中，应处理好新兴产业产品的经营管理与其他产品经营管理的关系。因此，在这一管理理念的指导下，业绩评价应包括对新兴产业经营收入增长幅度及盈利水平等方面的评价。

（3）新的创新观。这里的"新"是指这种技术创新不仅仅是一般的技术创新，而是以重大发展需求为基础的重大技术突破和创新。也正是这种重大的技术突破，才赋予了新兴产业在经济发展中的重大引领作用，而成为战略性新兴产业，这种新兴产业被冠之以"战略性"也正是从这个意义上提出的。因此，在企业的经营管理过程中，不仅要关注一般的创新，更应注重新兴产业产品的重大技术突破与创新的管理，包括研发的投入、新技术人员的培训管理等。可见，业绩评价应包括体现企业核心竞争力的关键技术创新能力，以及员工的培训等方面的评价。

3.3　节能环保企业战略经营业绩形成的因素

唯物辩证法告诉我们事物发展的外因是条件因素，它必须通过内因才能起作用。而内因才是事物自身运动的源泉和动力，是事物发展的根本原因。节能环保企业战略经营业绩的形成，是由诸多外在因素和内在因素共同作用的，但发挥决定性作用的是源自于企业的内在因素。根据前面可知，"业绩"（performance）一词有多种解释，其中之一是指某种能力，即"完成的能力：效率"（the ability to perform：efficiency）。业绩的形成不仅仅依靠外部政府因素和产业生命周期因素和技术工艺因素等方面的共同影响，更需要来源于企业内部的源动力推动。本书拟从企业价值形成的角度剖析，用"能力"这一词汇概括企业价值创造的源动力。依照企业战略经营目标的内容，从文献回顾入手，对多元指标进行归纳综合，以节能环保企业为例，设计出评价战略性新兴产业企业业绩的评价指标体系。

3.3.1 财务运营能力

财务运营能力是从财务角度来反映战略性新兴企业的经营效果。企业的衡量系统亘古以来一直属于财务性质，财务目标是一切经济组织所追求的基本目标之一，财务评价是任何经济活动评价不可回避的一个重要方面（Robert S. Kaplan and David P. Norton，2000）。无论在怎样的经营环境中和经济发展模式下获取利润都是企业追求的最终目标（张蕊，1999）。战略性新兴组织作为社会、经济、技术环境所催生的一种新兴经济组织模式也不例外。

本书认为，不论是哪一个产业、哪一家企业，财务运营能力才是企业生存的根本。只有具备了财务运营能力，才能够在完成"生存"这一基本目标上谋求进一步的发展，才能够算作是一家持续经营的合格企业。在众多学者的研究中，从不避讳企业创造价值的基本表现形式是财务价值这一主题。因此，从这一能力角度衡量企业的价值创造和业绩形成是合理的。

国际流行的企业战略绩效评价方法——平衡记分卡（balanced score-card）将财务作为其四个基本构面之一。财务度量是反映过去的绩效，财务目标通常与获利能力有关，衡量标准往往是营业收入、资本运用报酬率，或近年流行的附加经济价值（economic value-added）（Robert S. Kaplan and David P. Norton，2000）。虽然平衡记分卡是从企业战略的角度展开研究，但其对战略性新兴企业也有很强的解释力。因此，借鉴平衡记分卡的评价思路，财务业绩主要应集中于企业盈利能力、营运能力、偿债能力和增长能力四个方面的评价。节能环保产业被定性为支柱产业，因此企业生产经营的财务评价还应注重企业在同行业中的水平评价（张蕊，2014）。

3.3.2 学习创新能力

学习创新能力是帮助企业创造价值的核心竞争力，是指企业拥有的异质的、构成技术创新能力的知识和技能（Prahalad C. K. and Gary Hamel，1990）。它包括研究和开发能力，不断创新的能力，将技术和发明成果转化为产品或显示生产力的能力，组织协调各生产要素、进行有效生产的能力以及企业应变能力（唐广，2003）。

尽管学术界对于价值的界定众说纷纭，但学者们已经论证了技术创新带来的成长机会与企业价值创造的正向关系。Myers（1977）论证了企业价值不仅包括实物资产价值，还包括企业未来成长机会的现值。Guth（1990）认为技术创新对企业产品或服务有提高市场竞争力的作用，帮助企业形成新的利润增长点，提高企业获取未来收益。Stopford（1994）论证了技术创新能有效地提升企业的生产与经营能力，获取核心竞争力，实现企业价值的增长。Fujita（1997）指出，当今的企业间竞争日趋激烈，企业经营国际化以及产品的生命周期逐渐缩短等环境因素，促使技术创新对企业的生产与发展更加具有决定性作用。Kumar 和 Siddharthan（2002）以中国 213 家工业制造企业为例，调查研究并论证了这些企业的创新能力与创新绩效的相关性。

在现代研究开发活动中，各类技术相互融合、相互交叉，企业的学习创新能力大大增强，技术创新的周期大为缩短，而且获得关键技术突破的捷径。对节能环保企业而言，核心竞争力来源于以重大发展需求为基础的重大技术突破和创新，也即在循环经济发展模式之下的"生态化创新能力"，注重能源节约和高效利用、"三废"源头治理以及资源的循环再利用等方面的创新（张蕊，2007）。因此，学习创新能力的评价应包括企业重大技术创新研发能力、专利申请授权率等研发能力的评价，研发费用投入强度、技术人员数量强度、技术人员平均培训费用等研发潜力的评价以及技术进步贡献的评价。

3.3.3　战略引导能力

战略引导能力是从企业所处的社会关系网络角度提出的。现代公司治理研究正经历着从微观到中观，再到宏观层面的转变，也即由"企业层面"到"企业间层面"，再到"社会层面"的新分析框架（陈仕华、郑文全，2010）。因为企业是经济活动的主体，不是孤立的行为个体，同时，企业也是在各种各样的联系中运行的，是与经济领域的各个方面发生种种联系的企业网络上的纽结（边燕杰、丘海雄，2000）。通过关系网络发展、积累和运用资源的能力被称为企业的"社会资本"，它的强弱直接影响企业借用的资源量及其经济绩效（刘林平，2006）。在实证分析中，社会资本早已被验证为一项影响企业价值创造的重要资源。Granovetter（1985）发现社会资本嵌入于个人的关系网络之中，管理者的社会纽带关系越好，企业因此而受益的程度就越大。Barney（1991）论证了社会资本的价值，并认为其构成企业价值的一种重要资源。Christel Lane（2001）认为广泛的外部组织关系也许比内部关系的许多方面更是一个主要的能力资源来源。

本书研究的节能环保企业，同样处于企业的社会网络关系的各个节点上。这些企业通过网络关系发展、积累和运用资源的社会资本，会明显区别于其他一般企业。换言之，这些战略性新兴企业有一种与生俱来的战略引领能力。这种战略引导能力其实就是企业建立、维持社会网络关系，并从中获取资源的能力。更重要的是，这种能力显著地高于其他同行业伙伴，其发展和创利能力对社会经济发展的贡献比以往任何经济发展时期都更大。因此，综合考虑企业的社会网络关系，将战略引领能力纳入企业的业绩评价范围是合理的。那么，如何衡量企业的"社会资本"呢？Barney（1991）验证了信息的密集流动总是与成绩显赫相连的关系。因此，本书对战略引导能力的评价从企业通过社会关系网络获取信息资源的能力出发。具体来说，包括对企业管理者的受教育程度、个人社会联系强度，企业的公共关系费用、捐赠等所占比重，以及企业本身的顾客满意度和市场竞争能力在同行业中所处的位置等的评价。

3.3.4 履行社会责任能力

随着社会经济的发展变迁，企业的社会责任问题日益突出。学术界对公司治理的讨论不再局限于公司内部制度的研究，而是将企业与社会的关系纳入研究范围。李心合（2009）指出财务理论与实践不应再固守"零社会嵌入"的传统，而应将社会责任纳入理论与实践的体系，并以此扩展公司财务理论。因为公司治理不仅仅是一种单纯的内部制度安排，而是同时会受到社会因素的深刻影响。只有不断地对企业所处的社会环境做出准确及时的回应才能更好地服务于企业经营活动（高汉祥，2012）。Drucker（1973）也指出任何一个组织的存在都不能仅仅只为了自身，而更应该是为了社会而存在于人类社会的，企业就是其中之一，应该承担起对社会的责任。Suchman（1995）认为企业如果想得到社会的认可，就必须符合社会已有的规范、价值观、理念等。因此，一家优秀的企业不仅应是一个良好的经济价值创造者，更应该是一个符合社会预期的良好"企业公民"。企业完整的价值创造目标除经济价值之外，还应包括社会价值（高汉祥，2009）。一方面，企业价值生产的对象是产品或服务。企业社会责任行为方式强调互利合作，对各方负责，抑制企业的"机会主义"动机，在要素结合过程中，促进利益相关主体之间互信、互利。另一方面，企业价值的实现，要经历"惊险的一跃"。社会责任行为方式为企业交易提供稳定健康的内外部关系网络和社会环境。然而，现实中种种"被动回应"式的社会责任履行方式，主要停留在行为层面，难以深入制度层面（高汉祥，2012）。因此，完整评价企业价值的正确做法，应从长远利益和整体利益的角度出发，将社会责任的履行能力，纳入企业业绩评价体系。

对于节能环保企业来说，履行社会责任是企业与生俱来的要求。这种社会责任具体体现在节约能源、防治污染和资源的循环再利用的各种工业活动之中。其中，节能主要是从企业生产经营的源头减少能源的消耗，提升资源的有效利用；环保则是针对企业生产活动产生的污染废弃物进行后端处理，再排放到自然环境中，循环经济从某种意义上来说是联系前端节约能源与后端环境治理的纽带。发展循环经济是从源头实现节能减排的最有效途径（龚建文，2009），节能环保产业也是发展循环经济模式的更高阶段表现。因此，将节能环保企业履行社会责任的情况纳入评价范围是合理的，并且评价角度应从循环经济模式着手，具体来说，应包括对节约能源能力、防治污染能力和资源循环再利用能力的评价。

3.4 节能环保企业战略经营业绩评价的理论依据

3.4.1 委托代理理论

（1）委托代理理论的产生与发展。

委托代理理论认为，在信息不对称和目标利益不一致的条件下，代理人的逆向选择和道德风险会给企业带来一定的代理成本，与代理人签订激励契约是委托人控制代理成本的主要方法之一，激励契约设计目标主要是通过促进委托人和代理人的利益趋同来实现企业代理成本的最小化。委托代理理论的基本观点是代理人的行为及努力程度不可观察，但其经营业绩却可以观察且可以被第三方所证实，因此，可以把代理人的努力、收益和其经营业绩联系起来，通过建立基于客观业绩评价的报酬激励方案，如计件工资、年薪制和股票期权计划等，来激励代理人努力敬业。出于简化模型的考虑，传统委托代理理论的假设过于简单和理想化，从而导致客观业绩评价的相关理论无法解释和指导现实世界。现实中委托人的目标实际上往往无法找到一个完全确切的客观业绩指标来表示，进而代理人行为及努力程度对委托人目标的真实贡献也无法通过客观业绩指标得到完全的反映；另外，在企业的许多代理活动中，代理人行为及努力成果都不可观察，从而不能被第三方所证实，因此，代理人的业绩无法通过任何客观业绩指标来表示，即代理人的行为及努力结果都是不可预知的；最后，在代理人从事两种以上的任务，且不同任务之间具有可替代性的情况下，如果某些任务及其成果具有可观察性，而其他任务不可观察，那么基于客观业绩评价的显性激励契约可能会引发激励扭曲的问题。有鉴于此，主观业绩评价作为客观业绩评价的必要补充，不仅能弥补客观业绩评价的缺陷，而且还有利于显性激励合约发挥作用。当然，主观性评价与奖励也存在成本问题，包括评价成本、验证成本等，因此，从经济学角度研究的主要问题是如何均衡主观性评价与奖励的收益和成本，与客观业绩指标相结合，设计出最优激励性报酬契约，从而增强委托人和代理人的目标一致性。

20 世纪 30 年代美国的经济学家伯利和米恩斯提出了委托代理理论。因为他们发现企业所有者兼具管理者的模式存在着极大的弊端。委托代理理论的核心思想即经营权和所有权相分离。企业的所有者聘请有管理经验的专业人员管理自己的企业，同时保留了对企业的所有权，即企业创造的收益仍归所有者拥有，管理者仅针对自己的管理工作获得约定的薪金。

自 20 世纪 70 年代开始，委托代理理论得到了极大的发展。以传统的委托代理理论框架（Hoimstrorm，1979；Grossnan and Hart，1983）为基础，Bull（1987）首先建立了研究主观业绩评价和奖励的分析性模型，并将主观业绩评价引入理论经济学家的视野。此后，经过 Macleod 等（1998）、Baker 等（1994）、Prendergast 和 Topel（1996）、MacLeod 和 Parent（1999）、MacLeod（2003）以及 Lev in（2003）等人的拓展，逐步形成基于委托代理理论的主观业绩评价的分析模型。Bushman 等（1996）率先通过实证研究，经验地揭示了主观业绩评价在设计激励合约方面的积极作用，进而推动了主观业绩评价的经验研究，Gibbons（1998，1999）、Baker 等（2002）、Mumphy 和 Ryer（2003）、Ittner 等（2003）、Gibbs 等（2004）、Fisher（2005）等人对主观性奖励计划的作用、决定因素以及后果等问题进行了深入研究。

这个阶段的理论发展是以两权分离的现代企业制度为背景的，从委托代理角度将企业看成是由不同层次委托代理关系组成的整体。在这种委托代理关系中，委托人拥有所有权，受托人拥有经营权，两者之间存在一种契约关系，由于信息不对称的存在，这种契约关系是不完全的。代理人和委托人存在利益冲突，相对于股东利益，代理人更多的是考虑自身对风险的规避和自身利益的最大化，在这种自身利益的驱动下，代理人的经营决策可能会偏离委托人的目标，甚至会不惜损害委托方的利益，利用职务之便为自身谋取私利，进而产生逆向选择等代理成本问题。

为了降低代理成本，使经营者选择有利于企业整体战略目标（委托人目标）的行为，需要将代理人的利益并入企业整体利益中。具体来说就是在委托代理契约关系中设计一种激励机制，使代理人承担部分风险，并允许其从风险承担中获得补偿，将代理人的利益挂靠到委托人目标中。这种将代理人的利益与委托人目标集合起来的激励机制，能促使受自我利益驱动的代理人选择与委托人目标一致的行为。

（2）委托代理理论对本书的解释作用。

委托代理理论是业绩评价的逻辑基础。业绩评价是对企业一定时期的经营成果的反应，也是对代理人一定时期决策成果的考核，其评价指标与激励机制设计的目标相衔接，既是这种激励机制的基础，又是激励机制的前提，激励机制必须以业绩评价结果为依据。因此，委托代理理论是企业业绩评价的逻辑基础。

但是，委托代理关系中存在的基本问题是代理人问题。因为现代公司制企业的委托代理关系有以下特征：第一，委托代理关系是一种利益关系，委托人一方要事先确定一种报酬机制，激励代理人尽心尽责，努力实现委托人利益最大化目标；代理人据此选择自己的努力方向和行为方式，以求得自身利益（效用）最大化。委托代理关系是否有效的关键是这一制度安排能否实现双方利益的平衡，从而保证代理人目标与委托人目标的一致性。第二，委托代理关系是一种契约关系。委托人与代理人之间不是一种普通的合作关系，而是通过契约严格规定了双方的权利和责任，但这种契约是一种不完备的契约。这是由于企业经营存在不确定性（存在不可预测事件）、委托人与代理人之间的信息不对称（代理人具有信息优势）和有限理性（人们的认识能力是有限的，因而其决策和行为能力也不可能是完全理性的）、委托人与代理人目标的不一性等所决定的。这种契约的不完备性隐含着代理风险，代理人有可能偏离委托人目标要求，从而发生损害委托人利益的行为，这就是所谓的代理人问题（agent problems）。

要解决代理人问题，首先要建立有效的选聘机制，要考察代理人的专业胜任能力和信誉，执行严格的选聘程序，甚至采用试用期的方式增进对代理人的了解，消除信息障碍。但即使严格执行了选聘程序，仍然会产生代理人问题。一是因为代理人是一个具有独立利益和行为目标的"经济人"，他们的行为目标与委托人的利益目标不可能完全一致；二是代理人作为"经济人"同样存在"机会主义倾向"，在代理过程中可能产生职务怠慢、损害和侵蚀委托人利益的"道德风险"和"道德选择"问题；三是市场环境的不确定性和信息的不对称性，委托人很难准确判断代理人的努力程度，代理人是否存在机会主义行为。为了解决代理人的道德风险和机会主义倾向，委托人必须建立一套制衡机制来规范和约束代理人行为，使代理人目标与委托人目标趋近一致，从而减少代理风险，提高企业经营效率和投资回报。一般而言，委托人对代理人的管理主要通过选聘机制、激励机制、约束机制以及包括高报酬（工资）和高质量物质待遇与权力配置激励机制；约束机制主要体现为对经理人决策行为的控制和经营过程的监督。

选聘机制、激励机制、约束机制作用的发挥都离不开评价机制的作用。评价机制通常包括社会评价机制和企业内部评价机制。社会评价机制的核心是市场评价，主要有资本市场评价机制、产品市场评价机制和经理市场评价机制。第一，资本市场评价机制。资本市场评价主要通过股票市场来实现，在股票市场有效的前提下，股票价格成为有关现在和未来净现金流量的内部决策效率的无形标志，股票价格下跌对公司未来筹资等经营方面带来压力，对经营者形象及其人力资本价值产生影响，迫使经营者不能过分偏离股东的利益，因而形成对经营者行为的重要约束。第二，产品市场评价机制。在竞争性的产品市场中，产品具有竞争力成为企业盈利的必要条件，而产品竞争取胜的重要因素在于产品质量和产品成本，在于产品决策是否适合消费者需要，而这些又取决于经营管理的优劣。这种竞争的市场环境把经营者的能力、努力程度和企业在市场中表现出来的经营业绩联系在一起，以及企业的利润水平的同行比较，就形成了对经营者能力和行为的综合评价。产品竞争的压力迫使每个经营者必须努力为提高企业经营效益而努力拼搏。第三，经理市场评价机制。竞争性经理市场的存在对于降低代理成本具有重要意义。经理市场通过内在机制决定经理的人力资本价格，它使经理人员的能力和道德水平通过产品市场和资本市场反映出来的企业价值，转化为经理市场的人力资本价值。经理市场的存在不仅为经理人员的流动和择业提供了条件，更重要的是它提供了一种公开、公平、公正的竞争机制，促使经理人员注重自身能力与经营业绩的提高。

显然，评价机制的形成对约束代理人行为有着重要作用，但仍然不能完全解决代理人问题。要充分发挥激励和约束机制的作用，必须加强对企业自身的控制和监督。客观、公正地对企业经营业绩做出评价的机制的建立，就成为现代企业的一项有效制度安排，为委托人对代理人实施奖惩措施提供了重要依据。可见，加强企业经营业绩的评价是完善激励和约束机制、保证委托代理关系有效性的重要途径。

这一理论仍然是战略性新兴产业中企业绩效评价的理论依据，但此委托代理关系却发生了一定的变化，不仅仅是指所有者与经营管理者之间的委托代理关系，还包括社会公众、国家政府等多方利益相关者与企业管理者之间有关环境治理与生态平衡以及引领经济新增长点的委托与代理的关系。这时的委托者不仅要考核代理人的战略经营业绩取得的成果，更要将经济可持续发展的制约因素——生态环境的保持与污染的治理、强大的经济引领能力等因素纳入考核的范围。

3.4.2 利益相关者理论

（1）利益相关者理论的产生与发展。

利益相关者理论的源头可以追溯到 20 世纪 20 年代伯利和米因斯与多德等人关于"管理者的受托责任是什么"的思想大论战。之后，利益相关者理论历经半个多世纪的发展，在理论基础研究、概念界定研究和分类研究等方面取得了丰硕的成果。

早在 20 世纪 60 年代，德国学者就尝试从实践中寻找证据，以证明现实中的企业是既合作又竞争的具有各自价值的利益主体的集合，它所追求的是所有利益相关者的整体价值，而不仅仅从股东利益出发追求利润最大化（江若枚、靳云汇，2009）。利益相关者理论的内涵主要体现在两个方面：一是利益相关者的界定；二是利益相关者的划分，只有正确认识和区分利益相关者才能真正构建和应用利益相关者理论。

从国外的研究成果来看，有关利益相关者概念的表述众多，但迄今为止，尚未形成共识。Mitchell 和 Wood（1997）研究总结了自 1963 年以来的具有代表性的概念，清晰地说明了学术界对此概念界定的趋势。Stanford Memo（1963）认为利益相关者是没有他们的支持组织就不能存在的群体。Rhenmen（1964）认为利益相关者是依靠企业实现个人目标，企业也依靠他们维持生存。Ahlsted 和 Jahmukaineu（1971）将利益相关者定义为企业活动的参与者，他们被利益或目标所驱动，因此必须依赖企业；而企业为了生存，也必须依赖他们。Freeman 和 Reed（1983）认为，广义的利益相关者是能够影响到组织目标实现，也为组织所影响的个人或群体；狭义的利益相关者是组织为实现其目标必须依赖的个人或群体。Freeman（1984）、Freeman 和 Gilbert（1987）认为利益相关者是能够影响到组织目标实现，或者他们自身为组织所影响的个人或群体。Cornell 和 Shapiro（1988a）认为利益相关者是企业下了赌注，或者享有对企业要求权的个人或群体。Cornell 和 Shapiro（1988b）利益相关者是那些因企业而受益或受损，其权利因企业活动而受尊重或侵犯的个人或群体。Bowie（1988）认为利益相关者是指没有他们的支持，企业就不能存续的个人或群体。Freeman 和 Evan（1988）认为利益相关者是与企业有契约关系的人。Caroll（1989）认为利益相关者能够凭借所有权或依据法律对公司的资产或财产行使权利。Savage，Nix，Whitehead 和 Blair（1991）认为利益相关者的利益受到组织活动的影响，同时他们有能力影响组织的活动。Hill 和 Jones（1992）认为利益相关者是企业有合法要求权的群体，他们通过交换关系建立起相互的联系，即他们向企业提供关键性资源，以换取个人利益目标的满足。Brenmer（1993）认为利益相关者与组织间存在非同一般的关系，如交易关系、行为影响及道德责任。Freeman（1994）认为利益相关者是联合创造价值的人为活动的参与者。Wicks，Gilbert 和 Freeman（1994）认为利益相关者是与企业相联系，并赋予企业特定含义的个人或群体。Langtry（1994）认为利益相关者对企业拥有道德或法律要求权，而企业则对利益相关者的福利承担相应的责任。Clarkson（1994）认为利益相关者已经在企业投入了实物资本、人力资本、财务资本或其他有价值的东西，并因此而承担了一些风险，或者说，他们因企业的活动而承担风险。同时利益相关者是对企业或企业活动享有索取权、所有权和要求权的人。Donaldon 和 Preson（1995）、Clark（1998）认为利益相关者是那些在公司活动中具有合法权益的人和团体，对企业来说没有这些利益群体，企业就无法生存。

　　从国内的研究成果来看，杨瑞龙、周业安（2000）并没有直接给出利益相关者的定义，而是通过潜在利益相关者与真实利益相关者两者的联系，说明了对这一概念的理解：作为具有契约关系的企业，其本质在于它是一种利益相关者之间利益冲突和相互依赖所形成的复杂关系网。广义地看，凡是对企业经营活动有影响的人或组织均可视为潜在的利益相关者，如果这些潜在的利益相关者在企业中注入了专用性投资，相应转化为真实的利益相关者。此后的一些学者相继对利益相关者概念进行了阐述。江若尘（2004）综合国内外文献，将利益相关者定义为可以影响企业战略制定和绩效并对企业有法定权利的个人和组织。刘丹（2005）从法律视角研究了利益相关者与公司治理的关系，他认为只有在公司中投入了专用性资产的人或团体才是公司的利益相关者。王辉（2005）提出利益相关者在核心层面上应该是企业联合生产过程中的资源投入者，主要包括股东、债权人、雇员、经理层、客户等。郝云宏、曲亮等（2009）立足于企业的契约本质，指出凡是与企业建立了契约关系，并根据这一契约关系规定了相互责任和收益的个人和团体就是企业的利益相关者。江若枚、靳云汇（2009）在研究企业利益相关者的理论与应用问题时提出，利益相关者是享有企业合法权益的主张者，是在企业下了"赌注"的个人或集团。

可见，国内外学者对于利益相关者的认识既存在共性又具有差异。其共性在于都认识到了企业和利益相关者之间存在一定的关系，由于这种关系的存在使企业和利益相关者相互影响。其差异集中于研究两者相互影响的关系为何，以及这种影响究竟达到何种程度。按照企业和利益相关者相互影响程度的差异，可分为以下观点：第一，相互影响观。这种观点属于最宽泛的定义，代表人物是弗里曼（1984），他认为"利益相关者是能够影响一个组织目标的实现，或者受到一个组织实现其目标过程影响的人"，即与组织存在利益关系的任何人、组织或机构都是利益相关者。第二，直接影响观。这种观点将与组织有直接关系的人或团体纳入利益相关者的范畴，排除了政府部门、社会传媒、社会组织及团体、社会成员等。第三，权益观。这种观点认为只有在组织下了"赌注"的人或团体才是利益相关者，这里的"赌注"是指投入与组织中的专用性资源，如 Caroll（1989）和 Starik（1994）给出的定义。

（2）利益相关者理论的对本书的解释作用。

利益相关者理论是企业业绩评价的重要理论依据。

在利益相关者的概念被推出以后，国内外学者已开始把利益相关者理论的研究推进到企业管理机制和企业管理运作模式研究等应用层面。不少学者在研究中发现，企业业绩与利益相关者权益存在正相关性，及企业对利益相关者权益的保护有助于提升其业绩水平（费里曼，1984；科特和赫斯克特，1992；布莱尔，1995；Hillman，2001）。

国内关于利益相关者管理理论的研究，以贾生华、陈宏辉、李维安、王世权为代表，认为从不应该对所有利益相关者"等量齐观"，而应在科学界定的基础上，从不同的利益相关者进行"分类治理"的角度对利益相关者理论进行了研究。

王竹泉（2003）把利益相关者纳入会计行为分析的框架，指出每一类利益相关者对待会计信息的态度都具有两面性。王雄元（2004）认为企业利益相关者责任要求在公司治理上实行利益相关者共同治理。陈宏辉、贾生华（2005）认为如何协调好众多利益相关者的利益要求是企业公司治理架构安排的一项基本工作。公司治理可以理解为一种企业利益相关者之间利益冲突的协调机制，通过运用多种手段和方式，整合企业内外部资源，来协调企业多种利益相关者利益要求之间的冲突。王世权（2010）从利益相关者治理的视角对价值创造进行了解构。他提出价值创造的本原性质是以有效履约为目标的创造知识与知识创造的过程，也是以价值创造网络为平台的企业利益相关者之间进行互补共同创造的结果；价值创造的逻辑起点是利益相关者间的合作剩余及分配；企业价值创造的治理要义在于资本承诺、组织整合与内部人员控制，关键利益相关者治理观更能促进企业价值创造的实现。

从上述国内外学者对利益相关者企业的研究中，可以得出的共同结论是：企业出资人和包括管理者、雇员在内的其他利益相关者在分享企业的剩余控制权和剩余索取权方面具有平等的地位，一个有效率的企业结构必然是由利益相关者各方共同分享企业剩余控制权和剩余索取权的企业结构。从业绩评价的价值取向进行考察，业绩评价模式可以分为两大类：股东模式和利益相关者模式。在股东模式下，公司管理的重心是调整股东与经营者的关系；公司管理的主体是股东，客体是经营者；管理目标是股东财富最大化，以股东财富最大化为导向的业绩评价主要是衡量经营者是否为股东的财富增值。然而现代企业经营业绩的评价是建立在利益相关者模式基础上的，以股东财富最大化为基本目标的模式应转变为综合考虑利益相关者财富最大化的模式，以战略的眼光规划企业的长远可持续发展。

国内外学者就如何将利益相关者理论运用在企业战略经营业绩评价中做了丰富的研究。

　　卡普兰和诺顿（Kaplan and Norton）1992 年提出了平衡记分卡的概念，并于 1996 年对这一方法进一步加以完善和系统化。平衡记分卡从财务、内部经营、客户和学习与成长四个角度对公司业绩进行度量。约翰·埃尔金顿（John Elkington，1997）基于利益相关者理论，提出了满足经济繁荣、环境保护和社会福利平衡发展的"三重盈余"业绩评价模式，2000 年，安迪·尼利提出了业绩三棱镜（performance prism）的概念，业绩三棱镜计量的内容包括利益相关者的满意度、贡献度、战略、流程和能力五个层面，这五个相互关联的方面共同形成了一个完整的业绩评价系统。

　　我国学者、政府及相关机构在积极学习评价国外先进理论研究的基础上，结合我国的实际情况，开辟了许多利益相关者业绩评价研究的新领域。张蕊（2001）提出评价企业战略经营业绩的核心财务指标可以选择人力资本能力和持续盈利能力等。颜志刚（2003）提出了 EVA 和 BSC 相结合的综合计分业绩评价体系，他认为这样既可以发挥平衡记分卡的优势和弥补其不足，还可使 EVA 和 BSC 相互之间优势互补。温素彬（2005）从科学发展观的要求出发，构建了企业三重绩效模式，该模式从经济、社会、生态三个方面分别设计考核企业经营业绩的绩效评价指标。陆庆平（2000）指出，当前利益相关者理论主要有三种评价企业绩效的方法：企业社会绩效、财务和非财务综合绩效以及任务绩效和周边绩效组成绩效。温素彬和黄浩岚（2009）总结了国内外采用的企业绩效评价方法，并对绩效三棱镜评价模型进行了系统深入的研究，他们提出为促进企业利益相关者观念的形成，应实施以利益相关者价值取向为指导的业绩评价，将该评价方法应用于某连锁超市的业绩评价中，归纳出我国企业在实施利益相关者业绩评价体系时需要加强的工作。郝云宏和吴波（2009）基于利益相关者理论，从过程与结果两个层面构建了企业经营业绩评价体系的三维结构，具体包括内部利益相关者的资本投入指标、外部利益相关者的社会承诺指标和企业的内部财务分配指标，最后提出了利益相关者企业的经营业绩评价要依据匹配原则和权变原则。

　　通过对现有文献的回顾，我们可以看到利益相关者研究的发展脉络。其研究重心从早期"为什么在管理决策过程中要考虑利益相关者"向"在管理决策过程中要考虑哪些利益相关者"过渡，并进一步向"如何通过各种机制安排满足利益相关者目标"转变。因此，企业战略经营业绩评价是一项实现利益相关者理论目标的重要机制安排，而构建一个表述一致、具有合理性基础的业绩评价体系，是当前利益相关者理论研究中有待解决的问题。而一个完整的业绩评价理论框架，必须能够回答与业绩评价相关的三个彼此关联的问题：第一，企业的本质，即回答企业是什么？它与传统的股东主导观念下的企业根本区别是什么？因为对于企业本质的不同界定，是当前已有的主要业绩评价理论缺乏现实依据的根源。第二，业绩评价与企业本质的关系如何？即业绩评价如何有效地服务于利益相关者企业目标？第三，作为新型的企业形态，利益相关者企业的业绩评价体系基本框架如何？即利益相关者企业业绩评价的一般框架主要由什么构件组成？这些问题本书将在第 4 章中进行阐述。

3.4.3　战略管理理论

（1）战略管理理论的产生与发展。

战略管理理论的产生可以追溯到 200 多年前英国工业革命时期中大量涌现的标准化生产工厂，但那时并未产生明确的企业发展战略管理理念，企业战略理论是随着历史的发展，特别是企业的发展而不断演进的。

战略管理理论是管理学中重要的理论分支，代表着管理学重要的研究方向，在管理学理论体系中备受推崇，处于管理学理论的核心地位。在社会实践中，企业的战略管理活动是企业经营活动和发展方向的界定规则，是在不确定环境中企业发展的领航线，对企业的生存和发展具有重要的指导意义。

纵观战略管理理论的发展历程，大体上经历了以下几个阶段：

①20 世纪 60 年代，以安德鲁斯和安索夫为代表的战略规划学派。

战略规划的核心问题是实现企业资源的优化配置，即企业为获得高于平均利润的投资报酬率，如何将组织资源与外部市场机遇实现有效匹配，形成企业独特竞争优势，实现企业的长期盈利。奠定战略规划基础的历史人物是安德鲁斯、安索夫，他们着重阐述了战略规划在组织发展中的作用，认为战略规划是一个有条理的行动顺序，为了使预定的任务目标得以实现，根据外部环境的不断变化以及结合企业自身的资源优势、技术优势，从而控制企业的行动结果，其实质是一种引导的行为。

②20 世纪 70 年代，以环境因素为基础的传统战略管理研究。

20 世纪 70 年代，外部环境变化的步伐逐渐加快，对企业经营的冲击逐渐加强，战略规划学派的思想前提开始动摇，它的关于未来可以预测规划的思想受到各界的质疑。以奎因、明茨伯格等为代表的环境适应学派在对战略规划学派批判的基础上应运而生。1980 年，奎因在《应变战略：逻辑渐进主义》一书中提出了"逻辑改良"的战略思想，认为战略决策者受理性认识的局限以及受环境的不可知和不可预测因素的制约，要求战略制定的过程必须是渐进的、不断适应的过程。战略制定者应随着环境的变化，突破既有的思维，用一种有意图的逻辑改良主义方法为组织融合一个内在关联的战略模式。该学派的主要理论观点：认为企业与环境是相互交融、相互渗透的，环境在战略形成的过程中扮演中心角色，企业所处的外部环境是企业自身无法控制的，适应环境是企业战略关注的焦点并对企业的生存和发展起着重要的影响作用；该学派认为外部环境是动态开放的、难以预测的，将环境的不确定性对企业经营的影响作为战略理论研究的主要内容，提出组织的发展必须建立在对环境适应的基础上，根据外部环境的不断变化而对自身战略进行持续调整。

③20 世纪 80 年代，以产业竞争结构为基础的竞争战略管理理论。

该时期的战略管理理论认为企业绩效的高低是由企业内部战略的制定、执行与控制等过程综合决定的，企业所处的外部产业特征是战略制定的起点，不同产业的竞争状况决定企业的战略、发展与绩效差别，强调市场结构对市场行为和市场绩效的决定性作用，因此可以说是一种外在的竞争优势观点。

美国哈佛大学的经济学家梅森（Mason）和贝恩（Bain），在新古典经济学相关理论的基础上，提出了现代产业组织理论的三个基本范畴：市场结构、市场行为、绩效，也就是所谓的梅森—贝恩范式（s-c-p），其基本目的在于制定产业组织政策。该研究范式构成了产业组织竞争战略理论的理论基础，他们认为：企业在某一产业中的行为与战略导向是由该产业的产业结构决定的，而企业行为与企业战略又影响着企业的经济绩效（Bain J. S. Industrial Organization）。美国哈佛大学的竞争战略专家迈克尔·波特（Michael E. Porter）是这一时期最重要的代表人物。他在 1980 年出版《竞争战略》（*Competitive Strategy*）书中，指出行业结构决定企业的竞争范围以及企业应如何更有效地获取竞争优势以加强其市场地位。他提出著名的"五力"分析模型，用来分析企业所处的产业结构以及所属产业的竞争强度。波特认为，一个产业的竞争状况（利润潜力）主要取决于 5 种基本力量：新进入者的威胁、顾客讨价还价能力、供应商讨价还价能力、替代品的威胁和本产业中现存于企业之间竞争的激烈程度。上述五种力量的综合影响，共同塑造了企业面临的竞争态势，在此基础上可以确定企业如何获取竞争优势的基本竞争战略。另外，波特还提出了 3 种基本竞争战略——总成本领先战略、差异化战略和专一化战略。1985 年，波特出版《竞争优势》一书，提出产业价值链分析框架，认为价值链活动之间的差异是企业竞争优势的关键来源之一，企业可用从产业层次上思考决定产业盈利性的系统性方法审查企业内部的所有行为及其相互关系，通过调整企业内部各价值链活动以及不同价值链之间的关系，来系统识别和分析企业竞争优势的来源，实施企业基本战略。

④20 世纪 80 年代中后期，以资源、能力为基础的核心竞争力理论。

首先，以资源为基础的战略管理理论是从 20 世纪 80 年代中期开始提出的，1984 年沃纳菲尔特在《战略管理杂志》上发表了一篇名为《基于资源的企业观》的文章，最早提出了企业在产业中获利并维持竞争优势的过程中企业内部资源所能发挥的重要作用。该理论认为，成功企业拥有异质的资源组合，企业必须采用不同的战略来适应不同的资源组合，而采用不同的战略又会促使企业产生不同的绩效，在某种程度上当企业拥有的资源是高成本而又无法模仿时，与之相联的租金流便是持续的。学者 Barney 把基于资源的战略观点发展成完整的理论，认为独特资源是给企业带来持久的竞争优势的基础，并在 1997 年所著的《获取并保持竞争优势》中，掷出具有创造持续竞争优势潜力的企业资源的评判标准是有价值、稀缺性、不具模仿性以及不可替代性的。

其次，基于能力的战略观源自于 1990 年，普拉哈拉德和哈默在《哈佛商业评论》发表《公司的核心能力》一文，提出企业核心能力概念的同时，也提出了将核心能力与战略管理结合起来的新的竞争战略构架——基于能力的竞争范式，并将企业的核心竞争能力定义为"组织中的积累性学识，特别是关于如何协调不同的生产技能和有机结合多种技术流派的学识"。主要理论观点包括：企业的核心竞争能力是企业形成动态竞争优势的基础；核心竞争力使企业具有进入多种相关市场参与竞争的潜力；核心能力是市场竞争对手难以模仿的，可使企业实现高于竞争对手的价值，是企业获得长期利润的源泉。这里所说的"核心能力"，是指以企业内部的独特资源包括知识技术等为基础形成的独特能力（集体的学习、经验价值观的传递等），是企业各种能力中起关键性作用的部分，通过向外辐射，影响企业中其他能力的效果发挥，在形成市场竞争优势份额过程中起着重要作用。

1994 年两人在合著的《竞争大未来》一书中正式提出了核心能力理论，构成了 20 世纪 90 年代西方最热门的企业战略管理理论。该理论指出，一个企业如果可以获得超出市场平均水平的利润，是由于该企业能够比竞争者更好地掌握和利用自身的某些核心能力。该理论提出了以下观点：其一，企业是能力的集合体，并能决定企业的发展规模和经营边界，是企业实施多元化战略和跨国经营战略的广度和深度的重要影响因素。核心能力是企业在其长期发展过程中逐步积累而形成的，其他企业难以模仿、复制、购买和超越的一种独特能力，并具有持久性，是企业获得长期竞争优势的有力保障。而企业中的有形资源和无形资源只是企业实体的基本构成要素，仅仅是表面的、起载体作用的部分，只有蕴藏在这些显性资源背后的独特能力才是企业获得长期利润的源泉。因此，核心能力是对企业竞争优势进行分析的基本单元，积累、保持和运用企业核心能力对企业获得长期竞争优势具有战略意义。其二，现代市场竞争已经不再是单纯基于产品和服务的竞争，从更深层次上讲是基于企业核心能力的竞争。现代意义的企业经营是否成功，已经不再仅仅取决于企业的产品及其所处的产业市场结构，在更大程度上是取决于其自身的行为反应能力，也就是对市场发展趋势的预测和对不断变化的顾客需求的快速反应。因此企业要获得长期竞争优势，必须将挖掘、培养、塑造竞争对手难以模仿复制的核心能力作为企业的战略目标。

动态能力理论最早由蒂斯、皮萨诺和谢恩（Teece，Pisano and Shuen）在《动态能力与战略管理》一文中明确提出。文章指出组织资源的相对卓越性和不可模仿性并不完全合理，而且从规范观点的角度看，企业面对不断变化的市场环境，必须持续积累新知识、发展新能力，使其自身处于时刻致力于建立动态能力的状态下。"动态能力"（dynamic capability）观点中的能力（capability）不同于"核心竞争能力"（core competence）观点中的能力内涵，动态能力是指组织为了适应环境的不断变化，整合、建立及重构组织内部、外部竞争能力的能力。动态能力理论着重强调了两个方面：第一，"动态"是指企业必须具有不断更新自身竞争能力（competence）以与环境变化相一致的能力（capability）；第二，"能力"是指战略管理在为满足环境变化的要求而整合、重构内外部组织技能、资源和功能性能力过程中的关键作用。企业的动态能力是企业形成新的竞争优势，获得长期持续竞争优势的根本动力源泉。"动态能力"观认为企业动态能力的基础存在于企业的组织过程中，Teece 等认为组织过程是指企业当前实践或学习的惯例或模式，组织内组织过程具有三个作用：协调/整合、学习、重构，它包含从静态到动态的全部过程。任意时点上的企业组织过程以及为开发竞争优势提供的机会都受企业拥有的资产及企业所采纳或继承沿用的演进路径所决定。"动态能力"的战略观认为企业的租金不仅源于企业资产结构和资产的可模仿程度，更源于企业的重塑和变革能力。

⑤20 世纪 90 年代，新型生态的合作竞争战略管理理论。

首先，企业生态系统演化理论最早出现于 1996 年。美国学者詹姆斯·弗·穆尔（James F. Moore）出版了《竞争的衰亡》一书，从生物学的生态系统的独特视角来描述市场中的组织活动，提出战略生态理论，一种全新的竞争战略形态——"商业生态系统"。该理论打破了传统的以行业划分为前提的战略理论的限制，阐述了企业应在一个丰富而利益相关的动态系统中实现"共同进化"的思想。"商业生态系统"中的合作演化是作者理论的核心内容，处于核心地位。该理论基本观点是：在当今产业界限日益融合的情况下，企业不应把自己看作是产业中独立企业个体，而应把自己当作生态系统组织中的一员，是生态网络中的一个节点，这个生态系统的成员包括供应商、生产者、竞争者和其他利益相关者。该理论强调生态系统资源和各利益关系资源是企业竞争优势的来源，外部力量的整合和系统网络的支持是发挥企业核心能力的保证。这时的企业战略管理的范式正在发生变化，企业应通过创新、创造、合作的新思维来创造价值和获取价值，因而超越竞争成为理论发展趋势，要求企业注重在自身的核心能力方面的积累，合作与竞争并重，而不仅仅是在产品上领先或作为单个实体参与竞争。这克服了 20 世纪 90 年代以前战略理论偏重竞争忽视合作的缺陷，要求在实践中致力于以网络经济为基础塑造新的企业战略规则。

其次，战略联盟理论的研究重点从传统竞争转向互惠合作，战略焦点转向企业间各种形式的联合，强调竞争合作，这就是战略联盟（Strategic Alliances）思想。战略联盟的概念最早是由美国 DEC 公司总裁简·霍普兰德和管理学家罗杰·奈格尔提出的。战略联盟，亦称动态联盟或网络组织，是由两个或两个以上共同战略利益的企业（或特定事业或职业部门），出于对整个世界市场的预期目标和企业自身总体经营目标的意愿，为共同开发或拥有市场、共同使用资源等从而实现加强竞争优势的战略目标，通过各种协议、契约而结成的优势互补、风险共担、生产要素水平式双向或多向流动、组织松散结合的一种合作经营模式。

（2）战略管理理论对本书的解释作用。

战略管理理论是企业战略经营业绩评价的直接依据。战略管理理论是围绕企业如何形成和保持其核心竞争力，实现长远利益最大化的一系列管理理论，因而是企业战略经营业绩评价最直接的理论依据。根据战略管理理论，企业战略经营业绩的评价应突出反映企业长期获利能力的情况，以及应体现企业的创新能力和核心竞争力的状况。第一，业绩评价工作要有企业长期经营目标的实现，评价体系的设计要有利于企业长期竞争优势的形成；第二，评价体系的设计要有全局观念，突出企业整体利益；第三，评价体系的设计要有环境适应性。

根据战略管理理论，战略性新兴产业中企业的绩效评价应突出反映企业在遵照循环经济发展规律前提之下的长期获利能力及其带动引领经济的竞争优势的形成和保持能力。

3.4.4　循环经济理论

（1）循环经济理论的产生与发展。

循环经济理论最早是由美国经济学家波尔丁在 20 世纪 60 年代提出的。波尔丁受当时发射的宇宙飞船的启发来分析地球经济的发展，他认为飞船是一个孤立无援、与世隔绝的独立系统，靠不断消耗自身资源存在，最终它将因资源耗尽而毁灭。唯一使之延长寿命的方法就是要实现飞船内的资源循环，尽可能少地排出废物。同理，地球经济系统如同一艘宇宙飞船。

尽管地球资源系统大得多，地球寿命也长得多，但是也只有实现对资源循环利用的循环经济，地球才能得以长存。

循环经济思想萌芽可以追溯到环境保护思潮兴起的时代。在 20 世纪 70 年代，循环经济的思想只是一种理念，当时人们关心的主要是对污染物的无害化处理。80 年代，人们认识到应采用资源化的方式处理废弃物。90 年代，特别是可持续发展战略成为世界潮流的近些年，环境保护、清洁生产、绿色消费和废弃物的再生利用等才整合为一套系统的以资源循环利用、避免废物产生为特征的循环经济战略。循环经济是与线性经济相对的，是以物质资源的循环使用为特征的。

循环经济本质上是一种生态经济，它要求运用生态学规律而不是机械论规律来指导人类社会的经济活动，而循环经济理论的本质是以生态经济理论为基础。生态经济学是以生态学原理为基础，经济学原理为主导，以人类经济活动为中心，运用系统工程方法，从最广泛的范围研究生态和经济的结合，从整体上研究生态系统和生产力系统的相互影响、相互制约和相互作用，揭示自然和社会之间的本质联系和规律，改变生产和消费方式，高效合理利用一切可用资源。简言之，生态经济就是一种尊重生态原理和经济规律的经济。它要求把人类经济社会发展与其依托的生态环境作为一个统一体，经济社会发展一定要遵循生态学理论。生态经济所强调的就是要把经济系统与生态系统的多种组成要素联系起来进行综合考察与实施，要求经济社会与生态发展全面协调，达到生态经济的最优目标。生态经济与循环经济的主要区别在于：生态经济强调的核心是经济与生态的协调，注重经济系统与生态系统的有机结合，强调宏观经济发展模式的转变；循环经济侧重于整个社会物质循环应用，强调的是循环和生态效率，资源被重复利用，并注重生产、流通、消费全过程的资源节约。生态经济与循环经济本质上是相一致的，强调经济活动生态化与坚持可持续发展等。物质循环不仅是自然作用过程，而且是经济社会过程，实质是人类通过社会生产与自然界进行物质交换。也就是自然过程和经济过程相互作用的生态经济发展过程。确切地说，生态经济原理体现着循环经济的要求，正是构建循环经济的理论基础。

人类对于自身生存环境的关注以及生活质量提高的迫切需求导致了循环经济思想的萌生。从工业革命以来，特别是整个 20 世纪，人类创造了历史上任何一个时期都无法比拟的巨大财富。生产力的飞速发展，经济水平的不断提高，使人类的生活水平得到了极大的提高。然而在享受这些成就的同时，人类也为自己的行为付出了极大的代价。人口剧增、资源枯竭、环境污染、生态破坏等伴随而来的副作用正在日趋严峻，人类迫切需要重新审视自己对于自然与发展的思想和价值观念，急需探索出一种全新的能够兼顾经济发展与生态平衡的发展模式。早在 1904 年，俄罗斯思想家维尔纳茨基就明确提出，将来人类为了在地球上生存，不仅要为社会的命运负责，而且要为整个生态圈的生命负责，因为那时生态圈的格局决定者将是人类。1960 年以来，世界主要发达国家完成了工业化进程，但是，占人口总量极少数的国家却耗费了世界上大部分的资源，并且在资源消耗的同时产生了巨大的环境问题，这些问题严重制约着世界范围内的经济持续增长。循环经济思想萌芽在 20 世纪 60 年代环境保护思潮和运动崛起时诞生，人类对其认识是一个循序渐进的过程。循环经济的观点最初是由美国经济学家波尔丁在 20 世纪 60 年代提出的，他在其论文《即将到来的宇宙飞船经济学》中指出，地球就像一艘宇宙飞船一样在太空中飞行，它的能源主要来自自身的消耗，消耗后的资源还要留下废弃物，只有靠再生自身有限的资源才能生存，如果对现有的资源不加以循环利用的话，等到资源用尽，飞船舱内充满垃圾的时候，地球就像宇宙飞船一样最终会走向毁灭，这是循环经济思想最早的萌芽。波尔丁的理论主要强调，如果不使地球因为资源枯竭而灭亡，就必须放弃传统的线性经济增长模式，而引入一种反馈机制，这种机制应该是人与自然双向互动的，同时要把生产方式生态化，降低对自然环境的危害，同时把生态效益和经济效益相结合，形成良好的互动体系。这一理论在当时具有相当的超前性，因为它把传统的依赖资源消耗的线性增长型经济转变为依靠资源循环利用的闭合生态型经济，因此得到了广泛的关注。之后，1972 年，巴里·康芒纳在《封闭的循环》一书中提出了封闭循环的思路，这种思路认为，只有建立一种生产技术方式上的闭环或封闭机制，同时遵循生态学规律，才能减少人类物质财富生产对自然系统的污染和破坏。1990 年，英国环境经济学家皮尔斯和图纳在《自然资源和环境经济学》一书中首次正式使用了"循环经济"一词，他们认为循环经济的目的是在可持续发展的资源管理规则上，把经济发展作为生态发展的一部分，他们构建了由自然循环和工业循环两部分组成的循环经济模型，自然循环主要以自然环境对经济系统产生的废物的吸收和消化为主，通过将其转化成可重复使用的原材料而进入经济系统；工业循环主要指生产过程中对于资源和能源的循环利用，尽可能减少废弃物排放。1995 年，海因茨从可持续发展的角度出发，从资源稀缺的角度阐述了循环经济，他认为，循环经济的模型要基于大自然融入生态圈中，其物质和能量循环是有规则的，通过太阳能，实现当地有限的物质的采集、传递、分解等，他还简要分析了循环经济发展的可能性和动因。总结人类对于循环经济实践方面的行为，大致可以归纳成以下进程：20 世纪 70 年代，污染物的处理与危害化减弱，即环境污染的末端治理，依然是各国关注的重点话题。80 年代后期，如何将废弃物转化为能够再次利用的资源成为人们研究的主要课题，这些研究为人类的环境政策提供了新的思路，但是，关于经济发展过程所必然产生的污染及废弃物到底该如何处置、是该从末端治理还是尽量少产生废弃物的问题仍然无法找到答案。90 年代后期，人类开始正式反省自己过往的经济发展模式，可持续发展理论伴随着世界主要发达国家工业化进程的完结而日渐兴起，人们逐渐体会到，传统线性的经济增长模式除了耗费了大量的资源之外，还在生产的整个过程中产生了大量的废弃物，对于资源环境是一种致命的伤害，正是在这种基础上，人类开始寻找一种能够使经济发展与环境保护同步进行和谐共处的经济发展模式。这个时候，可持续发展战略成为全世界的共识，末端治理逐渐被源头治理和全程生产监控与治理所取代，在摸索中实践，人们逐渐把资源浪费降低到最小，而把资源利用率增加到最大，这种做法节约了资源，保护了环境，同时促进了经济更快更好的发展，给创造生态和谐的进步型社会开创了道路，发达国家开始把发展循环经济作为实现可持续发展战略的具体实现路径。最早实践循环经济的是德国，其循环经济体系开发出了很多特色，例如，引入法制化，对废弃物处理进行约束；引入操作流程，对废弃物管理进行规范化操作；率先制定了操作标准，使废弃物处理检验得到最好保证；引入市场机制，将废弃物的再利用行为市场化；引入物流管理体系，使废弃物的运输、储存等更有效率；提高公众对可持续发展的认识和参与程度，宣传普及可持续发展观念；引入配套技术的使用方法，使其形成良好和完善的体系；加强监督机制，提高保证力度，使循环经济的贯彻和执行能够彻底、有效。德国是世界公认的关于循环经济立法最完善的国家。20 世纪 90 年代以来，世界主要发达国家都开始重视循环经济的实践，并开始用法律手段约束和执行，欧盟、美国、日本、澳大利亚、加拿大等国家和地区都已按照资源闭路循环、减少废弃物产生的思想重新制定了废物管理法规，为循环经济的发展和普及做出了贡献。

关于循环经济的概念，大致可以分为三个类型：第一类强调人与自然的关系。人类的任何活动包括经济活动都离不开自然的怀抱，因此必须注意保护自然，维护自然生态平衡，否则将会受到自然的惩罚，循环经济在此背景下起的作用是为了保护自然而尽量减少自然资源的利用，废弃物排放减少，从而使污染和破坏降到最低。第二类强调经济发展过程中与循环经济有关的技术层面或技术范式。生产过程中有很多可以改进的环节，这些环节的改进能够促进生产过程更加清洁和友好，通过改变这种环节，能使传统的线性经济增长模式变成闭环型的物质流动生产方式，这样做的好处在于，最初利用的生产资源由于循环往复可以由最终的废品得到再生，而中间的生产过程因为前端的减量化而又能够提高效率和减少污染排放，末端的废弃物由于在闭环物质流动之中，又能利用回收等形成可再生的资源和材料，避免了浪费和污染，这种观点的本质是生态经济，提高了资源利用效率，减少了污染，观点从技术角度来说比较先进。第三类强调循环经济的新兴性。这种观点认为循环经济已经不单纯属于某种学科范围，而是演化成了一种全新的生产方式，它交叉了众多学科领域，成为一种财富增长的新方式，它能够满足人类生存环境的友好化、物质基础的丰富化、全体社会成员公平与利益最大化的一种全新经济形态。这种观点强调资源消费、产品、再生资源的闭环物质流动模式，从这个角度出发，本身就使很多不可再生资源实现了升值，从而从根本上改变了社会生产方式，进而改变了人类的生产关系，其目标是可持续发展。随着循环经济逐渐被人类所认识和接受，其概念也一定会逐渐从一种环境保护的方式，逐渐向更加广阔的空间深入，对其理解也必将更加深刻，最终将有力地推动人类社会的文明与进步。

综合以上几种观点，本书认为循环经济是这样一种经济发展模式，它在注重生态效益的前提下，根据减量化、再利用、再循环原则，使资源的利用更加节约、高效，使生产过程更有效率，并通过物质的闭环流动模式使废弃物能够转化为再生资源再次投入生产，从而改变传统线性生产模式，最终实现人类社会与自然环境和谐、公平、良性的可持续互动循环发展。

（2）循环经济理论对本书的解释作用。

纵观中外业绩评价史，不难发现经营环境的变化是企业经营业绩评价体系发生变革的重要原因（张蕊，2002）。也即经营环境的变化，导致企业经营目标的改变，继而产生企业经营管理理念和方法的变革，从而使企业业绩评价体系发生变化。

正如前所述，循环经济发展模式取代末端治理经济发展模式，企业的经营环境发生了重大变化，表现为：为使企业生产污染排放速度小于自然界的净化速度，减小不可再生性资源的消耗量，以应对资源短缺这一人类生存发展共同的问题，按生态发展规律组织生产经营成为企业生存与发展的硬约束和前提条件。与此同时，企业还要承受将飞速发展的科学技术迅速转化为生产力以形成核心竞争力和人才竞争等压力。总之，竞争比任何以往时期都更为激烈和白热化。

循环经济发展模式的特征是：提高资源利用率，减少生产过程的资源及能源的消耗；延长和拓宽生产技术链，尽可能地将生产企业内部的污染源处理掉，同时，减少生产过程污染物排放；将生产和生活的废旧产品进行全面回收，尽可能地通过技术加工处理后再循环利用，对那些无法再利用的废弃物进行资源化处理，以求再次作为原材料使用。

为适应上述循环经济发展特征，企业战略经营管理应确立新的理念：这种管理不仅要求企业的经营活动要遵循经济规律、社会规律，更应遵循生态规律，将企业经营活动纳入生态系统的运行轨道，达到人与自然的和谐统一，从而实现企业的战略经营目标。这种新的企业战略经营管理理念意味着：新的价值观，也即企业在实现长远价值最大化的同时，应以环境的保护为前提；新的利益观，也即不再仅仅是原来意义上的企业整体利益的最大化，而是全社会，乃至全球人类利益的最大化；新的治理观，也即特别强调对污染源治理技术的研发与对产品生产决策污染排放标准的监控，以及产品生产过程中污染排放的管理及处理，并及时就治理的效率进行评价和考核。

经营环境和企业战略经营管理理念的重大变革，决定了企业战略经营业绩评价及其指标体系的设置也将随之而变。应依照新的内涵和要求，围绕循环经济模式的"3R"和生态化创新展开，综合考虑各项主要因素的影响，突出治理效率和资源利用效率的评价，在评价体系设计的过程中，将传统的和新型的业绩评价形式有机地结合起来。

3.4.5 社会网络分析理论

（1）社会网络分析理论的产生与发展。

社会网络指的是社会行动者及其之间的关系的集合，它是由多个点（社会行动者）和各点之间的连接（行动者之间的关系）组成的集合。任何一个社会单位或社会实体都可以看成是一个点或者社会行动者，如一个具体的人、一间公司、一个集群甚至一个国家。社会网络中的个体通过关系联系在一起，这里的关系常常指的是关系的具体内容，如个人之间的评价关系、企业之间的物质资本（如资金、设备等）传递与非物质资源转换（如信息、知识等）关系、社会实体行为上的互动关系以及权威关系等。与此同时，社会网络分析作为一种研究方法，已经得到了较为系统、深入的研究，并已经在操作层面开发出了丰富多彩的分析工具；作为研究范式，社会网络分析从"关系"的视角出发观察和解释社会现象，已经得到了学术界广泛认可。作为独特的理论视角，社会网络理论受到了一定的质疑，Scott认为社会网络分析是认识社会现实的一种研究倾向，不是特定体系的正规的或有实质性内容的社会理论。纵观现有的社会网络理论研究成果，虽然相互区别并互有影响，但尚不能组成一个系统完备的理论体系，如机会链理论、弱关系理论、"结构洞"理论、强连带优势理论、二级传播理论、"小世界"理论、镶嵌理论、社会资本理论等，对于其研究问题虽有一定的解释力度，但理论之间不乏若干冲突之处，目前将所有的理论整合在一起的社会网络研究尚未完成，形成一套系统完备的社会网络理论体系的目标尚有一定距离。

社会网络理论已经取得了瞩目的研究成果，但这些研究成果之间没有建立起系统规范的理论体系，因而有待整合建立起系统完备的社会网络理论体系。即便如此，社会网络理论研究被认为是与"理性选择学派""新制度论学派"并列的未来最具有影响力的三大学派之一。作为一个学派，必不可少的是有其独特的理论基础。按照Kilduff的梳理，社会网络理论分析包括：

第一，从其他学科借鉴而来的引入理论，包括从数学中引入的图论思想、从社会心理学借鉴而来的平衡论与社会比较理论。

第二，本源的社会网络理论，可以分为异质性理论和结构角色理论。

第三，被现有组织理论所吸收的网络思想，包括资源依赖理论对社会资本理论的吸收、种群生态学与"结构洞"概念的结合、弱连接假设与权变理论的整合，以及社会网络研究对交易费用理论的改良。本源的社会网络理论包括异质性理论和结构角色理论。异质性理论研究的是网络之间的作用机制，是关于如何帮助行动者在封闭的社会圈之外建立的链接，获得多样化的知识及其他资源；结构角色理论关注的是网络内部的问题，基于群体内行动者关系的分析，主要是对网络中的行动者如何相互影响对方的态度和行为等做出预见。

英国人类学家拉德克利夫·布朗首次使用了"社会网"概念，但英国的结构功能主义以网络描述社会结构，网络在这里只是一个隐喻。从此之后，关于社会网络的研究就呈现了百花齐放的态势。目前的研究成果主要有：格兰诺维特（Granovetter，1973，1985）的"强关系优势理论""弱关系的力量理论"，以博尔蒂（Bourdieu，1985）和科尔曼（Coleman，1988）为代表的"社会资本理论"（social capital），以布特（Burt，1992）为代表的"结构洞"理论（structural hole）。

其中，强关系优势理论是指企业间保持紧密联系可以塑造和增强彼此间的信任程度，从而促进企业的发展，所以强关系将有助于企业获取更多的资源。格兰诺维特曾指出，强关系（strong ties）在人际关系和组织间关系中具有重要的作用，尤其在组织间关系支撑的商业行为中。他强调，处于不安全位置的人或组织，极有可能借助发展强关系而取得对方的保护，以此降低自身面临的不确定性。科拉克哈特和斯坦恩得出，当一个组织具有跨组织界限的友谊联结（强关系）时，这种友谊将帮助其应对环境的变化和各种不确定性的冲击，因此强关系对于组织处理危机可能是最重要的。强关系之所以能帮助企业克服不确定性带来的风险和危机，其原因在于彼此间经常性的交流和交易，使彼此之间生成信任感和传递影响力（罗家德，2002）。在信任的基础上，企业就容易得到伙伴的精神和物质支持。由强关系获取的资源是很有价值的，因为隐含经验类的知识转移一般只发生在高度信任的企业之间，弱关系无法深谙这些知识的实质性内容。

弱关系的力量理论是指虽然强关系可以通过传递影响力和信任感为企业获取资源提供条件，但强关系往往会形成信息的循环，造成信息通路上的重叠和浪费（林润辉，2004），而弱关系可以传递新鲜或异质性的信息和知识。格兰诺维特（1973）在其发表的著名论文《弱关系的力量》（*The Strength of Weak Ties*）中认为，人与人之间、组织与组织之间的交流接触所形成的纽带联系在强度上是有差别的，他将关系分成强关系和弱关系两类，并用相互接触的频数进行定义，认为强关系每周接触至少两次以上，弱关系每周接触少于两次但每年不少于一次。在此基础上，他提出了有名的"弱关系的力量"假说，认为在传递资源过程中的作用上弱关系更具力量，因为强关系的主体之间彼此很了解，知识结构、经验、背景等很相似，无法带来新的资源与信息，频繁互动所增加的资源与信息大部分是冗余的，而弱关系的主体之间存在着较大差异，可以相互传递增加新价值的资源。

社会资本理论中的社会资本概念是由法国学者博尔蒂（Bourdieu，1985）首先提出的，他指出社会资本是实际的或潜在的资源集合体，这些资源是同某种持久性的网络占有分不开的，这种网络是大家都熟悉的、得到公认的和体制化的，特定行为者占有的资本的数量依赖于其所占有的网络的规模，依赖于与其有联系的所有行为者以自己的权利所占有的资源数量。林南将社会资本定义为"财富、地位、权力和与个人有直接或间接联系的那些人的社会关系"。他把社会结构想象为按照某种规范的荣誉和报酬而分等的人组成的社会网络，社会结构呈"金字塔"形，在同一等级中，接近和控制荣誉和报酬的机会相似，它们之间的关系是强关系；不同等级拥有的接近和控制荣誉和报酬的机会不同，它们之间往往是弱关系。弱关系将不同等级拥有不同资源的人联系在一起，并且，它的作用不仅仅是信息的沟通，资源的交换也是通过它进行的。边燕杰曾概括，社会资本理论表明，"资源不但是可以为个人所占有的，也是嵌入于社会网络中的，所以可以通过关系网络摄取"。林南认为，"弱关系之所以重要，就是因为弱关系是摄取社会资本的有效途径"。科尔曼则把格兰诺维特和林南等人的观点纳入自己的理性选择理论中并作了发展。他对社会资本下了功能性的定义：社会资源作为个人拥有的资本财产，即社会资本。它由构成社会结构的各个要素所组成，存在于人际关系的结构中，为结构内部的个人行动提供便利。为了说明什么是社会资本，科尔曼研究了什么样的社会关系才能构成对人有用的社会资本。并且由于社会资本是存在于特定的社会结构中的，而社会结构使社会规范以及相应的惩罚措施存在，不仅使积极参与建立规范的人受益，而且使处于社会结构中的所有人受益，因而具有公共物品的性质。同时，网络的封闭性、社会机构的稳定性和意识形态对社会资本的创造、保存和消亡产生影响。当企业通过网络方式获取资源和收益时，由于认识到已有网络的价值，就会倾向于按既有网络的特征与规范去继续搜寻符合该特征与规范的合作者。这种自我增强机制构筑了企业成长的路径依赖性，即一家企业的成长依赖于其成长之初的网络关系特征，因此对不同合作者的选择与搜寻对企业持续成长具有重要意义。而产业集群就是为企业提供这种社会网络关系特征的，从而使集群企业在特定的社会网络中摄取有效的社会资本，获取一定的社会资源，促进集群企业以及整个集群的发展。进一步，企业可以通过不断扩展与复制网络结构与特征来获取更多的成长资源。显而易见，强关系优势理论和弱关系的力量理论是以某一特定关系作为分析单元的，而社会资本理论运用了结构视角，从网络的规模、成员的地位差别等视角出发研究集群企业以及产业集群的发展问题。

　　第四，"结构洞"理论。博特（Burt）《结构洞》的问世，第一次明确提出，关系的强弱与社会资源、社会资本的多少没有必然的联系。所谓"结构洞"是指社会网络中的某个或某些个体和有些个体发生直接联系，但与其他个体不发生直接联系，无直接或关系间断的现象，从网络整体看好像网络结构中出现了洞穴。虽然"结构洞"中没有或很少有信息和资源的流动，但它为活跃于其间的企业提供了获取新的信息和资源的机会，相对于其他关系稠密地带的企业更具竞争优势。如在由企业、供应商、合作者、竞争者、顾客、中介组织、政府部门、大学科研机构等构建起的网络中，如果企业与供应商之间存在着某种联系（关系相对稠密地带）、企业与合作者之间存在着某种联系（关系相对稠密地带），但供应商与合作者之间没有联系（关系相对稀疏地带），此时企业就占据了"结构洞"的位置。这一空洞位置为企业所带来的竞争优势不单单来源于资源优势，更为重要的是来源于位置优势，其主要体现在信息优势（information benefits）

和控制优势（control benefits）两个方面。在信息优势来源方面，占据"结构洞"的企业能获取来自多方面的非重复性信息，并成为信息的集散中心；在控制优势来源方面，将原来没有联系的双方联结在一起的企业，在网络中占据了关键路径，可以决定各种资源的流动方向，从而形成对资源的配置与收益权。因此，从"结构洞"理论看，行为者的特性以及与其他行为者之间的关系都不重要，重要的是如何通过网络位置获得资源。该理论强调企业或企业家通过联结与其不同的、一定程度相互隔断的关系来为企业成长不断提供资源。所以企业成长的资源获取是与企业所处的网络结构演变相联系的，企业或企业家的网络关系开拓能力是其重要因素。

（2）社会网络分析理论对本书的解释作用。

传统的管理学认为企业只有降低交易成本、创造资源价值并促进学习，方能获取最大利益，并在竞争激烈的市场中持续成长。然而，无论是交易成本理论还是资源取向相关的理论，都只是将企业看作是一个纯粹的经纪人角色，忽略了其在社会情境和关系制约中的地位。借助信息技术的发展，当今社会经济发展呈现出整体联动的趋势，也就是说，现代企业管理的分析不可回避其作为整体网络的一个重要结点的地位。现实证明，个体嵌入组织关系之中，组织又嵌入组织网络之中。强调组织相关的关系纽带，包括横向的组织内部关系与纵向的组织间关系，从网络的视角分析了企业存在与发展等问题。融入传统的管理学理论，增加组织的互动关系是影响组织存在与发展的关键。

值得一提的是，在组织网络中包括：组织内的员工网络（如员工的咨询网络）、组织间的企业网络（如战略联盟网络）、组织与个人交织的网络。从企业的本质来说，无论是哪一种网络，目的都是获取企业的持续利益而形成的。为此，学者们做出了许多研究。Galskiewicz 总结了组织网络合作的动机是获取资源、降低不确定性、提高合法性和达成集体目标。Oliver 进一步归纳了必要性、非对称性、互惠、效率、稳定性和合法性六种动机。李国武认为组织网络的功能是促进学习和创新、提高合法性和地位以及增进经济效益。结合企业资源相关理论，有学者认为组织网络能够促使双方交换各自的独特资源，以及通过合作获取彼此难以模仿的资源；部分研究者认为，组织的强关系网络有助于传播组织独有信息，强化知识的深度、组织的弱关系网络能够带来非冗余的信息，拓展知识来源的广度。

由实践知识结合镶嵌网络和臂展网络的组织在知识学习和创新上表现最好，能够有效提高企业的经营绩效。

这些研究成果足以证实网络结构对绩效有显著的影响。由于网络对称性、积极或消极的影响具有权变因素，在不同情境下，同样的组织结构会有不同的绩效。具体而言，Uzzi 认为组织的镶嵌关系有利于组织间的非市场交换，臂展关系则有利于组织间的市场交换。强关系的情感网络能够增强员工的工作满意感和团队合作行为，却不利于信息的传递和新知识的创造。Burt 认为，富有"结构洞"的组织绩效比缺乏"结构洞"的组织更好，Xiao 等进一步分析认为，Burt 的结论只有在个人主义文化下才适用，集体主义文化下组织的"结构洞"不利于组织的发展。Reagans 等分析了组织内不同的团队形成方式有着不同的绩效表现，以社会关系成立的团队比以人口统计特征成立的团队绩效更好。Stephen 等证实了企业销售人员所在的社会商业网络对其经营绩效具有极其重要的价值。

与此同时，国内学者对于社会网络研究的热情高涨。其中大多数是对国外研究的重复论证，真正应用在管理实践的理论成果不多，因为中国式的集体主义文化情境本质上区别于西方个人主义文化情境，因此社会网络和社会资本的研究大相径庭。然而，自我组织、网络结构的自我演化、自我寻找社会秩序，正好标志着中国社会的特质以及中国式的"无为而治"的管理哲学，所以社会网络研究已证实是被用来研究中国管理学的最佳范式。

本书研究的对象是战略性新兴产业中的微观节能环保企业，其肩负着引领经济新增长和带动经济转型的重大责任，其经营管理是全社会重大发展需求和重大科技创新的示范，作为企业治理制度中非常关键的业绩评价体系，不可避免地正视新兴型企业所处社会整体的网络关系，一个健康、有序、高效的社会网络关系直接决定着企业的运转及其经营绩效。因此，社会网络分析理论是企业绩效评价的重要理论依据。

3.5　本章小结

业绩评价是现代公司治理制度建设的重要环节，科学、合理的企业业绩评价，可以为出资人选择经营者提供重要的依据；可以有效地加强对企业经营者的监管和约束；可以为激励企业经营者提供可靠的依据；还可以为政府、债权人、企业职工等众多利益相关者进行沟通提供有效的信息支持。这项制度安排的背后是理论对业绩评价本质的解释和支撑。委托代理理论解决了"为何需要业绩评价"的问题；利益相关者理论解释了"从谁的立场去设置业绩评价指标"的问题；战略管理理论回答了"业绩评价遵循的是什么企业管理终极目标"的问题；循环经济理论解答的是"如何客观评价生产与生态相和谐"的问题；社会网络分析理论解释的是"如何正确看待社会整体网络对于企业业绩的重要影响"等问题。

　　本章主要对业绩评价研究进行了理论梳理，分析了节能环保企业业绩的概念，讨论了企业战略经营的特征、目标和管理理念，结合节能环保企业战略经营业绩形成的因素，讨论了各相关理论与业绩评价的关系：委托代理理论是理论逻辑基础；利益相关者理论是理论基本依据；战略管理理论是直接理论依据；循环经济理论是重要理论依据；社会网络分析理论是重要理论支持。因此，一方面可了解这些理论的产生和发展背景，以及对本书业绩评价研究的解释作用；另一方面，通过对理论的概述梳理，能够发现关于业绩评价研究中一些尚未得到解决的争论产生的原因，从而为后续研究指明了路径，如将社会网络分析理论与传统的管理理论相结合，研究当今企业的业绩评价问题等。最后，这些理论概述也是本书写作的一个理论基础和切入点。

第4章　节能环保企业战略经营业绩评价应遵循的原则和应考虑的因素

4.1　节能环保企业战略经营业绩评价应遵循的原则

没有规矩，不成方圆。如前所述，业绩评价是为企业经营管理服务的，是企业经营目标得以实现的一项有效制度安排。企业的战略经营目标的定位、管理的理念不但决定着企业业绩评价的内容，而且也决定了业绩评价的原则。随着战略性新兴产业企业经营目标的确定，管理理念的转变、业绩评价的原则及其具体内容也将随之发生变化。节能环保企业战略经营业绩评价应遵循以下原则：

（1）相关性原则。此处的相关性表示指标体系的设置应与节能环保企业生产经营特点相关，按照节能企业、环保企业和资源循环利用企业的分类，体现各类企业的生产工艺特点，环保企业注重大气污染处理、固体废物处理和污水处理；节能企业注重工业节能（包含技术节能、结构节能和管理节能）、建筑节能和交通节能；资源循环利用企业则注重资源综合利用和再生资源利用。因此，指标体系的设置，尤其是在循环性层面的指标体系设置上，应与节能环保产品、服务流程的循环经济特征相关，其他层面指标的选择上充分考虑行业的经营和市场特点。

（2）全面性原则。这里的全面性表示节能环保企业的业绩评价是全方位的，应包括经济绩效、社会绩效和环境绩效等各个主要方面的评价。具体而言，包括帮助节能环保企业实现战略经营业绩的财务运营能力、学习创新能力、战略引导能力和履行社会责任能力四个方面的评价。对应指标体系的设置则是财务层面指标、新兴性层面指标、战略性层面指标和循环性层面指标，共同构成节能环保产业企业业绩评价指标体系。

（3）系统性原则。这里的系统性是指评价指标的设计应遵循从驱动因素到业绩形成的一个因果链条，能对业绩的产生作出充分的解释。就节能环保产业企业而言，企业价值创造由财务运营能力、学习创新能力、战略引导能力和履行社会责任能力构成。应将这些驱动因素逐一纳入企业业绩指标体系，进行科学、合理的评价并进行业绩的管理。

（4）国家意志原则。节能环保企业有很强的制度驱动型特点，能效标准、废弃物治理标准等都由国家制定，同时，企业发展初期依靠多项国家能效补贴，其产品或服务具有公共物品属性等特点，这些都决定了节能环保企业的生产经营由国家主导的因素很大，国家政策直接影响产业发展。因此，节能环保企业战略经营业绩评价应遵循国家政策的要求。

（5）以财务业绩为落脚点的原则。企业经营目的就是获取利润，追求企业价值最大化。无论何种性质的社会，也无论何种经济发展模式，对财务业绩的追求，始终是企业经营的宗旨。企业的生存以它为目的，企业的发展也以它为前提，企业的任何发展策略均是围绕这一主题展开的，只是在不同的环境下，企业需要采取不同的策略而已。也正是企业对这一目标的追求，推动了社会经济的向前发展。

4.2　节能环保企业战略经营业绩评价应考虑的因素

在进行节能环保企业战略经营业绩评价时，除了遵循上述原则之外，还应该考虑以下因素。

4.2.1　政策法规因素

节能环保产业属于典型的政策主导型、法规驱动型产业，产业规模取决于政府节能环保目标的要求，同时需要高技术的强有力支撑。为促进节能环保产业的发展，世界各国纷纷将公众节能环保意识的提高作为产业发展的基础动力，将环境法规作为产业发展的强制动力，将政府的方针政策作为产业发展的引力与支撑力。在推动和引导的同时，各国政府也通过财税和投融资等多种渠道，支持节能环保产业重点和关键技术的研发和应用。

　　我国经济飞速发展的十年，是工业能源消耗迅速增加的十年，严重的环境污染困扰着中华大地：大量排放的二氧化硫，导致土壤酸化、粮食减产；严重的水污染、水质富营养化严重干扰着正常的生活生产活动；固体废弃物污染的年排放增长率高达 8%，而无害化处理率低于 40%。在工业化进程中，任何一个国家都要经历一个高速增长与环境污染压力巨大的阶段，我国现在正处于该阶段。

　　从其他国家经济增长与环境变化的经验数据来看，国家在工业化进程中必将会有一个环境污染伴随国内生产总值同步高速增长的时期，如图 4-1 所示。但是当国内生产总值（GDP）增长到一定程度时，随着产业结构升级、环保措施力度加大以及居民环保意识增强，污染水平将出现转折点。与此相伴的是国内生产总值增长速度的逐渐回落，直至污染水平重新回到环境容量之内。由此可知，我国正处于环境库兹涅茨曲线压力最大的阶段，等待自然回落是不现实的，采用严厉措施扭转粗放式经济发展、引导环境曲线平缓下降是必然的政策选择。

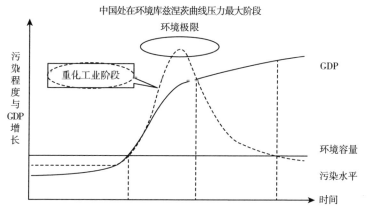

图 4-1　环境库兹涅茨曲线

2011 年国务院发布的《中华人民共和国国民经济和社会发展第十二个五年（2011～2015 年）规划纲要》中明确指出"坚持把建设资源节约型、环境友好型社会作为加快转变经济发展方式的重要着力点。深入贯彻节约资源和保护环境基本国策，节约能源，降低温室气体排放强度，发展循环经济，推广低碳技术，积极应对全球气候变化，促进经济社会发展与人口资源环境相协调，走可持续发展之路。"并且在"十二五"规划中制定了明确的节能环保指标，如非化石能源占一次能源消费比重达到 11.4%。单位国内生产总值能源消耗降低 16%，单位国内生产总值二氧化碳排放降低 17%。2012 年 7 月 9 日国务院发布了《"十二五"国家战略性新兴产业发展规划》，规划提出加快培育和发展节能环保、新一代信息技术、生物、高端装备制造、新能源、新材料、新能源汽车等七大战略性新兴产业。节能环保产业作为国家重点培育发展的七大战略性新兴产业之一，受到国家政策的重点扶持，"十二五"期间将是环保产业的黄金期，环保产业市场潜力无限。随着政策扶持力度的逐步加大，节能环保企业的发展速度将快于其他产业的发展水平。

相关的政策法规还有许多。归纳起来，国务院出台的有关文件包括《国务院关于加快培育和发展战略性新兴产业的决定》（2010 年 9 月 8 日）第一次将"节能环保产业"作为七大战略性新兴产业之一予以明确支持；《中华人民共和国国民经济和社会发展第十二个五年规划纲要》（2011 年 3 月 16 日）明确提出"节能环保产业"作为七大战略性新兴产业之首；《"十二五"节能环保产业发展规划》（2012 年 6 月 16 日）对节能环保产业提出了发展目标和指导意见；《"十二五"国家战略性新兴产业发展规划》（2012 年 7 月 9 日）提出加快培育和发展节能环保、新一代信息技术、生物、高端装备制造、新能源、新材料、新能源汽车等七大战略性新兴产业。主要法律法规包括《中华人民共和国循环经济促进法》（2009 年 1 月 1 日）、《中华人民共和国节约能源法》（2007 年 10 月 28 日）、《可再生能源发展"十一五"规划》（2008 年 3 月 18 日）、《中国环境标志使用管理办法》（2008 年 9 月 27 日）等。另外，还出台了一系列政策，如《环境保护部关于环保系统进一步推动环保产业发展的指导意见》（2011 年 4 月）、《"十二五"节能减排综合性工作方案》（2011 年 8 月 31 日）、国务院关于印发《"十二五"节能减排综合性工作方案》的通知（国发［2011］26

号）（2011 年 9 月 7 日）、《国家环境保护"十二五"规划》（2011 年 12 月 20 日）等。这些密集出台的法律法规和规划政策文件，皆与节能环保有关，可见政府对于节能环保的态度是坚定而有力的。作为节能环保企业战略经营的一个重要环节，业绩评价指标体系应综合考虑的政策因素是非常必要的。

如前所述，节能环保产业具有很强的制度驱动型特点。政府不断提高相关能效和环境标准，成为推动产业发展的原动力；同时，由于处于发展初期，企业面临着种种高风险和不确定性因素，需要政府给予相应的财政补贴、税收优惠、绿色采购等直接鼓励政策；另外，许多节能环保服务，如自来水供应和污水处理等市政工程具有公共物品性质，私营企业作为主要参与者须获得政府授权并制定相关市场规则。因此，节能环保发展模式往往成本高、见效慢，企业价值实现难度较大。

目前，国家将节能环保产业列为我国战略性新兴产业之首，中央及地方各级政府热情高涨，拟将其培养成为稳增长、调结构的重要抓手和国民经济新的支柱产业。政府在其中起到了重大的引导作用，产业中节能环保企业绩效的形成起着至关重要的作用。一个良性的政府规划，往往能够带来企业绩效的正向增长。也就是说，在政府制定相关政策和规划时，必须注重其行政手法的科学性和合理性。结合以往经济发展的经验和我国的实际情况，国家项目一拥而上的情况并不少见，因此，根据以往的发展经验，政府会致力于预防投资冲动在节能环保产业重演，"三思"：如何理性规划节能环保产业发展蓝图？如何切实开拓节能环保产品市场？如何有效激励节能环保产业企业技术创新？各级政府部门出台的新政策、新规划，对于产业的培育和发展起着引导和指向作用，对企业绩效的形成直接相关。在行动之前，需要保持冷静的头脑，以免走上不必要的弯路。这些都是通过"行政之手"促成企业绩效形成的重要影响因素。

从中央到地方将节能环保产业提升至战略高度，如何理性规划蓝图？国务院出台的《"十二五"节能环保产业发展规划》（以下简称《规划》）提出，"十二五"期间，节能环保产值预计年增长 15% 以上，到 2015 年，总产值达到 4.5 万亿元，增加值占国内生产总值的比重为 2% 左右。相继出台的《关于加快发展节能环保产业的意见》（以下简称《意见》）提出拟促进节能环保产业发展水平全面提升，发挥政策带动作用，引领社会资金投入工程建设，激励产业技术突破，提高节能环保产业市场竞争力，营造有利的市场和政策氛围。可以预见，倚靠新政策的大力支持，节能环保产业必将得到加速发展，并作为各级政府稳增长和调结构的一个重要抓手和国民经济新的支柱产业。根据分析，国内大部分行业都可以与节能环保挂钩。但投资仍然是拉动经济增长的重要手段，预计到"十二五"末期，至少有数万亿元投入用于环保。尤其是防治污染、脱硫脱硝、安装环保设备等的投资量将会非常之大。如何理性规划节能环保产业发展蓝图将是考验各级政府及企业的难题。

如何避走光伏老路，切实开拓节能环保产品市场？节能环保产业的发展势头与四年前的光伏产业极其相似。曾经的光伏之星"无锡尚德"因市场急剧萎缩陷入资不抵债的困境，宣布破产重组。这昭示着光伏产业在过去的四年，从峰顶到谷底的巨变。德勤于 2013 年 12 月出具的《中国清洁行业调查报告》指出，光伏产业连续五年增长率超过 100%，整个产业链产能过剩的矛盾十分突出，产品价格暴跌导致企业利润锐减，大面积亏损，巨额负债，毛利率直线下行。社会各界纷纷"问诊"中国光伏，焦点聚集在"中国式产能过剩"上。不同于欧美国家由于技术周期和经济周期导致的产能过剩，中国式产能过剩的形成逻辑是国务院或者中央部委释放产业支持政策；地方政府制定优惠政策设置门槛，并游说企业转行落户、撮合银行信贷，并初步承诺销售渠道。企业为占领当地市场，自愿或被迫建厂，在只要加大投资就可以获取政府补贴的思路下，产能急剧扩张，形成了在市场需求尚未明确之前，产能从供给方单边爆发的怪相。不论是否有真实的市场需求，只要企业升级装机容量或生产设备，政府则给予补贴。企业的市场容量不取决于市场需求而取决于政府补贴的怪相，其恶性后果是产能急剧扩张，真实市场未打开，产品价格不具备竞争力，使企业利润锐减，亏损严重。然而，政府和银行对此隐忧却无能为力，政府补贴早已捉襟见肘，企业也不再有动力扩张产能。可见节能环保产业发展，不能再靠政府补贴，亟待寻求扩大市场需求切实有效的办法。

如何有效激励节能环保产业企业技术创新？光伏之痛还历历在目，这时时警醒着人们投资节能环保产业切忌冲动。加快产业发展本身并没有错，错的是一拥而上搞发展的热情缺乏理性，政府优惠政策的倾斜，缺乏对企业的强性监管，补贴充分促使大量不具有能力和资质的中小型企业涌入光伏行业，技术创新能力过低，使整个行业陷入一个怪圈。值得庆幸的是，节能环保产业一直处于萌芽阶段，尚未出现落后产能大量过剩的情况，一大批节能环保企业正在加速成长，迎来高速发展时期。现有的产业技术水平尚不能根本逆转国内能源、环境状况，并提供足够的技术支持。现阶段，各地方政府响应《规划》《意见》纷纷出台本地区节能环保产业发展规划，成立专项资金，准备高额连续投资，以满足产业发展巨大的投融资需求。在如此巨大的发展热情之下，需要找准投融资的精准方向，防止产能过剩。如何激励技术创新培育市场消费，实现节能环保带动的经济增长方式由投资驱动型向消费主导型转变，也是所有决策者们亟待解决的难题。

纵观世界各国，许多国家在节能环保治理方面颇有建树，各国政府不乏各种成熟有效的做法。不但做到了全民节约能源治理污染，而且极大地发挥了经济产业本身规律的作用，找到了运行节能环保企业，增长其业绩的关键点。具体说来，包含以下几个主要方面：

策略一是从战略高度强调节能环保的重要性。多国政府对节能环保高度重视，将能源高效利用和保护环境的工作作为政府的工作重点，如设立公共财政专款、加强相关机构的建设、完善配套措施、明确工作目标。以日本政府为例，将资源能源节约型发展道路作为基本国策。以政府为表率，制定保护环境的行动方案和实施计划，善用政府采购或公共事业投资基金，优先管理投入在节能和环境保护相关支出。依据前面所引用的战略管理理论可知，只有从政府层面进行统筹规划，才能将某个产业的长远发展提升至国家战略的高度，才能激发全民参与节能环保的热情，引导资本向节能环保产业流动，带动产业发展走出纯公益性的旧观念、旧模式，转而进入一个有投入、有产出的良性循环。

策略二是积极推进节能环保管理机构的构建。多国政府在推进节能环保产业发展时，借力专门的政府管理机构或社会中介机构，其中日本节能环保机构最完备、高效。自 20 世纪 60 年代开始日本陆续成立了能源经济研究所、节能中心、新能源和产业技术综合开发机构等，直至 21 世纪初改由日本经济产业省资源能源厅对节能环保工作进行统一管理。政府要求由专门管理机构为重点能耗企业设计各项能耗及环境保护指标的计划，并定期向政府经济产业省相关部门报告实际情况。在美国，由能源部负责管理节能工作，下设能效局和可再生能源局，并由若干市场部和综合办公室实施具体工作。在英国，由环境、食品和农务部管理全国节能工作，负责管理全国节能环保工程建设的资金投放，制定相关政策和法规，但不直接参与具体组织管理。在法国，政府节能环保的亮点是成立"环境与能源控制署"，对提高能效、控制环境污染统一管理。该部门超然独立，负责全国节能环保工作，并要求重点能耗企业签订自愿协议，由中介机构负责具体事宜。

策略三是利用政府采购激励节能环保企业技术创新。根据世贸组织（WTO）定义，"政府采购"是指国家政府将某项货物、工程或服务以契约的方式列入采购对象，发生交易。企业技术研发的新产品，在市场开拓期，市场需求很难保证。此时，政府主动创造一定的产品市场则显得很有必要。研究显示，政府的公共采购政策可以有效地拉动企业技术创新产品的市场需求，激励企业的技术创新行为。美国政府最早开始使用政府采购刺激企业技术创新，其采购行为对新兴产业的成长影响极大。最受推崇的是直接采购法和公共技术采购法。其中，直接采购法是指政府部门与产品生厂商直接发生采购行为，不涉及第三方交易；公共技术采购法是指政府机构签订的在合理预期时间之内可能被开发出来的产品和系统订单，通过竞标选出新颖、高效、消费者可负担的产品引入市场。尽管如此，美国政府仍然很少直接干预市场，而是将一些重大技术研发交给企业或高等院校等研究机构进行，使技术创新依照市场规律，自发渐进式的发展。

我国政府在发展节能环保产业的着力点会直接影响到企业绩效的形成。具体来说，包括以下几个方面：

第一，均衡政府和市场两方力量，理性配置节能环保产业资源。节能环保产业具有跨产业、跨地区的综合性特征，涉及经济部门相互交叉、互相渗透，需要政策法规进行合理规划和科学引导。但政府在驱动产业发展时，必须寻找到"市场规律"和"主动干预"两种手段的均衡点。既不能过度干预产业发展，处处依靠行政手段，又不能完全交由市场，放任其发展。"光伏之痛"时刻警醒着决策者，节能环保产业的发展不能再走"一拥而上"、以投资驱动经济增长的老路。因投资而驱动的经济增长不可持续，在投资兴建期间，投资是消费，会创造需求，但在几年之后形成了生产能力，不再是需求而是更大的供给，往往表现为产能过剩。目前的节能环保尚处于产业萌芽期，没有大量落后产能和过剩产量，应在发展伊始抓住机遇培育消费，实现真实消费推动新一轮经济增长。

政府的工作应致力于制定产业发展战略和政策导向。国家政府对节能环保产业的发展战略在《规则》《意见》中显现无疑。总体发展思路是稳固树立生态文明理念，立足当前、着眼长远，围绕提高产业技术水平和竞争力，以企业为主体、以市场为导向、以工程为依托，强化政府引导，完善政策机制，培育规范市场，着力加强技术创新，大力提高技术装备、产品、服务水平，促进节能环保产业快速发展，释放市场潜在需求，形成新的增长点，为扩内需、稳增长、调结构，增强创新能力，改善环境质量，保障改善民生以及加快生态文明建设作出贡献。各级地方政府响应《规则》《意见》精神，纷纷出台本地区节能环保规划蓝图，以期全面提升产业技术水平，实现国产设备和产品基本满足市场需求并呈现辐射带动效用。政府强化产业的引导工作，目的在于驱动潜在需求转化为有效市场。但要充分发挥市场对资源配置的基本功能，需要尊重市场规律。例如，避走政府授信银行对企业放贷的老方式，而是引导社会创投资金进入节能环保高技术、高成长型企业，形成股权资本，并为其提供经营管理和咨询服务，以期在未来企业发展壮大之后，获取中长期资本增值收益。一个完整的新项目是否需要投资的判断权，不再由政府掌握，而是交由创投公司。在程序上，需要经过项目搜寻、项目筛选、项目评估、项目立项、调查研究、投资决策等步骤。在性质上，创新投资具有权益性、阶段性和参股不控股的特点。如此选择的潜力企业，资本结构将更加合理。既打通了资本市场的有效通道，又充分扩大了企业资本金规模。既能接受新的经营理念和企业文化咨询，又能有效提升企业的社会认可度。避免由于政府事无巨细"一把抓"造成的投资盲目性，让相关资金得到精准投放，相关资源得以理性配置。

第二，巧用政府采购，激励节能环保产业技术创新。为扶持新兴产业，我国政府曾较多使用政府补贴。该政策曾经在许多国家发挥过重要作用，但现在受到了世贸组织（WTO）的限制：《补贴与反补贴措施协议》明确规定政府资助"近市场"的研究与开发活动可以予以起诉；对政府资助产业研究和竞争前研究开发分别超过合法成本的75%、50%的可以予以起诉。这意味着一旦某国（地区）政府针对技术研发活动发放大量补贴或资助，就会被认定为直接参与了市场竞争，违背 WTO 的规定。我国政府过去发放的补贴大部分属于这类"近市场"的技术研发活动，但作为世界贸易组织成员，如果继续则会受到 WTO 的严格控制。与此同时，光伏产业蛰伏的四年，因补贴而产生的怪相丛生。政府补贴的性质已沦落为变相支持企业盲目扩大产能的手段。因此，面对节能环保产业的发展契机，政府补贴的使用应当慎之又慎，不可再走上产能换补贴的老路，而应当努力打开迎合市场需求、鼓励技术研发、降低产品成本的良好局面。

如前所述，美国的技术创新激励政策以政府采购为主。由于我国社会、文化等因素，市场经济运行机制与美国不尽相同，但美国政府利用政府采购激励产业技术创新的做法仍然值得借鉴。我国政府的采购规模逐年上升，采购项目在《国家中长期科学和技术规划纲要（2006～2002 年）》中明确了充分运用政府采购政策支持科技创新。采购方式则可以借鉴美国公共技术采购的"间接采购法"。由政府组织技术专家，对尚未大量生产的新技术产品进行可行性分析以及未来潜在市场和利润评估。以招投标的方式，从竞标者中选出供应企业，提出采购计划并签订预售合同，最后安排研发生产。政府采购的优势显而易见。由于政府部门对亟待研发的重大创新产品或技术具有全局性的判断力，能在综合技术水平和研发能力等因素的基础上，协调众多消费方的实际需求，选择最具市场潜力的生产商为供应企业。而对于尚处于市场开发期的新兴技术产品，加以一定的保护，为日后进入国际市场竞争储备能量。重点扶持符合国民经济发展要求和先进技术发展方向的产品研发企业或科研机构，可极大地调动新兴技术创新的积极性，提升整个行业的技术实力，其综合效应远大于采购合同本身，产生"倍增"效应。

尽管如此，为了培育市场健康发展，政府仍应尽少直接干预市场。因为节能环保产业本身门类繁杂、包容性大，其科技创新的着力点具有极强的分散性和独立性。政府部门既不可能全面把握其产业技术创新的方向和技术路线，也不可能全面包揽科技创新的所有具体活动，相对理想的状况是由企业根据市场需求开展各具特色的技术研发和商业化应用，政府致力于产业发展战略、政策导向、规则制定和市场监管。

第三，健全节能环保中介机构，使用能源管理系统。以往企业节能环保存在误区：如果想提高能效、达到环保标准只能更换旧设备，投资引入先进设备。从表面上看是节能达标，但实际上许多设备并未达到彻底淘汰的状态，而花费巨资投资新设备，与节约的能源相比，并不符合成本效益原则。因此，为企业进行各种能源诊断和验证，在原有设备的基础上设计节能方案或计划则显得非常有必要。同时可以请中介机构使用"能源管理系统"为企业量体裁衣，制定节能减排解决方案，比直接更换大型设备、技术改造等传统模式更省事。通过节能降耗节省下来的开支，又作为费用支付给提供能源管理的第三方中介，使能源"可视化"管理，全程"有偿化"运转，巧妙地应用工厂剩余能源，既科学又合理。

与国外种类繁多、功能健全的节能环保管理部门和中介机构相比，我国的相关管理部门相对单一，中介机构更是少之又少。政府可以借鉴国外的先进做法，规划和健全节能环保直接责任部门，鼓励各类社会中介机构蓬勃发展。力求通过官方部门和非官方机构有效合作，完善新型节能环保工程投资和服务体系，引导各类技术服务中心的建设和发展。促进相关新技术、新工艺或新设备的研发和推广，进行节能环保宣传和培训等服务，形成全社会参与节能环保的良性循环。

第四，强制性法律保护和非强制性自愿协议双管齐下。强制性措施在我国体现为"谁污染、谁付费"的排污收费制度和《环境保护法》。其中排污收费制度曾在 20 世纪 80 年代后一段时间，发挥过重要作用，但这种方式侧重于有偿惩罚，对排污末端治理很难起到引导企业从源头改善排污的作用。加之排污收费征收不规范、征收管理无法律强制性、各级执法力度不统一以及地方保护主义等多重因素，导致该制度无法继续发挥应有的调节作用，反而造成诸多问题。我国现行的《环境保护法》缺乏操作性、震慑力不足，已经不能满足人民群众日益高涨的环境诉求。近期公布的环保法修订草案，吸引了社会各界的关注。草案拟加大对各种环保违法行为的惩治力度，采用按日计罚的新办法，针对受到处罚而逾期不予改正的企业，在原处罚数额的基础上再按日连续惩罚，无上限规定。拟针对恶劣手段逃避监管的污染企业，采用入刑方式对不正当手段进行震慑。

非强制性措施在世界各国应用最多的是鼓励企业签署自愿协议，这可以有效地弥补使用单一强制性法律惩治的不足。自愿协议以柔性管理的思路，信任企业能够自觉提高能效并保护环境。我国既可以鼓励主要能耗企

信毅学术文库

业和环境污染企业自行制定节能环保目标，签署节能环保自愿协议，也可以鼓励企业形成联盟，共同签署行业自愿协议宣言，如德国的工业气候保护宣言。不论何种方式，企业签署的约定皆出于自愿。不同于各类正式的约束性协议、自愿协议或宣言没有明确的有偿惩罚，如果没有达到协议中的目标，则在相关报告公布时，降低企业信誉等级和投资者认可度指标，政府再制定政策法规或增加税收进行管理。

4.2.2　产业周期因素

　　节能环保企业归属于战略性新兴产业中的节能环保产业，而节能环保产业划分为节能产业、环保产业和资源循环利用三个子领域。从行业驱动因素的角度来看，我国资源需求庞大，但资源有限，生产效率较低。在全球资源价格持续上涨的大趋势之下，转变经济发展方式，实现经济的可持续发展，节能环保成为我国必然的发展选择。从前面政策法规的因素分析可知，我国相关政策的扶持力度是很大的，中央及地方政府上下一致，将会成为推动我国节能环保发展的最重要的"催化剂"。

　　从整体上来说，节能环保产业在我国是一个新兴的业态，但不是一个独立的产业，随着节能环保工作的需要而独立出来的业态形式，更多地呈现出与应用现场直接结合的工程化应用特征，产业发展呈现全新的价值构成。节能环保产业主要表现出两个方面的需求：一是市场需求广，涉及生产、生活的各个领域，包括工业、农业、服务业等方面；二是技术供给专业广，几乎所有节能环保问题都涉及机、热、电、光等专业。我国节能环保产业在产业生命周期中处于快速成长期阶段（见图 4-2）。虽然我国节能环保产业总体规模相对还很小，但其边界和内涵仍在不断延伸和丰富。行业的市场增长率和需求增长率不断提升，产品品种从单一、低质、高价向多样、优质和低价方向发展，行业出现了生产厂商和产品相互竞争的局面。龙头企业实力雄厚，引导行业发展方向。随着我国社会经济的发展和产业结构的调整，我国节能环保产业对国民经济的直接贡献将由小变大，逐渐成为改善经济运行质量、促进经济增长、提高经济技术档次的产业。总体而言，处于成长期，行业市场发展较为迅速，产品的种类减少，但标准化程度增加，企业数量逐渐增多，规模变大。

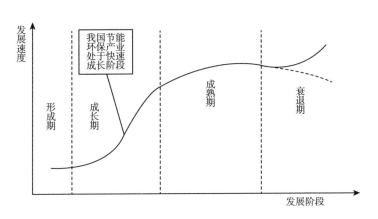

图 4 - 2　我国节能环保产业所处阶段

具体来看，环保行业的日益受到重视，但实际投资额仍然偏低。在大气污染处理行业中，污染物主要集中于工业生产中，其中火电是最大的污染排放行业。对此工业企业较为集中的情况，市场化程度较高。脱硫行业在"十一五"期间快速发展，预计"十二五"期间脱销行业也会迎来爆发期。在污水处理行业中，城市污水处理相对工业污水处理发展较弱。新形势下，具有强大投融资能力的企业将更具有优势。在固体废弃物处理行业中，城市固废处理仍处于发展初期。参照"十一五"期间污水处理和脱硫行业的发展经验，城市生活垃圾处理以及污泥处理行业也将迎来爆发期。总体来看，在"十二五"期间的政策法规强力支撑之下，行业的成长性是看好的。然而，对于大部分环保企业来说，进入壁垒较低，行业超额收益将会很快消失。仅有个别子行业，在技术密集或行政垄断的庇护之下，能维持较高的盈利水平，稳定较高的投资收益。

节能行业也将在"十二五"的新形势下维持资源价格的高位，进入行业的快速发展阶段。其中工业节能行业包括技术节能、结构节能和管理节能。根据各个子行业的特征，热发电、机电系统的变频器以及输配电中的非晶变压器都有很好的市场发展空间。建筑节能行业涉及大量新材料、新能源，一些成长空间大的领域集中在聚氨酯等技术含量高的子领域中。交通节能行业主要指汽车节能，主要涉及新能源汽车、改性塑料和稀土永磁等子领域中。节能行业大多数涉及其他行业之中，且发展历史相对较短，从目前的形势来看，虽然不如环保行业，但其市场成长性总体是普遍看好的。

资源循环利用行业涵盖了再生资源在生产和生活消费环节的全过程，包括金属类、非金属类和电子电气机械设备等大类。与节能行业类似，没有历史指数或估值的参考，从成长性来看，虽然不如环保行业，但其市场普遍预期还是有上涨的投资机会的。

行业的发展阶段和成长预期，直接决定着企业战略经营的核心任务。企业业绩评价指标体系的设置也应当围绕着行业发展阶段和成长预期展开，在接下来的实际评价工作中，指标体系才具有较强的适用性。

4.2.3 技术工艺因素

节能环保企业有着极具特征的技术工艺特点，而企业的战略经营业绩评价体系的设置只有切合这些特点才能具有适用性和合理性。在我国的《"十二五"节能环保产业发展规划》中确立了高效节能技术和装备、高效节能产品、节能服务、下一代环保技术和装备、环保材料和药剂、环保服务等关键技术的示范推广，在财政、税收、金融等方面将得到政策支持，在市场的作用下促进传统产业转型升级，具体包括以下技术与领域被列为重点发展方向。

4.2.3.1 节能产业领域

（1）节能技术和装备。

具体包括锅炉、窑炉，加快开发工业锅炉燃烧自动调节控制技术装备；推进燃油、燃气工业锅炉，窑炉蓄热式燃烧技术装备产业化；加快推广等离子点火、富氧/全氧燃烧等高效煤粉燃烧技术和装备，以及大型流化床等高效节能锅炉。大力推广多喷嘴对置式水煤浆气化、粉煤加压气化、非熔渣—熔渣水煤浆分级气化等先进煤气化技术和装备，推动煤炭的高效清洁利用。电机及拖动设备。示范推广稀土永磁无铁芯电机、电动机用铸铜转子技术等高效节能电机技术和设备；大力推广能效等级为一级和二级的中小型三相异步电动机、通风机、水泵、空压机以及变频调速等技术和设备，提高电机系统整体运行效率。余热余压利用设备。完善推广余热发电关键技术和设备；示范推广低热值煤气燃气轮机、烧结及炼钢烟气干法余热回收利用、乏汽与凝结水闭式回收、螺杆膨胀动力驱动、基于吸收式换热的集中供热等技术和设备；大力推广高效换热器、蓄能器、冷凝器、干法熄焦等设备。节能仪器设备。加快研发和应用快速准确的便携或车载式能效检测设备，大力推广在线能源计量、检测技术和设备。

（2）节能产品。

具体包括家用电器与办公设备等，加快研发空调、冰箱等高效压缩机及驱动控制器、高效换热及相变储能装置，各类家电智能控制节能技术和待机能耗技术；重点攻克空调制冷剂替代技术、二氧化碳热泵技术；推广能效等级为一级和二级的节能家用电器、办公和商用设备。高效照明产品。加快半导体照明（LED、OLED）研发，重点是金属有机源化学气相沉积设备（MOCVD）、高纯金属有机化合物（MO 源）、大尺寸衬底及外延、大功率芯片与器件、LED 背光及智能化控制等关键设备、核心材料和共性关键技术，示范应用半导体通用照明产品，加快推广低汞型高效照明产品。节能汽车。加快研发和示范具有自主知识产权的汽油直喷、涡轮增压等先进发动机节能技术，以及双离合式自动变速器（DCT）等多档化高效自动变速器等节能减排技术，新型车辆动力蓄电池和新型混合动力汽车机电耦合动力系统、车用动力系统和发电设备等技术装备；推广采用各类节能技术实现的节能汽车；大力推广节能型牵引车和挂车。新型节能建材。重点发展适用于不同气候条件的新型高效节能墙体材料以及保温隔热防火材料、复合保温砌块、轻质复合保温板材、光伏一体化建筑用玻璃幕墙等新型墙体材料；大力推广节能建筑门窗、隔热和安全性能高的节能膜和屋面防水保温系统、预拌混凝土和预拌砂浆。

（3）节能服务。

具体包括大力发展以合同能源管理为主要模式的节能服务业，不断提升节能服务公司的技术集成和融资能力。鼓励大型重点用能单位利用自身技术优势和管理经验，组建专业化节能服务公司；推动节能服务公司通过兼并、联合、重组等方式，实行规模化、品牌化、网络化经营。鼓励节能服务公司加强技术研发、服务创新和人才培养，不断提高综合实力和市场竞争力。

（4）节能产业重点技术。

具体包括高压变频调速技术，用于大功率风机、水泵、压缩机等电机拖动系统。节电潜力约 1000 亿千瓦时；研发重点是关键部件绝缘栅极型功率管（IGBT）以及特大功率高压变频调速技术。稀土永磁无铁芯电机技术，用于风机、水泵、压缩机等领域，可提高电机系统能效30%以上，大幅度地节约硅钢片、铜材等；研发重点是中小功率电机产业化。蓄热式高温空气燃烧技术，用于工业窑炉及煤粉锅炉，提高热效率；研发重点是钢铁行业蓄热式加热技术、有色行业蓄热式熔炼技术等，以及固体燃料工业窑炉适用的蓄热式燃烧技术。螺杆膨胀动力驱动技术，用于工业锅炉（窑炉）余热发电或直接驱动机械设备，高效回收利用中低品位热能；研发重点是千瓦级到兆瓦级系列设备、精密机械加工和轴承生产。基于吸收式换热的集中供热技术，用于凝汽式火力发电厂、热电厂余热利用，循环水余热充分回收，提高热电厂供热能力30%以上，降低热电联产综合供热能耗40%，并可提高既有管网输送能力；研发重点是小型化、大温差吸收式热泵装备。汽油直喷技术，用于汽车节能领域，汽车平均油耗比常规电喷汽油车降低10%~20%；研发重点是系统精确控制。

启动—停车混合动力汽车技术，降低汽车怠速时所需的能量和减少废气排放，回收制动能量；研发重点是BSG（皮带传动启动机和发电机系统）混合动力轿车技术和ISG（集成的启动机和发电机系统）混合动力轿车技术。二氧化碳热泵技术，用于热泵热水系统等，相对普通热水器节能75%；研发重点是压缩机和热泵系统的设计和优化，解决系统和部件的耐压和强度问题。半导体照明系统集成及可靠性技术，用于通用照明、液晶背光和景观装饰等领域；研发重点是大功率外延芯片器件、关键原材料制备、系统可靠性、智能化控制及检测技术。

4.2.3.2 资源循环利用产业领域

（1）矿产资源综合利用。

具体包括重点开发加压浸出、生物冶金、矿浆电解技术，提高从复杂难处理金属共生矿和有色金属尾矿中提取铜、镍等国家紧缺矿产资源的综合利用水平；加强中低品位铁矿、高磷铁矿、硼镁铁矿、锡铁矿等复杂共伴生黑色矿产资源开发利用和高效采选；推进煤系油母页岩等资源开发利用，提高页岩气和煤层气综合开发利用水平，发展油母页岩、油砂综合利用及高岭土、铝矾土等共伴生非金属矿产资源的综合利用和深加工。

（2）固体废物综合利用。

具体包括加强煤矸石、粉煤灰、脱硫石膏、磷石膏、化工废渣、冶炼废渣等大宗工业固体废物的综合利用，研究完善高铝粉煤灰提取氧化铝技术，推广大掺量工业固体废物生产建材产品。研发和推广废旧沥青混合料、建筑废物混杂料再生利用技术装备。推广建筑废物分类设备及生产道路结构层材料、人行道透水材料、市政设施复合材料等技术。

（3）再制造。

具体包括重点推进汽车零部件、工程机械、机床等机电产品再制造，研发旧件无损检测与寿命评估技术、高效环保清洗设备，推广纳米颗粒复合电刷镀、高速电弧喷涂、等离子熔覆等关键技术和装备。

（4）再生资源利用。

具体包括废金属资源再生利用。开发易拉罐有效组分分离及去除表面涂层技术与装备，推广废铅蓄电池铅膏脱硫、废杂铜直接制杆、失效钴镍材料循环利用等技术，提升从废旧机电、电线电缆、易拉罐等产品中回收重金属及稀有金属水平。废旧电器电子产品资源化利用，示范推广废旧电器电子产品和电路板自动拆解、破碎、分选技术与装备，推广封闭式箱体机械破碎、电视电脑锥屏机械分离等技术，研发废电器电子稀有金属提纯还原技术。报废汽车资源化利用，完善报废汽车车身机械自动化粉碎分选技术及钢铁、塑料、橡胶等组分的分类富集回收技术，研发报废汽车主要零部件精细化无损拆解处理平台技术，提升报废汽车拆解回收利用的自动化、专业化水平。废橡胶、废塑料资源再生利用，推广应用常温粉碎及低硫高附加值再生橡胶成套设备；研发各种废塑料混杂物分类技术或直接利用技术，推广应用深层清洗、再生造粒和改性技术。

（5）餐厨废弃物资源化利用。

具体包括建设餐厨废弃物密闭化、专业化收集运输体系；研发餐厨废弃物低能耗高效灭菌和废油高效回收利用技术装备；鼓励餐厨废油生产生物柴油、化工制品，餐厨废弃物厌氧发酵生产沼气及高效有机肥。

（6）农林废物资源化利用。

具体包括推广农作物秸秆还田、代木、制作生物培养基、生物质燃料等技术与装备，秸秆固化成型等能源化利用技术及装备；推进林业剩余物、次小薪材、蔗渣等综合利用技术和装备的应用；推动规模化畜禽养殖废物资源化利用，加快发酵制饲料、沼气、高效有机肥等技术集成应用。

（7）水资源节约与利用。

具体包括推进工业废水、生活污水和雨水资源化利用，扩大再生水的应用。大力推进矿井水资源化利用、海水循环利用技术与装备。示范推广膜法、热法和耦合法海水淡化技术以及电水联产海水淡化模式。

（8）资源循环利用产业重点技术。

具体包括复杂铜铅锌金属矿高效分选技术，用于有色金属矿开采；研发重点是高效浮选药剂和大型高效破碎、浮选设备。再制造表面工程技术，用于汽车零部件、工程机械等机电产品再制造；研发重点是旧件寿命评估技术、环保拆解清洗技术及激光熔覆喷涂技术。含钴镍废弃物的循环再生和微粉化技术，用于废弃电池、含钴镍废渣资源化利用；研发重点是电池破壳分离、钴镍元素提纯、原生化超细粉末再制备和钴镍资源的深度资源化技术。废旧家电和废印制电路板自动拆解和物料分离技术，用于废旧家电和废印制电路板资源化利用；研发重点是高效粉碎与旋风分离一体化技术，风选、电选组合提纯工艺和多种塑料混杂物直接综合利用技术。材料分离、改性及合成技术，用于建材、包装废弃物、废塑料处理等领域；研发重点是纸塑铝分离技术、橡塑分离及合成技术、无机改性聚合物再生循环利用技术等。建筑废物分选及资源化技术，用于建筑废物资源化利用；研发重点是建筑废物分选技术及装备，废旧砂灰粉的活化和综合利用技术，专用添加剂制备，轻质物料分选、除尘、降噪等设施。餐厨废弃物制生物柴油、沼气等技术，用于餐厨废弃物资源化利用领域；研发重点是应用酸碱催化法及化学法制生物柴油和工业油脂技术，制肥和沼气化技术与装备以及酶法、超临界法制油技术。膜法和热法海水淡化技术，用于海水淡化、苦咸水等非传统水资源处理，其中，重点完善膜组件、高压泵、能量回收装置等关键部件及系统集成技术；热法重点完善大型海水淡化装备制造技术、提升高真空状态下仪表控制元器件可靠性及压缩机性能等。

4.2.3.3　环保产业领域

（1）环保技术和装备。

具体包括污水处理，重点攻克膜处理、新型生物脱氮、重金属废水污染防治、高浓度难降解有机工业废水深度处理技术；重点示范污泥生物法消减、移动式应急水处理设备、水生态修复技术与装备。推广污水处理厂高效节能曝气、升级改造，农村面源污染治理，污泥处理处置等技术与装备。垃圾处理。研发渗滤液处理技术与装备，示范推广大型焚烧发电及烟气净化系统、中小型焚烧炉高效处理技术、大型填埋场沼气回收及发电技术和装备，大力推广生活垃圾预处理技术装备。大气污染控制。研发推广重点行业烟气脱硝、汽车尾气高效催化转化及工业有机废气治理等技术与装备，示范推广非电行业烟气脱硫技术与装备，改造提升现有燃煤电厂、大中型工业锅炉窑炉烟气脱硫技术与装备，加快先进袋式除尘器、电袋复合式除尘技术及细微粉尘控制技术的示范应用。危险废物与土壤污染治理。加快研发重金属、危险化学品、持久性有机污染物、放射源等污染土壤的治理技术与装备，推广安全有效的危险废物和医疗废物处理处置技术和装置。监测设备。加快大型实验室通用分析、快速准确的便携或车载式应急环境监测、污染源烟气、工业有机污染物和重金属污染在线连续监测技术设备的开发和应用。

（2）环保产品。

具体是指环保材料，重点研发和示范膜材料和膜组件、高性能防渗材料、布袋除尘器高端纤维滤料和配件等；推广离子交换树脂、生物滤料及填料、高效活性炭等。环保药剂。重点研发和示范有机合成高分子絮凝剂、微生物絮凝剂、脱硝催化剂及其载体、高性能脱硫剂等；推广循环冷却水处理药剂、杀菌灭藻剂、水处理消毒剂、固废处理固化剂和稳定剂等。

（3）环保服务。

具体包括以城镇污水垃圾处理、火电厂烟气脱硫脱硝、危险废物及医疗废物处理处置为重点，推进环境保护设施建设和运营的专业化、市场化、社会化进程。大力发展环境投融资、清洁生产审核、认证评估、环境保险、环境法律诉讼和教育培训等环保服务体系，探索新兴服务模式。

（4）环保产业重点技术。

具体是指膜处理技术，用于污水资源化、高浓度有机废水处理、垃圾渗滤液处理等，研发重点是高性能膜材料及膜组件，降低成本、提升膜通量、延长膜材料使用寿命、提高抗污染性。污泥处理处置技术，用于生活污水处理厂污泥处理处置；研发重点是污泥厌氧消化或好氧发酵后用于农田、焚烧及生产建材产品等处理处置技术，研发适用于中小污水处理厂的生物消减等污泥减量工艺。脱硫脱硝技术，用于电力、钢铁、有色等行业及工业锅炉窑炉烟气治理；研发重点是脱硝催化剂的制备及资源化脱硫技术装备。布袋及电袋复合除尘技术，用于火电、钢铁、有色、建材等行业；研发重点是耐高温、耐腐蚀纤维及滤料的国产化，研发高效电袋复合除尘器、优质滤袋和设备配件。挥发性有机污染物控制技术，用于各工业行业挥发性有机污染物排放源污染控制及回收利用；研发重点是新型功能性吸附材料及吸附回收工艺技术，新型催化材料，优化催化燃烧及热回收技术。柴油机（车）排气净化技术，用于国 IV 以上排放标准的重型柴油机和轻型柴油车；研发重点是选择性催化还原技术（SCR）及其装备、SCR 催化器及相应的尿素喷射系统，以及高效率、高容量、低阻力微粒过滤器。固体废物焚烧处理技术，用于城市生活垃圾、危险废物、医疗废物处理；研发重点是大型垃圾焚烧设施炉排及其传动系统、循环流化床预处理工艺技术、焚烧烟气净化技术、二恶英控制技术、飞灰处置技术等。水生态修复技术，用于受污染自然水体；研发重点研发赤潮、水华预报、预防和治理技术，生物控制技术和回收藻类、水生植物厌氧产沼气、发电及制肥的资源化技术，溢油污染水体修复技术等。污染场地土壤修复技术，用于污染土壤修复；研发重点是受污染土壤原位解毒剂、异位稳定剂、用于路基材料的土壤固化剂以及受污染土壤固化体资源化技术及生物治理技术。污染源在线监测技术，用于环境监测；研发重点是有机污染物自动监测系统、新型烟气连续自动检测技术、重金属在线监测系统、危险品运输载体实时监测系统等。

指标的设置、评价标准和方法的选择都应根据不同技术工艺的特点进行设计，但也不可能做到每一家企业都设置一套自身的评价体系，这是不符合成本效益原则的。本书认为应该在对各个子领域特性分析的基础上，找出共性，并以此作为节能环保类企业业绩评价指标设置的依据。只有如此，在接下来的实际业绩评价工作中指标体系才具有较强的可行性。

4.3 本章小结

要完成节能环保企业的业绩评价，除了分析相关业绩评价的理论概述之外，还需要明确业绩评价应遵循的原则和应考虑的因素。本章从相关性原则、全面性原则、系统性原则、国家意志原则和以财务业绩为落脚点原则几个方面阐述了节能环保企业业绩评价应遵循的一般原则，从政策法规因素、产业周期因素和技术工艺因素三个方面讨论了节能环保企业业绩评价时应考虑的因素，是后面各章构建节能环保企业业绩评价指标体系的重要前提。

第5章 节能环保企业战略经营业绩评价指标体系的构建

前面所述的理论研究为如何开展节能环保企业经营业绩评价指标体系的设置提供了重要的理论支撑。本章研究的内容围绕着节能环保企业经营绩效评价的相关问题，如企业战略经营特征的界定、企业战略经营目标的确定、由此引发的管理特征的改变和业绩评价指标体系的设置原则、评价方法和评价标准的选择及其应用等问题展开。

纵观当今社会经济的发展趋势，不难发现伴随着人类社会经济的高速发展，资源有限、环境污染等问题日益突出，一场以新能源和节能环保为代表的新兴产业革命正席卷全球，成为引领世界经济新一轮增长的新引擎。我国也加入其中，将发展战略性新兴产业正式提升到了国家战略议事日程，并相继出台了《国务院关于加快培育和发展战略性新兴产业的决定》《"十二五"国家战略性新兴产业发展规划》，明确了七个重点领域和 2015～2020 年的发展目标、相应的配套政策与重大工程，指出战略性新兴产业是以重大技术突破和重大发展需求为基础，对经济社会全局和长远发展具有重大引领带动作用，知识技术密集、物质资源消耗少、成长潜力大、综合效益好的产业。其中，重大技术突破区别于一般的技术革新，帮助企业形成核心竞争力，引领经济可持续的高效增长。同时，遵循社会重大发展需求，是以循环经济发展规律为前提的，力求经济发展与自然的和谐。本章拟以战略性新兴产业中的"排头兵"节能环保产业为分析范畴，在前面分析的节能环保企业战略经营目标、战略经营管理特征，及其评价应遵循的原则基础之上，对节能环保企业战略经营业绩评价指标体系进行构建，通过指标预设、数据搜集和预处理构建一套适合节能环保企业战略经营业绩评价指标体系，期望对后面的业绩综合评价提供有益的参考。

5.1 节能环保企业战略经营业绩评价指标体系的预设

5.1.1 财务运营层面的指标预设

财务运营层面指标用以衡量企业财务运营能力，称为"财务性层面指标"。具体来说，包括 4 项一级指标，分别是"盈利能力指标""营运能力指标""偿债能力指标"和"增长能力指标"，以及分别对应 20 项二级指标，其中，"盈利能力指标"包含"总资产报酬率""总资产净利润率""净资产收益率""主营业务利润率"和"成本费用利润率"；"营运能力指标"包含"应收账款周转率""存货周转率""营运资本周转率""总资产周转率""流动资产周转率"；"偿债能力指标"包括"流动比率""速动比率""利息保障倍数""资产负债率"和"权益乘数"；"增长能力指标"包括"资本保值增值率""总资产增长率""营业利润增长率""营业总收入增长率"和"可持续增长率"。

5.1.2 学习创新层面的指标预设

学习创新层面指标衡量的是企业学习创新能力，称为"新兴性层面指标"。具体来说，包括 3 项一级指标，分别为"技术研发能力指标""技术研发潜力指标"和"技术进步贡献率指标"。同时又分别对应于 7 项二级指标，其中，"技术研发能力指标"包括"重大创新研发能力"和"专利申请授权率"；"技术研发潜力指标"包括"技术研发投入强度""非技术研发投入强度""技术人员数量强度""员工人均培训费用"和"技术进步贡献率"。

5.1.3　战略引导层面的指标预设

战略引导层面指标衡量的是企业战略引导能力，称为"战略性层面指标"。具体来说，包括4项一级指标，分别是"管理者社会能力指标""企业社会能力指标""客户满意度指标""市场占有率指标"。相对应的有5项二级指标，其中，"管理者社会能力指标"包括"管理者受教育程度""管理者社会联系程度"；"企业社会能力指标"包括"企业公共关系费用支出率"；"客户满意度指标"是指"存量客户销售额占总销售额的比率"；"市场占有率指标"是指"品牌产品销售增长率"。

5.1.4　社会责任层面的指标预设

社会责任层面指标衡量的是企业履行社会责任的能力，称为"循环经济性层面指标"。具体来说，包括3项一级指标，分别是"节能指标""环保指标"和"资源循环再利用指标"。又分别对应于6项二级指标，其中，"节能指标"包含"节能装机占比率""单位产值吨标煤"；"环保指标"是指"三废排放达标率"；"资源循环再利用指标"是指"废弃物综合利用率""废弃物处置利用率"以及"废弃物综合利用产品产值率"。

综上所述，将各个层面的指标设置，按照能力层面—指标层面的推导以及从一级指标—二级指标—计算公式—资料来源的逻辑思维，汇总如表5－1所示。

表5－1　　　　　　　　　　预设置的指标体系

能力层面	指标层面	一级指标	二级指标
财务运营能力	财务性层面指标	盈利能力指标	总资产报酬率
			总资产净利润率
			净资产收益率
			成本费用利润率
			主营业务利润率

续表

能力层面	指标层面	一级指标	二级指标
财务运营能力	财务性层面指标	营运能力指标	总资产周转率
			应收账款周转率
			存货周转率
			流动资产周转率
			营运现金回收率
		偿债能力指标	资产负债率
			流动比率
			速动比率
			权益乘数
			利息保障倍数
		增长能力指标	总资产增长率
			营业利润增长率
			资本保值增值率
			可持续增长率
			营业收入增长率
学习创新能力	新兴性层面指标	技术研发能力指标	重大创新研发能力指标
			专利申请授权率
		技术研发潜力指标	研发投入强度
			非研发投入强度
			技术人员数量强度
			技术人员平均培训费用
		技术进步贡献率指标	技术进步贡献率
战略引导能力	战略性层面指标	管理者社会能力指标	管理者受教育程度
			管理者社会联系程度
		企业社会能力指标	企业公共关系费用支出率
		客户满意度指标	存量客户销售额占销售总额的比例
		市场占有率指标	品牌产品销售增长率

续表

能力层面	指标层面	一级指标	二级指标
履行社会责任能力	循环性层面指标	节能指标	节能装机占比率
			单位产值吨标煤
		环保指标	三废排放达标率
		资源循环再利用指标	废弃物综合利用率
			废弃物处置利用率
			废弃物综合利用产品产值率

5.2　数据的搜集及预处理

5.2.1　数据的来源

本章收集的数据是 2011～2013 年沪深两市的节能环保概念上市公司。目前中国证监会没有节能环保行业的划分，大部分节能环保企业分布在 D 类《水利、环境和公共设施管理业》和 N 类《水利、环境和公共设施管理业》，部分企业分布在服务业相关范畴。根据大智慧数据统计，我国现有节能环保概念上市公司 122 家，数量占两市 2489 家上市公司的 4.9%。本章拟使用中国证监会指定信息披露网站巨潮资讯网、深圳国泰安信息技术有限公司的"CSMAR 中国上市公司财务指标分析数据库"以及中国上市公司资讯网和企业官网获取信息，并收集上市公司公开披露的年度财务报告以及企业社会责任报告。

为了确保数据的准确性，实现本章的研究目标，在搜集数据时进行了以下核实工作：第一，对企业的隶属行业进行核实。以大智慧数据统计为基本依据，锁定节能环保概念上市公司。但有很多样本企业在研究时期范围之内，变更过主营业务，从而使企业的行业归属发生了变更。这些企业变更主营业务的原因有很多，有的确实是主营业务变动，有的是为了配合证券市场对企业经营归类的要求，此时，就需要对每一家企业进行核实。本章采用的办法是对所有上市公司的行业分类信息进行逐一甄别，当某一家上市公司变更主营业务方向时，按变更当年为时间截止将其归入变更之后所属的行业中去。第二，有些新近上市交易的公司，会出现在研究期的第一年或第一、第二年数据残缺的情况。对此本章选择查看这类上市公司的招股说明书，其中包含企业公开上市交易前三年的会计报表，这就提供了填补残缺数据的信息渠道。第三，有些企业在公开上市交易之前，曾经历过重大资产重组或者剥离，抑或为了上市，经历过重大资产注入的情况。尽管使用这些方式是为了达到证监会的 IPO 标准，而且通常不会立竿见影，会有一个时间滞后的情况，但按照相关会计规定的做法是由注册会计师按照重组之后的企业资产模拟会计信息进行披露。也就是说，这些企业的会计信息不是原始数据，如果被使用，很可能使最终的决策结果出现异常。因此，本章选择不采用这些数据，而是以企业上市当年的数据为准。

5.2.2 样本的确定

节能环保产业是指为节约能源资源、发展循环经济、保护环境提供技术基础和装备保障的产业，主要包括节能产业、资源循环利用产业和环保装备产业，涉及节能环保技术与装备、节能产品和服务等；其六大领域包括：节能技术和装备、高效节能产品、节能服务产业、先进环保技术和装备、环保产品与环保服务。按照国家"十二五"规划纲要提出的要求，节能环保产业重点发展的是高效节能、先进环保、资源循环利用等关键技术装备、产品和服务。

根据前述定义，按照国家统计局节能环保产业的分类，本章选取了"高效节能产业"，包括高效节能通用设备制造、高效节能专用设备制造、高效节能电气机械器材制造、高效节能工业控制装置制造、新型建筑材料制造；"先进环保产业"，包括环境保护专用设备制造、环境保护检测仪器及电子设备制造、环境污染处理药剂材料制造、环境评估与检测服务、环境保护及污染治理服务；"资源循环利用产业"，包括矿产资源综合利用，工业固体废物、废弃、废液回收和资源化利用，城乡生活垃圾综合利用、农林废弃物资源化利用，水资源循环利用与节水作为本章的研究样本。

为使样本的最终决策结论更加可靠，本章还对样本进行了初步筛选。

筛选工作具体包括：第一，筛选掉 B 股上市的公司；第二，筛选掉新近上市的 6 家上市公司，企业代码分别是 002663、002672、002700、300332、300334、300335；第三，筛选掉连续 ST 的 5 家公司，企业代码是 000958、600617、600769、600917。经过若干环节的缩减，最终确定的研究样本企业数量为 101 家。

样本企业信息见附表 1，按股票代码顺序排列。

5.2.3　数据的预处理

本章选取的是 2011～2013 年沪深两市节能环保公司的面板数据，包含连续三年及若干指标的公开数据。主要使用的数据库是深圳国泰安信息技术有限公司的"CSMAR 中国上市公司财务指标分析数据库"，重点采集上市公司公开披露的年度财务报告以及企业社会责任报告中的公开数据信息。

在提取指标数据之后，会发现许多缺失值和异常值。如果不对其预处理，则很难保证评价结果的合理性，使综合评价通过稳定性测试。有不少文献的做法是直接将其全部删除，如果样本数量足够充分，直接全部删除不会影响整体样本的综合评价结果；如果样本数量有限，直接全部删除会影响整体样本的代表性，影响综合评价研究结论，因此是否直接删除要视具体情况而定。得益于国家对于财务信息披露的相关规定，上市公司的财务性层面指标能全部收集得到。缺失指标主要集中在新兴性指标、战略性指标和循环经济性指标之中。有的缺失指标需要在数据库中寻找替代数据来运算，如"管理者社会联系程度"，本章使用在外兼职的董事人数与董事总人数的比值来代表；"企业公共关系费用支出率"，则从报表附注中的企业捐赠及环保支出与销售收入的比值作为替代值；"客户满意度指标"，使用前五名存量客户销售额与销售收入的比值作为替代值；"市场占有率指标"，使用企业主营业务销售收入增长率作为替代值。有的缺失指标需要在公开披露的社会责任报告中或者企业官方网站上逐一寻找，如"重大创新研发能力""专利申请授权率""节能装机占比率""万元产值吨标煤""'三废'排放达标率""废弃物综合利用率"，这几项指标需要手工逐一填补。但有的指标只有少部分企业有数据信息，如"重大创新研发能力""专利申请授权率"和"节能装机占比率",尽管这几项指标能够说明企业的创新研发能力和节约能源的情况,但仅有少部分企业有数据,不符合业绩评价的多属性决策运算要求,所以将其删除。还有的指标,在公开数据库和企业官方网站都很难收集,如"技术进步贡献率",本章选择直接删除。对于异常值的处理,许多文献也是采用直接删除的方式。这种做法不尽合理,其结果很可能影响综合评价结果的合理性。本章的做法是将整个样本企业的三年所有指标数值填补齐整之后,从中寻找异常大值或异常小值,按照个别企业逐一分析出现异常值的原因,采用较为折中的方式将异常值修正。如果异常值只出现在某一年,则向前推一年收集相关数据,根据 3 年的数据进行平滑处理,对异常值修正。如果异常值出现在某几年,则根据同行业、同性质、同规模企业的相关数据,再结合企业实际情况进行修正。

经过前面的预处理,本章最后锁定了 32 项指标,101 家上市公司,汇总成为一个大型面板数据。接下来,多属性决策分析需要将面板数据变为截面数据再做进一步分析。在将面板数据转换为截面数据时,有许多种方式,本章选择的方法是计算原始数据的三年平均值。原因在于,本章的分析目标是对节能环保上市公司进行战略经营业绩评价,需要的不仅仅是一年或者一项指标的数据,取平均值的做法保留了三年的全部指标数据,所得的结果也较为均衡。同时,从文献来看,取平均值的算法相对而言使用频率最高。所以本章的选择是将处理好的原始数据,计算"3 年平均数据",以此为后续计算使用的基础数据,见附表 2。

5.3 节能环保企业战略经营业绩评价指标体系的构建

5.3.1 财务性层面指标

财务性层面指标包括盈利能力指标、营运能力指标、偿债能力指标和增长能力指标,从以下四个方面表述企业的财务运营能力:

（1）盈利能力指标。

盈利能力指标通常指公司赚取利润的能力。本章用以下五个指标来反映企业在持续经营状况下的获利能力。

①总资产报酬率。

总资产报酬率（return on total assets，ROA）又称为资产所得率，是指企业一定时期内获得的报酬总额与资产平均总额的比率。它表示企业包括净资产和负债在内的全部资产的总体获利能力，用以评价企业运用全部资产的总体获利能力，是评价企业资产运营效益的总要指标。

总资产报酬率 =（利润总额 + 利息支出）/平均资产总额 × 100%

其中，利润总额是指企业实现的全部利润，包括企业当年营业利润、投资收益、补贴收入等；利息支出是指企业在生产经营过程中实际支出的借款利息、债权利息等；平均资产总额是指企业资产总额年初数与年末数的平均值。信息取自《利润及利润分配表》《基本情况表》和《资产负债表》。

②总资产净利润率。

总资产净利润率（rate of return on total assets）又称总资产收益率，是企业净利润总额与企业资产平均总额的比率，也即资金利润率。它既是反映企业资产综合利用效果的指标，也是衡量企业利用债权人和所有者权益总额所获取盈利的重要指标。

总资产净利润率 = 净利润/平均总资产

其中，净利润是指企业实现的全部税后净利润；平均资产总额是指企业资产总额年初数与年末数的平均值。信息取自《利润及利润分配表》和《资产负债表》。

③净资产收益率。

净资产收益率（rate of return on common stockholder's equity，ROE）又称净资产利润率，表示公司税后利润与净资产的比率，该指标反映股东权益的收益水平，用以衡量公司运用自由资本的效率，体现了自由资本获得净收益的能力。一般来说，指标值越高，说明投资带来的收益越高。

净资产收益率 = 净利润/平均净资产 × 100%

其中，净利润是指企业实现的全部税后净利润；平均净资产是指企业所有者权益年初数和所有者权益年末数的平均值。信息取自《利润及利润分配表》和《资产负债表》。

④成本费用利润率。

成本费用利润率是企业一定期间的利润总额与成本、费用总额的比率。该指标值表示每付出一元成本费用可获得多少利润，体现了经营耗费所带来的经营成果。指标数值越高，利润就越大，反映出企业的经济效益越好。

成本费用利润率＝利润总额/成本费用总额×100%

其中，利润总额是指企业实现的全部利润，包括企业当年营业利润、投资收益、补贴收入等；成本费用总额是指企业在报告期间的所有成本费用之和，包括主营业务成本及附加、营业费用、管理费用和财务费用。信息取自《利润表》。

⑤主营业务利润率。

主营业务利润率，是指企业一定时期主营业务利润与主营业务收入净额的比率。它表明企业每单位主营业务收入能带来多少主营业务利润，反映了企业主营业务的获利能力，是评价企业经营效益的主要指标。该指标越高，说明企业的产品或服务的定价科学，产品附加值高，营销策略得当，在主营业务市场竞争力越强，发展潜力大，获利水平高。只有足够大的主营业务利润才能形成企业的最终利润，因此，该指标体现了企业经营活动最基本的获利能力。也是从企业主营业务的盈利能力和获利水平方面对资本金收益率指标的进一步补充，体现了企业主营业务利润对利润总额的贡献，以及企业全部收益的影响程度。

主营业务利润率＝（主营业务收入－主营业务成本－主营业务税金及附加）/主营业务收入×100%

其中，主营业务收入是指企业经常性的、主要业务所产生的基本收入之和；主营业务成本是指企业生产和销售主要产品或服务所必须投入的直接成本之和；主营业务税金及附加是指企业日常主要经营活动应负担的税金及附加，包括营业税、消费税、城市维护建设税、资源税和教育费附加等。信息取自《利润表》。

（2）营运能力指标。

①总资产周转率。

总资产周转率（total assets turnover）是指企业在一定时期业务收入净

额与平均资产总额的比率。这是综合评价企业全部资产的经营质量和利用效率的重要指标。周转率越大，说明总资产周转越快，说明企业资产运营效率越强，体现了企业经营期间全部资产从投入到产出的流转速度，反映了企业全部资产的管理质量和利用效率。企业可以通过薄利多销的方法，加速资产的周转，带来利润绝对值的增加。

总资产周转率＝营业收入净额/平均资产总额

其中，营业收入净额是减去销售折扣及折让之后的净额；平均资产总额是指企业资产总额年初数与年末数的平均值。信息取自《利润表》《资产负债表》。

②应收账款周转率。

应收账款是重要的流动资产之一，其是否能够及时收回，说明了公司的资金使用效率情况。应收账款周转率是反映公司应收账款周转速度的比率，说明了一定期间内公司应收账款转为现金的平均次数。一般情况下，该指标值越高越好，周转率越高，说明收账速度越快，账龄越短；也就是说，资产流动性强，短期偿债能力强。

应收账款周转率＝赊销收入净额/应收账款平均余额

其中，赊销收入净额是企业销售收入减去销售退回以及现销收入后的余额；应收账款平均余额是期初应收账款余额与期末应收账款余额的平均值。信息取自《资产负债表》《利润表》。

③存货周转率。

存货周转率是企业一定时期销货成本与平均存货余额的比率。用于反映企业在一定时期内存货资产的周转速度，即存货的流动性及存货资金占用量是否合理，衡量企业存货运营效率。一般来说，存货周转速度越快，存货的占用水平越低，流动性越强，存货转换为现金或应收账款的速度越快。这就意味着，提高存货周转率相当于提高资金的使用效率，增强企业的短期偿债能力及获利能力。

存货周转率＝销货成本/平均存货余额

其中，销货成本是指企业一定时期内销售产品或服务的成本之和；平均存货余额是指企业期初存货和期末存货的平均值。信息取自《利润表》《资产负债表》。

④流动资产周转率。

流动资产周转率是指企业一定时期内主营业务收入净额同平均流动资产总额的比率。该指标是用来评价企业资产利用率的，反映的是企业流动资产的周转速度，是从企业全部资产中挑选流动性最强的流动资产来对企业资产的利用效率进行分析，揭示企业是否有效地提高流动资产的综合使用效率。一般情况下，该指标越高，说明企业流动资产周转速度越快，利用越好。

流动资产周转率 = 主营业务收入净额/平均流动资产总额

其中，主营业务收入净额是指企业当期销售产品、提供服务等主要经营活动取得的收入减去折扣与折让后的数额；平均流动资产总额是指企业流动资产总额的年初数与年末数的平均值。信息取自《利润及利润分配表》《资产负债表》。

⑤营运资本周转率。

营运资金周转率，又称为营运资本周转率，表明的是企业营运资本的经营效率，说明每投入一元营运资本所能获得的销售收入，同时也反映了每年每一元销售收入需要配备多少营运资金。一般而言，营运资本周转率越高，说明每一元营运资本所带来的销售收入越多，企业营运资本的使用效率也就越高。同时，该指标还能作为判断企业短期偿债能力的指标。一般情况下，企业营运资本周转率越高，所需的营运资本水平也就越低，此时企业的流动比率或速动比率也会处于较低的水平，但由于营运资本周转速动快，企业的偿债能力仍然能够保持较高的水平。

营运资金周转率 = 365/（存货周转天数 + 应收账款周转天数 - 应付账款周转天数 + 预付账款周转天数 - 预收账款周转天数）

其中，存货周转天数、应收账款周转天数、应付账款周转天数、预付账款周转天数、预收账款周转天数均来自对年度报告数据的分析与整理。

（3）偿债能力指标。

①资产负债率。

资产负债率又称为举债经营比率，是期末负债总额与资产总额的比值。该指标反映的是在总资产中有多大比例是通过借债来筹资的，也是衡量企业在清算时保护债权人利益的程度。资产负债率是衡量企业负债水平及风险程度的重要标志，从债权人的角度来看，指标越低越好；从股东的角度来看，负债比率高可能带来一定的好处；从经营者角度看，更看中借入的资金给企业带来的好处，同时可降低财务风险。

资产负债率 = 负债总额/资产总额 × 100%

其中，负债总额是指公司承担的各项负债的总和，包括流动负债和长期负债；资产总额是指公司拥有的各项资产总和，包括流动资产和长期资产。信息取自《资产负债表》。

②流动比率。

流动比率是流动资产对流动负债的比率，用来衡量企业流动资产在短期债务到期之前，可以变为现金用于偿还负债的能力。一般来说，流动比率越高，说明企业资产的变现能力越强，短期偿债能力也越强。

流动比率 = 流动资产/流动负债

其中，流动资产是指企业可以在一年或者超过一年的一个营业周期内变现或者运用的资产，主要包括货币资金、短期投资、应收票据、应收账款和存货等；流动负债是指企业将在一年或者超过一年的一个营业周期内偿还的债务，包括短期借款、应付票据、应付账款、预收账款、应付股利、应交税金、预提费用和一年内到期的长期借款等。信息取自《资产负债表》。

③速动比率。

速动比率，是指速动资产对流动负债的比率。它是衡量企业流动资产中可以立即变现用于偿还流动负债的能力。

速动比率 = 速动资产/流动负债

其中，速动资产包括货币资金、短期投资、应收票据、应收账款，可以在较短时间内变现。与流动资产不同的是，速动资产不包括存货、一年内到期的非流动资产及其他流动资产；流动负债是指企业将在一年或者超过一年的一个营业周期内应偿还的债务，包括短期借款、应付票据、应付账款、预收账款、应付股利、应交税金、预提费用和一年内到期的长期借款等。信息取自《资产负债表》。

④权益乘数。

权益乘数，又称为股本乘数，是指资产总额相当于股东权益的倍数。一般来说，权益乘数越大表明所有者投入企业的资本占全部资产的比重越小，企业负债的程度越高。反之，该比率越小，表明所有者投入企业的资本占全部资产的比重越大，企业的负债程度越低，债权人权益受到保护的程度则越高。

权益乘数 = 资产总额/股东权益总额

信息取自《资产负债表》。

⑤利息保障倍数。

利息保障倍数，又称为已获利息倍数，是指企业生产经营所获得的息税前利润与利息费用的比例。它是衡量企业支付负债利息能力的指标。一般来说，企业生产经营所获得的息税前利润与利息费用相比，倍数越大，说明企业支付利息费用的能力越强。该指标常被债权人拿来分析债权的安全程度。利息保障倍数通常反映的是企业经营收益为所需支付的债务利息的多少倍数。只要利息保障倍数足够大，企业就有充足的能力支付利息。

利息保障倍数 = 息税前利润/利息费用

其中，息税前利润是指销售收入总额减去变动成本总额以及固定经营成本的余额；利息费用则是指企业的财务费用。信息取自《利润及利润分配表》。

（4）增长能力指标。

①总资产增长率。

总资产增长率，又称为总资产扩张率，是企业本年总资产增长额同年初资产总额的比率，反映企业本期资产规模的增长情况。一般来说，总资产增长率越高，表明企业一定时期内资产经营规模扩张的速度越快。

总资产增长率 = 本年总资产增长额/年初资产总额 × 100%

其中，本年总资产增长额是指企业总资产的年末值与年初值的差额。信息取自《资产负债表》。

②营业利润增长率。

营业利润增长率，又称为销售利润增长率，是企业本年营业利润增长额与上年营业利润总额的比率，反映了企业营业利润的增减变动情况。一般来说，营业利润率越高，说明企业单位销售额提供的营业利润越多，企业的盈利能力越强；反之，此比例越低，说明企业盈利能力越弱。

营业利润增长率 = 本年营业利润增长额/上年营业利润总额 × 100%

其中，本年营业利润增长额是本年营业利润总额与上年营业利润总额的差额。

③资本保值增值率。

资本保值增值率是指企业年末所有者权益在扣除所有客观增减因素之后，与年初所有者权益的比率。该指标表示企业当年资本在企业经营之后的实际增减变动情况，能够反映投资者投入资本的保值情况。一般来说，指标值越高，说明企业的资本保全状况越好，所有者权益增长越快，债权人的债务越有保障。

资本保值增值率 = 期末所有者权益/期初所有者权益 × 100%

其中，所有者权益是指实收资本、资本公积、盈余公积和未分配利润。信息取自《资产负债表》。

④可持续增长率。

可持续增长率是指不增发新股并保持目前经营效率和财务政策条件下，公司销售可以实现的最高增长率。此处的经营效率通常是指销售净利率或资产周转率；财务政策通常是指股利支付率和资本结构。

可持续增长率 = 销售净利率 × 总资产周转率 × 利润留存率 × 权益乘数

其中，销售净利率、总资产周转率、利润留存率和权益乘数均来自年度报告数据的分析与整理。

⑤营业收入增长率。

营业收入增长率是指企业本年营业收入总额同上年营业收入总额差值的比率。该指标表示企业自身与上年相比，主营业务收入的增减变动情况，是评价企业成长状况和发展能力的重要参考。一般来说，营业收入增长率大于零，表明企业营业收入有所增长。该指标值越高，表明企业营业收入的增长速度越快，企业市场前景越好。

营业收入增长率 = 营业收入增产额/上年营业收入总额 × 100%

其中，营业收入增长额是本年营业收入总额与上年营业收入总额的差额。信息取自《利润表》。

5.3.2 新兴性层面指标

经过前面筛选，新兴性层面指标集中在研发投入强度、技术人员数量强度和员工人均培训费用三项指标上。

（1）研发投入强度。

研发投入强度指标，是指企业在技术创新方面的研发支出总额占同期营业收入总额的比率。该指标表明企业在技术创新方面的投入情况。一般来说，指标数值越大，说明企业在技术创新研发的投入占同期营业收入的比重越高，揭示企业在创新方面的投入越多，对相关创新就越重视。

研发投入强度 = 研发支出总额/营业收入总额

其中，研发支出总额是指企业进行研究与开发各个项目过程中发生的各项支出；营业收入总额即当期企业的所有营业收入总额。信息取自管理费用明细说明、《利润表》。

（2）技术人员数量强度。

技术人员数量强度是指企业技术人员数量占员工总数量的比重。该指标表明企业在技术人力资源方面的能力。一般来说，指标数值越大，说明企业技术人员数量占员工总人数的比重越高，揭示企业在研发方面的潜能越大。

技术人员数量强度 = 技术人员数/员工总人数

其中，技术人员是指企业员工中拥有助理工程师、工程师、高级工程师、技术专家等称号的员工。信息取自社会责任报告。

（3）员工人均培训费用。

员工人均培训费用是指企业的平均职工培训费用与员工总人数的比重。该指标表明企业在人力资源培养方面的支出情况。一般来说，指标数值越大，说明企业对职工培训的支出力度越大，揭示企业在研发方面的潜能越大。

员工人均培训费用 = 平均职工培训费用/员工总数

其中，平均职工培训费用是指企业的职工培训费用年初与年末的平均值，信息取自《资产负债表》报表附注。

5.3.3　战略性层面指标

经过前面筛选可知，战略性层面指标包括管理者受教育程度、管理者社会联系程度、企业公共关系费用支出率、客户满意度指标、市场占有率和就业人数增长率这六项指标。

（1）管理者受教育程度。

管理者受教育程度是指企业的高管团队中拥有硕士以上高等学历的人数占高管总人数的比重。该指标表明高管团队的教育背景情况。一般来说，该指标比例越高，说明企业高管拥有高等学历的人数占总人数的比重越大，高管的教育程度越好。相对来说，在经营方面更能够做出科学、合理的决策判断。

管理者受教育程度＝硕士学位以上的高管人数/高管总人数

其中，高管人数及学历教育背景的信息取自中国上市公司治理结构研究数据库（高管动态）。

（2）管理者社会联系程度。

管理者社会联系程度是指企业的高管团队在除企业本身之外的其他部门兼职的人数占高管总人数的比重。该指标表明企业高管的社会兼职情况。一般来说，指标数值越高，说明企业高管的社会兼职程度越高，高管团队的社会联系程度越紧密。

管理者社会联系程度＝在外兼职的高管人数/高管总人数

其中，在外兼职的高管人数及高管总人数的信息取自中国上市公司治理结构研究数据库（高管动态）。

（3）企业公共关系费用支出率。

企业公共关系费用支出率是指企业公共捐赠总额占税后利润总额的比率。该指标表明企业为社会捐赠总额占赚取利润的比重情况。一般来说，该指标数值越高，说明企业为社会捐赠比例越高，企业的社会公共关系越紧密。

企业公共关系费用支出率＝企业捐赠支出总额/利润总额

其中，企业捐赠支出总额信息取自上市公司财务报表附注，利润总额信息取自《利润表》。

（4）客户满意度指标。

客户满意度指标是指企业存量客户销售收入与销售总收入的比率。该指标表明企业存量客户对于企业的产品或服务的满意程度。一般来说，该指标数值越高，说明企业提供的产品客户对于企业产品或服务的满意程度越好。

客户满意度指标＝报告期前五名客户销售收入总额/报告期销售收入总额

其中，报告期前五名客户销售收入总额信息取自上市公司财务报表附注，报告期销售收入总额信息取自《利润表》。

（5）市场占有率。

市场占有率指标是指企业营业收入增加值占基期营业收入的比率。该指标表明企业报告期与基期营业收入的增加值与基期营业收入的比例。一般情况下，该指标数值越高，说明企业提供的产品或服务销售收入增加值占基期营业收入的比重越大，企业的营业收入增长情况越好。

市场占有率 =（报告期营业收入 - 基期营业收入）/基期营业收入

其中，报告期营业收入及基期营业收入信息取自《利润表》。

（6）就业人数增长率。

就业人数增长率是指企业员工人数的增长数与基期企业员工人数的比率。该指标表明企业报告期与基期就业员工人数的差额与基期员工人数的比例。一般情况下，该指标数值越高，说明企业就业员工增长情况越好，企业经营发展状况越好。

就业人数增长率 =（报告期员工人数 - 基期员工人数）/基期员工人数

其中，报告期员工人数和基期员工人数信息取自中国上市公司治理结构研究数据库。

5.3.4　循环性层面指标

经过前面筛选可知，循环性层面指标采纳的是单位产值吨标煤、"三废"排放达标率和废弃物综合利用率三项指标。

（1）单位产值吨标煤。

单位产值吨标煤，又称为万元产值综合能耗，是企业能源消耗按照吨标准煤计算的总量与企业生产总值的比率。该指标表明的是企业每单位生产总值所消耗的能源数量。一般情况下，该指标数值越高，说明单位生产总值所需的能源量越高，企业的能耗水平越高。

单位产值吨标煤 = 能源消耗总量（吨标准煤）/产值总额（万元）

其中，标准煤又称为标准燃料或煤当量，是计算能源总量和折合各种能源的综合指标。我国对标准煤规定了统一的热值标准，即每千克标准煤的热值为 7000 千卡。不同品种、不同含量的能源则按照各自不同的热值，转换成为每千克热值 7000 千卡的标准煤。上述信息取自企业社会责任报告，以及对报告数据的分析与整理。

（2）"三废"排放达标率。

"三废"排放达标率是指工业废水、废气、固体废弃物达标排放量占总排放量的比率。该指标表明企业"三废"排放的达标情况，是被监察企业单位，经其所有排污口到企业外部并稳定达到国家或地方政府规定的污染排放标准的工业废水、废气、固体废弃物占外排"三废"总量的百分比。一般来说，该指标数值越高，说明企业的"三废"排放达标比率越高，越符合国家对于企业废水、废气、固体废弃物的排放标准。

"三废"排放达标率 ＝"三废"达标排放量/"三废"排放总量×100%

其中，企业废水、废气、固体废弃物排放总量及其达标排放量信息取自社会责任报告，以及对报告信息的分析与整理。

（3）废弃物综合利用率。

废弃物综合利用率，在我国主要是指固体废弃物的综合利用率。该指标是指企业每年综合利用工业固体废弃物的总量与当年工业固体废弃物产出量和综合利用往年贮存量的总和的比例，说明企业的废弃物综合利用情况。通常情况下，废弃物综合利用率越高，企业对污染物的综合治理能力越强，寻找节约和替代资源的潜力越强。

废弃物综合利用率 ＝报告期废弃物综合利用总量/（报告期废弃物产出量 ＋基期废弃物贮存量）

其中，报告期废弃物综合利用总量、报告期废弃物产出量和基期废弃物贮存量信息来自社会责任报告，以及对报告信息的分析与整理。

根据上述方法选取了最终的指标，为了方便后续的权重和综合评价，对指标进行编号，并列示了指标数据的来源，具体见表5－2。

表5－2　　　　　　　　　确定的指标体系

指标层面	一级指标	二级指标	编号	指标性质	数据来源
财务性层面指标	盈利能力指标	总资产报酬率	X1	正向指标	①
		总资产净利润率	X2	正向指标	①
		净资产收益率	X3	正向指标	①
		主营业务利润率	X4	正向指标	①
		成本费用利润率	X5	正向指标	①

续表

指标层面	一级指标	二级指标	编号	指标性质	数据来源
财务性层面指标	营运能力指标	应收账款周转率	X6	正向指标	①
		存货周转率	X7	正向指标	①
		营运资本周转率	X8	正向指标	①
		流动资产周转率	X9	正向指标	①
		总资产率	X10	正向指标	①
	增长能力指标	资本保值增值率	X16	正向指标	①
		总资产增长率	X17	正向指标	①
		营业利润增长率	X18	正向指标	①
		营业总收入增长率	X19	正向指标	①
		可持续增长率	X20	正向指标	①
	偿债能力指标	流动比率	X11	正向指标	①
		速动比率	X12	正向指标	①
		利息保障倍数	X13	正向指标	①
		资产负债率	X14	反向指标	①
		权益乘数	X15	反向指标	①
新兴性层面指标	技术研发潜力指标	研发投入强度	X21	正向指标	②
		技术人员数量强度	X22	正向指标	②
		员工平均培训费用	X23	正向指标	②
战略性层面指标	管理者社会能力指标	管理者受教育程度	X24	正向指标	②
		管理者社会联系程度	X25	正向指标	②
	企业社会能力指标	企业公共关系费用支出率	X26	正向指标	①
		就业人数增长率	X27	正向指标	②
	客户满意度指标	存量客户销售额占销售总额的比例	X28	正向指标	③
	市场占有率指标	品牌产品销售增长率	X29	正向指标	③
循环性层面指标	节能指标	单位产值吨标煤	X30	反向指标	③
	环保指标	"三废"排放达标率	X31	正向指标	③
	资源循环再利用指标	废弃物综合利用率	X32	正向指标	③

注：数据信息来源包括以下三种情况：①表示数据信息直接根据财务报告列示数据；②表示数据信息直接取自其他年度报告列示数据；③表示数据信息根据年度报告分析整理所得。

5.4　本章小结

　　本章主要对节能环保企业业绩评价指标体系进行了构建。从前面讨论的指标设置应考虑的因素着手，分析建立在节能环保企业战略经营的特征、目标、经营管理理念以及业绩评价应遵循原则等的基础之上，以节能环保企业战略经营业绩形成的因素为依据，也即从财务运营能力、学习创新能力、战略引导能力和履行社会责任能力四个方面预设指标体系，包括财务运营层面指标、学习创新层面指标、战略引导层面指标和社会责任层面指标。根据数据的来源，确定样本范围，并对样本数据进行预处理，最后确定了一套适用于节能环保企业战略经营业绩评价的指标体系。第 6 章将对体系中的具体指标进行赋权，为后面对我国上市的节能环保概念企业进行综合评价及分析做好准备。

第6章 节能环保企业战略经营业绩评价指标权数的确定

本章拟在前面确定节能环保产业中企业的绩效评价指标体系的基础上，对各项指标进行赋权设定。具体来说，在系统阐述当前企业绩效评价研究文献中常用的赋权方式的前提之下，结合本书的研究对象及其特征，从中选取特定的方法进行具体权重的计算分析。分析计算的基础是第5章在"数据的搜集与预处理"中获得的原始数据，根据特定方法的选择，计算各项评价指标的具体权重数值，为节能环保企业战略经营业绩综合评价做好准备。

6.1 目前常用的几种权数确定方法及其选取

6.1.1 目前常用的几种权数确定方法

如前所述，在业绩评价中，权重具有举足轻重的地位，只有科学合理的赋权，才能计算出正确合理的综合评价结果。因为权重的合理性直接影响着多属性决策的排序准确性，所以在多属性决策中权重问题的研究占有重要的地位。多属性决策是多目标决策的一种，是对具有多个属性（指标）的有限方案，按照某种决策准则进行多方案选择和排序。从目前学者发表的相关文献来看，关于确定权重的方法有数十种之多，这些方法，依据计算权重时原始数据的来源不同，大致可以分为两类：一类是主观赋权法，其原始数据主要由专家根据主观判断得到，如 Delphi 法、AHP 法等；

另一类为客观赋权法，其原始数据由各指标在评价单位中的实际数据形成，如熵值法、离差最大化法、主成分分析法、方案满意度法等。这两类方法各有优缺点，主观赋权法客观性较差，而客观赋权法确定的权重有时与指标的实际重要程度相悖，于是人们又提出组合赋权法。总的来说，主观赋权法受到人为因素的影响很大，不能客观公正地反映企业对利益相关者的关注程度；而客观赋权法又是以历史数据为基础，往往受到样本具体时间选择的影响较大，对企业的经营活动不能进行有效的引导。

接下来，本章就几种常用的权重计算方法进行阐述和分析。

（1）德尔菲法（Delphi method），是指采用背对背的通信方式征询专家小组成员的预测意见，经过几轮征询，使专家小组的预测意见趋于集中，最后做出符合市场未来发展趋势的预测结论。德尔菲法又称作专家意见法或专家函询调查法，是依据系统的程序，采用匿名发表意见的方式，也即团队成员之间不得互相讨论，不发生横向联系，只能与调查人员联系，以反复的填写问卷方式，集合问卷填写人的共识与搜集各方意见，可用来构造团队沟通流程，应对复杂任务难题的管理技术。具体而言，是由调查者拟订调查表，按照既定程序，以函件的方式分别向专家组成员进行征询；而专家组成员又以匿名的方式（函件）提交意见。经过几次反复征询和反馈，专家组成员的意见逐步趋于几种，最后获得相对较高准确率的集体判断结果，也被称作专家规定程序调查法。

这种方法最大的特点是吸收了富有经验与学识的专家意见，同时采用匿名或背靠背的方法，能使每一位专家独立自由判断，预测过程要经过几轮反馈，最终意见逐渐趋同。因此，可以避免群体会议决策的缺点，如声音最大或地位最高的人没有机会控制群体一致，同时保证每个人的观点都会被收集，管理者据此做出决策时，没有忽视重要的观点。但其缺点也很明显，即在选择专家是没有明确的标准，其预测结果也缺乏科学客观的分析依据，最后趋于一致的意见，在很大程度上有随大流的倾向。

（2）层次分析法（the analytic hierarchy process，AHP）是一种非数学模型法，是将人们对于某一问题的思维过程层次化、数量化处理，采用数学方法进行分析、决策、预报或控制提供定量的依据。具体而言，是在对复杂决策问题的本质、影响因素以及内在关系进行深入分析之后，构建一个层次结构模型，然后利用较少的定量信息，把决策的思维过程数学化，从而为求解多目标、多准则或无结构特性的复杂决策问题提供一种简便的方法。

层次分析法运用在企业绩效评价时，可根据问题的性质和要达到的总体目标，将评价问题分解为不同组成因素，并按照因素间的互相关联影响以及隶属关系将因素按不同层次聚集组合，形成一个多层次的分析结构模型，并最终把系统分析归结为最底层，即决策的方案、措施等，相对于最高层，即总目标的相对重要性权值的确定或相对优劣次序的排序问题。在排序计算中，每一层次的因素相对上一层次某一因素的单排序问题又可简化为一系列成对因素的判断比较。形成判断矩阵，计算判别矩阵的最大特征根和特征向量，通过某一层对于上一层次某一个元素的相对重要权值。在计算出某一层次对于上一层次各个元素的单排序权值后，用上一层次因素本身的权值加权综合，即可计算出某因素相对于上一层次的相对重要性权值，即层次总排序权值。这样，依次由上而下即可计算出最底层因素相对于最高层的相对重要性权值或相对优劣次序的排序值。

此方法的分析思路是将复杂问题分解为若干有递阶层次结构，有逻辑关系的小问题，以数学的方法进行计算，能得到明确的定量化结论。但其局限性是只能在已给决策中选择最优方案，并不能给出创新的更好方案，在很大程度上依赖人们的主观经验，很难满足严格意义上的一致性的比较，这样就很难发挥层次分析法本身的作用。

（3）熵值法（entropy method），熵值法中的"熵"是指系统无序程度的度量，可以用于度量已知数据所包含的有效信息量和确定权重。在综合评价中的熵值法是通过对"熵"的计算确定权重，根据各项指标值的差异程度，确定各指标的权重。通常的做法是：第一步，构造一个评价矩阵，在对数据进行无纲化和标准化处理；第二步，通过矩阵计算出每个指标的权重也就是每个评价指标的熵值。当各评价对象的某项指标值相差较大时，熵值较小，说明该指标提供的有效信息量较大；反之，若某项指标值相差较小，熵值较大，说明该指标提供的信息量较小，其权重也应当相应减小。当各项被评价对象的指标值完全相同时，熵值达到最大值，这就表明该指标无有用信息，可以从评价指标体系中删除。

由于前述德尔菲法和层次分析法在绩效评价中使用，要求对相应的指标权重进行人为的预先打分，依据打分的顺序再结合一定的数据分析，来对指标的权重最后确定，这样就很难避免人为主观因素的影响。熵值法没有人为打分的过程，很好地规避了这一缺陷。但要使用熵值法，前提是指标值的变动较为缓和，不能突然变大或者突然变小，同时单位指标的时间序列数据要足够多，才能得出较为合理的权重结果。

（4）离差最大化法是由王应明（1998）提出的，为了解决多属性决策的相关对策问题，因为权重的合理性直接影响着多属性决策的排序准确性，所以在多属性决策中权重问题的研究占有重要的地位。他提出的离差最大化方法，能够自动确定各评价指教的加权系数，即属性权重，且概念清楚、排序结果准确、可信，不具有主观随意性。王明涛（1999）和陈华友（2004）对其进行了拓展与应用。该方法将属性值划分为效益型或成本型，并形成决策矩阵，再进行无量纲化处理得到规范化的决策矩阵。如果其中某一项属性值对所有决策方案而言均无差别，则属性对应指标相对于决策方案的排序将不起作用，这样的指标可令其权重系数为零；相反，如果某一项属性值对于所有决策方案有较大的差异，就说明该属性对决策方案的排序将起到较重要的作用，此时应该给该属性指标赋予较大的权重系数。离差最大化的赋权思想是基于对多方案多指标的效能评估提出来的，具体是指根据各方案的效能值进行排序比较来确定最终的效能值。不同评估方案在同一指标下的指标值之间的差异对最后效能的差异起着决定作用。因此，从对方案进行排序的角度出发，指标值偏差越大的指标应该赋予较大的权重（熊文涛、齐欢、雍龙泉，2010）。这是一种寻找使各方案的效能值之间差别最大的指标赋权方案。

群决策中决策者对于权重的分配始终是一个核心研究领域。离差最大化法是典型的客观赋权法，概念清楚、含义明确，计算科学，可操作性较强，排序结果准确可信，不具有主观随意性。并且具有能够激励决策者对已知方案进行客观合理评价的优点。但其缺点也是显而易见的，在运用离差最大化法对多层指标体系赋权时，要分清底层指标和上层指标之间的隶属关系，如果有所混淆，则会使其在进行多方案多指标效能评估时造成算法的兼容度差异，不利于决策者选择出正确的赋权方法，从而得出可靠性低的赋权结果。

（5）主成分分析法（principal component analysis，PCA），将多个变量经过线性的组合从而得出比较少的几个重要变量方法称为主成分分析法，它是一种多元的统计分析方法。皮尔森在对非随机变量的研究中引入了主成分分析法，随后霍特林把主成分分析法推广到了随机向量的计算中。所包含的信息量大小一般使用方差或者是离差平方和，以此作为评价的衡量标准。在统计决策方法中，主成分分析法通常被用作一种简化数据的技术手段。其常用手法是采用降低数据集合的维数，并且保留数据集在方差贡献率最大的特征值。通常是保持低阶主成分，忽略高阶主成分，保留数据原有的最为重要的部分。在学者们的实际运用中，主成分分析法的优势被发挥出来。也就是能够在方法使用的同时消除评价指标之间的相关性影响；在降低维数时大幅度减少指标选择的工作量；还可以在评价指标较多时，尽可能地保留大部分信息，而使用少数几个综合指标代替原有大量指标进行主成分分析；在综合评价时，相对应的主成分贡献率就是每一个主成分的权重系数，由方法运算本身计算得出，结果合理而且客观，能避免人为设置权重的主观性；最后，主成分分析法的计算比较规范，现在的电脑软件能够轻松计算出计算结果。但该方法也有一定的局限性，通过主成分分析提取的前几项主成分累计贡献率必须达到一定的水平，也就是说降维之后的信息量必须保持在一个较高的水平上，否则提取出来的主成分就很难说明解释大部分的实际情况。另外，主成分数量通常会明显低于原始变量的个数，也就是说主成分的解释性会比原始变量更模糊一些，如果降维后的主成分所包含的信息不全面，或者说很难像原始变量一样清晰、准确，则不建议使用主成分分析法进行综合评价。

（6）方案满意度法，根据科特勒的定义，满意度是指一个人通过对一个产品的感知效果（或结果）与他的期望值比较之后产生的情感，如果感知效果比期望值大就会形成愉悦的感觉，如果感知效果比期望值小则形成失望的感觉。也就是说，这种满意是一种心理需求被满足后的愉悦感，是客户对产品或服务的事前期望与实际使用产品或服务后得到实际感受的相对关系。如果用数字来衡量这种心理状态，就称为满意度。决策者对于决策的结果是否满意，也存在着一个满意度指数的问题。因此，该方法被应用于对于属性权重进行运算的多属性决策方法之一，主要赋权思想是定义方案的综合属性理想值和综合属性负理想值，然后提出不确定多属性决策中的一个新概念——方案满意度，给出一种基于方案满意度的单目标优化模型；通过求解该模型获取属性权重信息完全未知或只有部分权重信息的不确定多属性决策问题的方案排序。

这种方法最大的优点是克服了线性加权法、TOPSIS 法、线性分配法、模糊优选法等方法，在计算权重时要求属性权重信息完全确知的前提条件，它能够在属性权重信息完全未知的或只有部分权重信息的前提之下，计算出属性权重值，有较广的适用性、合理性和有效性。同时，能够有效地体现决策者对风险的态度，但却无法提供决策者对方案的满意程度。徐泽水等（2001）在定义了方案的综合属性理想值和综合属性负理想值的前提下，提出的不确定多属性决策中的一个新概念——方案满意度，给出了一种基于方案满意度的单目标优化模型，并得到相应的排序方法。同时运用实例表明：该方法具有思路清晰、合理、有效、易于在计算机上实现等特点。但方案满意度法与方案评价决策者的态度很有关系，如决策者对方案评估结果的满意度能直接影响这个评价的成功与否；决策者的期望目标也是决策者能否满意的重要影响因素；方案是否能围绕决策者的期望目标展开是成功评价的重要前提；方案是否科学系统的设计也是决定决策者满意度的重要保障。

6.1.2　权数确定方法的分析及本书的选取

依据前面所述，在各种计算权重的方法之中，德尔菲法和层次分析法在绩效评价中使用，要求对相应的指标权重进行人为的预先打分，依据打分的顺序再结合一定的数据分析，最后确定指标的权重，这样就很难避免人为主观因素的影响。在运用离差最大化法对多层指标体系赋权时，要分清底层指标和上层指标之间的隶属关系，如果有所混淆，则会使其在进行多方案多指标效能评估时造成算法的兼容度差异，不利于决策者选择出正确的赋权方法，得出可靠性低的赋权结果。但如果使用方案满意度法，要注意各方案与方案评价决策者态度的关系，因为决策者对方案评估结果的满意度能直接影响这个评价的成功与否；决策者的期望目标也是决策者能否满意的重要影响因素；方案是否能围绕决策者的期望目标展开是成功评价的重要前提；方案是否科学系统的设计也是决定决策者满意度的重要保障。如果使用熵值法，前提是指标值的变动较为缓和，不能突然变大或者突然变小，同时单位指标的时间序列数据要足够多，才能得出较为合理的权重结果。熵值法没有人为打分的过程，很好地规避了这一缺陷。

结合前面已搜集的原始数据，进行横向比较与分析，发现原始数据中的各项指标在底层指标和上层指标的隶属关系上，没有很明显的界限，如此则不宜使用离差最大化法计算权重数值；同时，原始数据并没有明显的相关决策者是否满意的指征信息，由于原始数据都来自各家节能环保上市公司的公开数据，统一而且规范，其背后的决策者满意度信息很难从数据上看得出，因此也不适合用方案满意度法来计算权重数值。加之，德尔菲法和层次分析法使用人为打分的方法，本章在研究能力范围之内，较难达到两种主观方法的要求，原因主要表现为节能环保产业是一个初露端倪的新兴产业，还未形成一个成熟规范的产学研专家梯队，很难在现阶段去搜集一个规范、合适的专家团队，并邀请回答问卷、专家打分，因此上述两种主观确定权重的方法也不合适。纵观所得原始数据，大部分指标值经过搜集和初步预处理之后，变动较为缓和，没有出现突然变大或者突然变小的特殊情况，而且能基本满足三年完整的时间序列数据。同时，熵值法本身计算规范，结果合理，能有效地回避所有主观赋权带来的人为不必要的干扰因素，在学者们计算多属性决策问题时，广泛地被用作计算权重的方法。因此，本章决定使用"熵值法"计算节能环保产业中的企业综合评价的权重。

6.2　基于熵值法的权数确定

6.2.1　熵值法赋权的基本原理

经过本章前面的详细分析，结合本章搜集的原始数据特征，本章决定使用"熵值法"计算权重。接下来，本章将详细解释"熵值法"的基本运算原理。

运用"熵值法"赋权的基本思路是根据评价指标提供的数据信息量大小确定权重系数。设有 m 个待评价方案，n 项评价指标，形成原始指标数据矩阵 $x_{ij}(i=1,2,\cdots,m;j=1,2,\cdots,n)$ 为第 i 个被评价对象或决策方案的第

j 项指标数值。对于某项指标 x_j，与指标 x_{ij} 的差距越大，则该指标在综合评价中所起的作用越大，也即对给定的 j，$x_{ij}(i=1,2,\cdots,m)$ 的差异越大，该项指标对被评价对象或决策方案的比较作用就越大，包含与传递的信息就越多，在目标评价或方案决策中所占的权重值也越大。如果某项指标的指标值全部相等，则该指标在综合评价中不起作用。在信息论中信息熵表示系统的有序程度，一个系统的有序程度越高，则信息熵越大；反之，一个系统的无序程度越高，则信息熵越小。所以可以根据各项指标的指标值差异程度，利用信息熵这一工具，计算出各项指标的权重，为多项指标综合评价提供依据。

运用熵值法进行权重计算的具体步骤如下：

第一步，将各项指标同度量化，计算特征比重。记 p_{ij} 为第 j 项指标下第 i 个评价对象的特征比重，则有：

$$p_{ij} = x_{ij}\Big/\sum_{i=1}^{m} x_{ij} \tag{6-1}$$

假定 $x_{ij} \geq 0$，$\sum_{i=1}^{m} x_{ij} > 0$，对越大越优型指标，直接代入指标值即可，对越小越优型指标，将指标值的倒数代入进行计算。

第二步，计算第 j 项指标的熵值 e_j。

$$e_j = -\frac{1}{\ln m}\sum_{i=1}^{m} p_{ij}\ln p_{ij} \tag{6-2}$$

其中，$k>0$，ln 为自然对数，如果 x_{ij} 对于给定的 j 全部相等，那么

$$p_{ij} = x_{ij}\Big/\sum_{i=1}^{m} x_{ij} = \frac{1}{m} \tag{6-3}$$

此时，有：

$$e_j = -k\sum_{i=1}^{m}\frac{1}{m}\ln\frac{1}{m} = k\ln m \tag{6-4}$$

若设 $k = \frac{1}{\ln m}$，于是有 $0 \leq e_j \leq 1$。

第三步，计算第 j 项指标 x_j 的差异性系数 g_i。

对给定的 j，x_{ij} 的差异越小，e_j 越大，指标对被评价对象的比较作用越小。反之，x_{ij} 的差异越大，e_j 越小，指标对被评价对象的比较作用越大。定义差异系数 g_j 为：

$$g_j = 1 - e_j \tag{6-5}$$

第四步，确定权重 w_j''。

$$w_j'' = \frac{g_j}{\sum_{i=1}^{n} g_j}(j = 1, 2, \cdots, n) \tag{6-6}$$

第五步，计算总体评估值。

$$u_i'' = \sum_{j=1}^{n} b_{ij} w_j''(j = 1, 2, \cdots, m) \tag{6-7}$$

6.2.2 基于熵值法的权数确定

（1）原始数据的预处理。

首先，将搜集的初始数据进行预处理，针对每一项指标取其原始数据的三年平均值。其次，将各项指标同度量化处理，也就是将所有的指标变成效益型指标，即越大越好型公式指标。对每一项指标进行"正向指标"和"反向指标"的定义。取出反向指标，对其使用倒数的方式，变成正向指标。根据前面确定的指标性质，大部分指标均为正指标，即越大越好；只有"资产负债率"和"权益乘数"两项是反向指标，依次经过倒数处理之后，变成正向指标（见附表 3）。

由上述表中数据可知，因为有部分指标数据是负数或是零，所以采用功效系数法进一步数据变换处理。如果存在负值则属于异常值，该指标数据不宜直接代入计算，因为这样会导致 p_{ij} 为负而不能取对数，而为保证数据的完整性，这些负值又不能删去，因此需要对该项指标数据进行变换。

如果采用功效系数法对数据作变换，整体来看，归纳了每一项指标的最高值（员工人均培训费用）和最低值（利息保障倍数）。取最大值 $x_j^{Y I Y}$，最小值 $x_j^{Y I Y}$，代入公式进行变换：

$$x'_{ij} = \frac{x_{ij} - x_j^{(1)}}{x_j^{(h)} - x_j^{(1)}} \times 68 + 40 \tag{6-8}$$

用这个公式变换后的数据在 40~100 之间，如果数据差异大范围可以取大一些，如果数据差异小范围可以取小一些。同时用户也可以加入一定的主观因素，即：

$$X'_{ij} = \frac{X_{ij} - X_j^{(1)}}{X_i^{(h)} - X_j^{(1)}} \times \alpha + (1 - \alpha) \qquad\qquad (6-9)$$

如果要加大该指标的权重，可将 α 取大一些，这时数据差异大，用熵值法计算的权重就大；同理，如果要减小该指标的权重，可将 α 取小一些，这时数据差异较小，用熵值法计算的权重就小（见附表4）。

（2）权重的计算。

①权重结果的给出。

根据前面的计算原理和初始数据的预处理结果，根据具体指标值 X1 ~ X32 的数据，运用熵值法计算各指标的熵值 e_j，再计算差异性系数 g_j，进而确定出各指标的权重，如表6-1所示。

表6-1　　　　　　　　　　指标权重系数

指标	X1	X2	X3	X4	X5	X6	X7	X8	X9
权重	0.0167	0.0159	0.0104	0.0058	0.0401	0.0204	0.029	0.0054	0.0639

指标	X10	X11	X12	X13	X14	X15	X16	X17
权重	0.0333	0.0063	0.0197	0.007	0.0153	0.0143	0.0664	0.0709

指标	X18	X19	X20	X21	X22	X23	X24	X25
权重	0.0078	0.0361	0.0062	0.0295	0.0449	0.0197	0.0288	0.1016

指标	X26	X27	X28	X29	X30	X31	X32
权重	0.0557	0.0456	0.0867	0.0183	0.0653	0.0061	0.0069

②权重结果的分析。

由上述指标名称和权重结果的表格信息可以看出，计算所得权重结果大致介于合理的区间，并没有突现偏大或偏小的计算结果。计算结果也显示出，相对而言"管理者受教育程度"指标值最大，为 0.1016，相较于其他指标明显偏大，这是符合当前的经济环境形势和相关理论基础的。在已公开发表的研究文献中，许多学者研究了管理者的受教育程度与企业的绩效表现之间的关系，结论显示两者有着较强的正相关关系。也就是说，一般情况下，管理者的受教育程度越高，企业的绩效表现会越好。其道理是显而易见的，也即管理者的阅历以及受教育的程度，直接关系到管理者对于经济现况的综合判断，是否能够做出正确、合理的决策，而决策的正确指向直接影响企业各项绩效的保持和增长情况。因此，该指标的权重计算结果是相对合理的。另外，以下八项指标数值，相比较而言，明显偏小，包含"营业利润率"为 0.0058，"营运资金周转率"为 0.0054，"资本保值增值率"为 0.0063，"营业利润增长率"为 0.007，"利息保障倍数"为 0.0078，"权益乘数"为 0.0062，"'三废'排放达标率"为 0.0061 和"废弃物综合利用率"为 0.0069。究其原因，营业利润率、营运资金周转率、资本保值增值率、营业利润增长率、利息保障倍数和权益乘数分别隶属于财务性层面指标的盈利能力指标、营运能力指标、偿债能力指标和增长能力指标，然而这四个层面还有不少指标代表较重要的权重系数，因此赋值较小，不影响整体对财务运营能力的综合评价。"三废"排放达标率和废弃物综合利用率两项指标的权重系数较小，也不影响综合评价的结果，鉴于大部分企业为了达标，这两项指标在公开后，基本上都能符合国家或地区要求，否则，一旦不达标的企业均会被地方政府责令整改。换言之，只要公开上报的废弃物达标率和综合利用率几乎都是达标的，其对废弃物排放即综合利用处理情况的事实解释力度有限，因此，权重系数取值较小，是相对合理的。同时，取值也没有等于零，所以相信综合评价的结果既考虑了节能环保企业的废弃物排放达标和综合利用情况，也不会因为权重系数取值小，影响整体综合评价的结果，不妨碍评价结果对企业提高未来经营绩效的管理启示作用。

6.3 本章小结

权重系数的计算是进行综合评价的必备前提，本章归纳了目前常用的几种权数确定方法，具体来说，分析了德尔菲法、层次分析法、熵值法、离差最大化法、主成分分析法和方案满意度法在计算权重时的基本原理，以及各个方法的优缺点。在此基础上，结合本书的研究对象及其特征确定选择熵值法计算权重系数。在分析了熵值法的具体原理之后，将第 5 章搜集的原始数据进行预处理，再计算出权重结果，并对此做了具体分析，为第 7 章进一步综合评价做好了准备。

第7章 节能环保企业战略经营业绩的综合评价

前面各章的搜集数据、设置权重系数，最终都是为了企业的综合评价。而所谓综合评价，就是根据研究的目的，以搜集的资料为依据，借助一定的手段和方法，对事物做出一种价值判断，从而揭示事物的本质及其发展规律的一种分析方法。

7.1 TOPSIS 法进行业绩综合评价的基本原理

20 世纪中叶，决策理论就已经成为经济学和管理科学的重要分支，多属性决策（或称为有限方案的多目标决策）是现代决策科学的一个重要分支。针对不同问题、不同情形从不同角度，各学者提出了很多多属性决策方法。TOPSIS 法就是多属性决策方法中的一种。名称 TOPSIS 是 Technique for Order Preference by Similarity to an Ideal Solution 的简称，是一种逼近理想解的排序方法，基本处理思路是：先建立初始化决策矩阵，而后基于规范化后的初始矩阵，找出有限方案中的最优方案和最劣方案，也就是指正理想解和负理想解，然后分别计算出各个评价对象与最优方案以及最劣方案之间的距离，获得各项评价方案与最优方案的相对接近程度，最后进行排序，并以此作为评价方案优劣的依据。

TOPSIS 法最早由 C. L. Hwang 和 K. Yoon 于 1981 年首次提出，后来 Lai 等于 1994 年将 TOPSIS 的观念应用到多属性决策问题，TOPSIS 评价法是多属性决策分析中一种常用的科学评价法。在多属性决策评价时，要求各项效用函数具有单调递增（或单调递减）的性质，在分析多目标决策时很常用，又称为优劣解距离法。

TOPSIS 法是有限方案多目标决策的有效综合评价方法之一，它在对原始数据进行同趋势和归一化处理之后，能消除不同指标不同量纲对评价结果的干扰，并充分利用原始数据的所有信息，能直观地反映各方案之间的差距，评价结果真实、可靠，而且在处理样本数据时，无特定要求。同时，TOPSIS 法相较于其他方法以单项指标进行相互分析的做法，能集中反映总体评价情况，达到综合分析与评价的效果，具有普适性，现如今已经被广泛应用。

郭新艳、郭耀煌给出了加权主成分 TOPSIS 价值函数模型。Chen 提出 fuzzy 环境下求解群决策问题的 TOPSIS 方法。周晓光、张强、胡望斌将 TOPSIS 方法在 Vague 集下进行了扩展。孙晓东、焦玥、胡劲松引入灰色系统理论对传统 TOPSIS 法进行了拓展，提出了一种基于灰色关联度的 TOPSIS 法。王兴娟（2009）利用熵权 TOPSIS 对企业的业绩进行评价研究。

多属性决策问题的决策理论与方法目前已成为决策科学、系统工程等领域的热点。在这些决策方法中，TOPSIS 法相对来说简单而且直观，在综合评价领域得到广泛运用。然而伴随着学者们的各种实际测算，发现了传统的 TOPSIS 法有许多固有缺陷，其硬伤也被逐渐暴露出来。学者们尝试各种方法改进、修正传统的 TOPSIS 法的缺陷。例如，在计算贴近度的公式中，胡永宏（2002）发现 TOPSIS 法中如果存在一些特殊样本点时，将可能导致排序不合理的情况，并通过引入一个虚拟最劣点来进行改进贴近度计算公式。邱根胜、邹水木、刘日华（2005）指出传统 TOPSIS 法的贴近度计算公式存在问题，导致出现排序错误，基于靠近理想点和远离负理想点这两个基准，他们在定义中明确了一种新的相对贴近度的计算公式来解决这个问题。付巧峰（2008）提出多目标规划来确定权重，简化了正负理想方案的计算，提出了一种更易计算的与原 TOPSIS 法相对接近度等价的新的相对接近度。陈伟（2005）也指出传统的 TOPSIS 法在实际应用中容易产生逆序的现象，分析了逆序产生的主要原因，并提出了一种改进的方法。改进的方法不仅能消除逆序的现象，而且还能正确反映指标权重对决策结果的影响。但是，权重信息必须事先给定，才能使用 TOPSIS 法计算综合评价结果，这样也使该方法的运用受到了一定的局限性。

综上所述，本书的研究对象节能环保产业中的企业绩效综合评价问题，在前面使用熵值法确定了权重系数之后，满足了需要事先确定权重系数的前提要求，可以考虑使用 TOPSIS 法综合评价。但在评价之前，需要先想办法克服传统的 TOPSIS 法缺陷。借鉴上述学者针对传统的 TOPSIS 法的缺陷提出的一些改进办法。本书拟借鉴陆伟峰、唐厚兴（2012）的做法，对其改进的主要内容，集中在正负理想点的改进以及贴近度计算公式的确定两个方面的综合改进上。

7.2　TOPSIS 法进行业绩综合评价的计算步骤

7.2.1　传统的 TOPSIS 法进行业绩综合评价的计算步骤

使用 TOPSIS 法，以理想解求解多属性决策问题的概念简单、直接，它的原理是借助多属性问题中的理想解和负理想解来给方案排序。其基本步骤如下：

第 1 步，用向量规范化的方法求得规范决策矩阵。设多属性决策问题的决策矩阵 $T = \{t_{ij}\}$，规范化决策矩阵 $R = \{r_{ij}\}$，则有 $r_{ij} = t_{ij} / \sqrt{\sum_{i=1}^{m} t_{ij}^2} (i = 1, \cdots, m; j = 1, \cdots, n)$。

第 2 步，构成加权规范矩阵 $X = \{x_{ij}\}$。假设属性权重已有，并且权重系数值构成矩阵 $\omega = (\omega_1, \omega_2, \cdots, \omega_n)^T$，则 $x_{ij} = r_{ij}\omega_j (i = 1, \cdots, m; j = 1, \cdots, n)$。

第 3 步，确定正理想解，令其为 x^*，确定负理想解，令其为 x^0。设正理想解 x^* 的第 j 个属性值为 x_j^*，负理想解 x^0 的第 j 个属性值为 x_j^0，则有：

$$正理想解\ x_j^* = \begin{cases} \max_i x_{ij} & j\ 为效益型属性 \\ \min_i x_{ij} & j\ 为成本型属性 \end{cases} \qquad (7-1)$$

$$负理想解\ x_j^0 = \begin{cases} \max_i x_{ij} & j\ 为成本型属性 \\ \min_i x_{ij} & j\ 为效益型属性 \end{cases} \qquad (7-2)$$

第 4 步，计算各方案到理想解与负理想解的距离。备选方案 x_i 到正理想解的距离为：

$$d_i^* = \sqrt{\sum_{j=1}^{n} (x_{ij} - x_j^*)^2} \ (i = 1, \cdots, m) \qquad (7-3)$$

备选方案 x_i 到负理想解的距离为：

$$d_i^0 = \sqrt{\sum_{j=1}^{n} (x_{ij} - x_j^0)^2} \ (i = 1, \cdots, m) \qquad (7-4)$$

第 5 步，计算各方案的综合评价指数。

$$C_i^* = d_i^0 / (d_i^0 + d_i^*) \ (i = 1, \cdots, m) \qquad (7-5)$$

第 6 步，按照 C_i^* 的取值，由大到小排列方案的优劣次序。

7.2.2　传统的 TOPSIS 法的修正分析

尽管传统的 TOPSIS 法比一般加权求和更加合理，但其自身缺陷也是显而易见的，主要表现为会出现逆序和无法绝对排序记忆权重设定不合理等方面的问题。

（1）正负理想点的不合理选择导致的逆序问题及其解决方案。

x^* 是正理想解，x^0 是负理想解，x_1 与 x_2 相比，由于两者与正负理想点的距离相同，因此方案 1 和方案 2 的相对优劣性应该相同。但是按照式（7-1）和式（7-2）对正负理想点的选择来看，如果此时增加了一个新的备选方案，导致负理想点移动到 A 点，很明显此时 $x_2 > x_1$，相反，如果负理想点移动到 B 点，则有 $x_2 < x_1$。这样必然会导致评价结果的不稳定性，即会出现逆序问题。究其原因是正、负理想点的选择是相对的，而非绝对的。如果能够将正负理想点固定下来，则能消除逆序问题。为达到上述目标，可对属性值进行规范化处理：

$$r_{ij} = \frac{t_{ij}}{\max\limits_{i}(t_{ij})} (j \text{ 为效益型属性}) \qquad (7-6)$$

$$r_{ij} = \frac{\min\limits_{i}(t_{ij})}{t_{ij}} (j \text{ 为成本型属性}) \qquad (7-7)$$

通过这样处理之后，$r_{ij} \in [0,1]$，且其值越大越好，因此绝对正负理想解可以写成 $x^* = [1,1,\cdots,1]_n^T, x^0 = (0,0,\cdots,0)_n^T$。通过这样的转换，可以确保不论其他方案的增减情况如何变动，方案 x_1 和方案 x_2 的正负距离均是保持不变的，因此综合评价指数也是能保持不变的，这也就最好地保证了最后评价结果的稳定性。

（2）相对距离的度量不当导致的逆序问题及其解决方案。

如图所示，x^* 是正理想解，x^0 是负理想解，x_1 和 x_2 是备选方案。备选方案与正负理想解的距离分别是 d_1^*，d_1^0；d_2^*，d_2^0。直线 AE 是正负理想点连线的垂线，h_1、h_2 分别是 H 点到正负理想点的距离。按照逼近理想点方法的思想，无论直线 AE 如何沿着正负理想解连线移动，x_1 和 x_2 两点在直线 AE 上的相对位置是联动的，也就是能保持相对不变，因为 $d_1^* > d_2^*$，所以总有 $x_1 < x_2$。然而根据前述学者研究可知，C_1^* 和 C_2^* 的大小取决于 h_1 与 h_2 的长度比较，也就是说，如果当 $h_2 < h_1$ 时，$x_1 > x_2$；而当 $h_2 > h_1$ 时，$x_1 < x_2$；当 $h_1 = h_2$ 时，$x_1 \sim x_2$。从上述结果看，如果不修正，方案的排序结果存在逆序的问题。

根据前述可知，

$$C_i^* = \frac{d_i^0}{d_i^0 + d_i^*} = \frac{1}{1 + d_i^* / d_i^0}$$

代入第一和第二方案，则有

$$C_1^* = \frac{1}{1 + d_1^* / d_1^0}, \quad C_2^* = \frac{1}{1 + d_2^* / d_2^0}$$

如果备选方案 x_1 和 x_2 所代表的样本点，恰好落在正负理想解的连线上的话，那么如果 $d_1^* > d_2^*$，则必有 $d_1^0 > d_2^0$，此时 $d_1^* / d_1^0 > d_2^* / d_2^0$，也就是说 $C_1^* < C_2^*$，换言之，方案的优劣结果就是 $x_1 < x_2$。反之亦然。也就是说，如果能保证 x_1 和 x_2 的相对位置不变化，那么不论如何移动，结果都能保持一致。在这种情形之下，图示法和公式法的计算结果是可以相比对的。由上述分析可以得出，传统的 TOPSIS 法在利用公式计算综合评价指数时是有局限性的。而修正局限性的思路在于使用投影的方法对贴近度的公式进行改进。

正负理想点已经固定为 $x^* = [1, 1, \cdots, 1]_n^T$，$x^0 = [0, 0, \cdots 0]_n^T$，从几何的视角看，正负理想点的连线实际上就是正理想点向量，也可以被称之为"参照向量"。每个备选方案也可以看成是空间的一个向量，如果每个待选向量与参照向量越接近，则说明该待选方案越好。待选方案向量的模可以用来衡量与负理想点的距离，待选方案向量与参照向量所形成的夹角计算余弦值可以用来全面反映向量之间的接近程度，即采用如下投影方法：

设 $\alpha = (\alpha_1, \alpha_2, \cdots, \alpha_n)$ 和 $\beta = (\beta_1, \beta_2, \cdots, \beta_n)$ 是两个向量的表达式，那么计算向量的夹角余弦为：

$$\cos(\alpha, \beta) = \sum_{j=1}^{n} \alpha_j \beta_j \bigg/ \sqrt{\sum_{j=1}^{n} \alpha_j^2} \sqrt{\sum_{j=1}^{n} \beta_j^2}$$

则有

$$\text{Prj}_\beta(\alpha) = \frac{\sum_{j=1}^{n} \alpha_j \beta_j}{\sqrt{\sum_{j=1}^{n} \alpha_j^2} \sqrt{\sum_{j=1}^{n} \beta_j^2}} \sqrt{\sum_{j=1}^{n} \alpha_j^2} = \frac{\sum_{j=1}^{n} \alpha_j \beta_j}{\sqrt{\sum_{j=1}^{n} \beta_j^2}}$$

为 α 在 β 上的投影。一般来说，$\text{Prj}_\beta(\alpha)$ 越大，说明向量 α 与 β 越接近。同理可得，如果令

$$\text{Prj}_x^*(x_i) = \frac{\sum_{j=1}^{n} x_j^* x_{ij}}{\sqrt{\sum_{j=1}^{n} (x_j^*)^2}} (i = 1, 2, \cdots, m)$$

那么，$\text{Prj}_x^*(x_i)$ 的数值越大，说明方案 x_i 越贴近正理想点，并且离负理想点越远，也就是说方案 x_i 越优。

7.2.3 修正的 TOPSIS 法进行业绩综合评价的计算步骤

假设某一个多属性决策问题的权重信息已知，且权重满足 $\omega = (\omega_1, \omega_2, \cdots, \omega_n)$，$\omega_j \geqslant 0$，$\sum_{j=1}^{n} \omega_j = 1$ 的基本条件。属性集为 $U = \{u_1, u_2, \cdots, u_n\}$，方案集为 $X = \{x_1, x_2, \cdots, x_m\}$，决策矩阵为 $T = (t_{ij})_{m \times n}$。T 经过规范化处理之后，得到规范化矩阵 $R = (r_{ij})_{m \times n}$，$M = \{1, 2, \cdots, m\}$，$N = \{1, 2, \cdots, n\}$。

第一步，对属性值进行规范化处理，将成本型属性值转换为效益型属性值：

$r_{ij} = 1/a_{ij}$，其中 j 为效益型属性

第二步，采用功效系数法计算：

$$X'_{ij} = \frac{X_{ij} - X_j^{(1)}}{X_j^{(h)} - X_j^{(1)}} \times \alpha + (1 - \alpha)$$

第三步，构建加权规范矩阵 $Y = \{y_{ij}\}$，则有

$$y_{ij} = r_{ij}\omega_j$$

第四步，确定正负理想点

$$y^* = [1,1,\cdots,1]_n^T,$$

$$y^0 = (0,0,\cdots,0)_n^T$$

第五步，计算各方案与正理想点的投影值

$$Prj_{y^*}(y_i) = \sum_{j=1}^{n} y_j^* y_{ij} \Big/ \sqrt{\sum_{j=1}^{n} (y_j^*)^2}$$

第六步，按照投影值 $Prj_{y^*}(y_i)$ 的大小对方案集排序，其中 $i \in M$。

7.3 基于修正的 TOPSIS 法的节能环保企业战略经营业绩综合评价

7.3.1 原始数据的预处理

根据第 5 章计算权重的原始数据预处理方法，可知，首先将搜集的初始数据进行预处理，是要针对每一项指标取其原始数据的三年平均值，如附表 XX。然后将各项指标同度量化处理，也就是将所有的指标变成效益型指标，即越大越好型公式指标。对每一项指标进行"正向指标"和"反向指标"的定义。取出反向指标，对其使用倒数的方式，变成正向指标。根据前面确定的指标性质，大部分指标均为正指标，即越大越好；在各项指标之中，只有"资产负债率"和"权益乘数"两项是反向指标，依次经过倒数处理之后，变成正向指标。

由上述表中数据可知，因为有部分指标数据是负数或是零，所以采用功效系数法进一步数据变换处理。如果存在负值则属于异常值，该指标数据不宜直接代入计算，因为这样会导致 p_{ij} 为负而不能取对数，而为保证数据的完整性，这些负值又不能删去，因此需要对该项指标数据进行变换。

如果采用功效系数法对数据作变换，整体来看，归纳了每一项指标的

最高值（员工人均培训费用）和最低值（利息保障倍数）。取最大值 x_j^{YhY}，最小值 x_j^{YlY} 代入公式进行变换：$x'_{ij} = \dfrac{x_{ij} - x_j^{(1)}}{x_j^{(h)} - x_j^{(1)}} \times \alpha + (1 - \alpha)$，用这个公式变换后的数据在 40～100 之间，如果数据差异大范围可以取大一些，如果数据差异小范围可以取小一些。同时用户也可以加入一定的主观因素，即在公式：如果要加大该指标的权重，可将 α 取大一些，这时数据差异大，用熵值法计算的权重就大；同理，如果要减小该指标的权重，可将 α 取小一些，这时数据差异较小，用熵值法计算的权重就小。

依据上述功效系数法进行数据变换处理之后，可得功效数据结果数据集。同时，得到在此计算结果之下的权重数据。

7.3.2　综合评价结果的计算

根据上述计算的权重数据结果，可知，因为一共有 32 项指标，权重满足 $\omega = (\omega_1, \omega_2, \cdots, \omega_{32})$，$\omega_j \geqslant 0$，$\sum\limits_{j=1}^{32} \omega_j = 1$ 的基本条件。指标属性集为 $U = \{u_1, u_2, \cdots, u_n\}$，企业的方案集为 $X = \{x_1, x_2, \cdots, x_m\}$，决策矩阵为 $A = (a_{ij})_{m \times n}$。T 经过规范化处理之后，得到规范化矩阵 $R = (r_{ij})_{m \times n}$，$M = \{1, 2, \cdots, m\}$，$N = \{1, 2, \cdots, n\}$。此时，M 中的 m 为 101 家企业，N 中的 n 为 32 项指标。

综合评价得分及排序如表 7 - 1 所示。

表 7 - 1　　　　　　　　　　综合评价得分及排序

股票代码	得分	排序	股票代码	得分	排序
000027	0. 101802	33	300125	0. 101213	36
000037	0. 103441	26	300140	0. 109637	3
000532	0. 095831	60	300152	0. 100597	39
000544	0. 107	9	300156	0. 099009	43
000547	0. 107666	7	300172	0. 105191	21
000598	0. 106886	10	300187	0. 102663	31
000605	0. 098187	48	300190	0. 105618	19
000652	0. 088633	97	300197	0. 107334	8
000669	0. 10088	37	300232	0. 091967	85

续表

股票代码	得分	排序	股票代码	得分	排序
000685	0.106389	13	300262	0.10492	23
000692	0.088668	96	300263	0.097944	51
000695	0.098903	44	300266	0.097293	54
000720	0.105142	22	300272	0.108456	4
000722	0.115954	1	600008	0.100652	38
000791	0.105504	20	600126	0.099915	42
000826	0.103105	28	600133	0.091676	88
000862	0.091012	93	600167	0.086891	100
000875	0.097841	52	600168	0.09397	74
000899	0.106209	15	600187	0.095825	61
000920	0.095625	63	600207	0.093065	79
000925	0.098044	50	600257	0.09188	86
000939	0.093911	75	600268	0.091654	89
000958	0.10026	40	600273	0.087987	99
000966	0.101429	35	600283	0.08421	101
001896	0.106298	14	600292	0.093526	76
002074	0.098795	45	600323	0.091845	87
002077	0.098786	46	600333	0.092708	81
002125	0.095588	64	600396	0.098176	49
002140	0.104209	24	600403	0.105928	17
002200	0.097145	55	600458	0.091646	90
002218	0.094263	71	600461	0.088352	98
002221	0.095834	59	600481	0.089246	95
002267	0.106568	12	600483	0.091124	91
002339	0.1057	18	600493	0.091048	92
002340	0.096588	57	600509	0.094751	68
002379	0.090735	94	600617	0.094452	69
002479	0.108242	5	600635	0.093353	78
002499	0.101763	34	600649	0.095745	62
002514	0.110308	2	600758	0.094845	67

续表

股票代码	得分	排序	股票代码	得分	排序
002534	0.101842	32	600769	0.094258	72
002573	0.106839	11	600795	0.095952	58
002598	0.094444	70	600863	0.103395	27
002645	0.098732	47	600874	0.095033	65
300007	0.102717	30	600886	0.092957	80
300021	0.09688	56	600982	0.093403	77
300035	0.102781	29	601139	0.092573	82
300040	0.108013	6	601158	0.100248	41
300055	0.106046	16	601199	0.094254	73
300070	0.104112	25	601699	0.092142	84
300090	0.092338	83	601727	0.097496	53
300118	0.09488	66			

7.4　综合评价结果的分析

7.4.1　鲁棒性分析稳定性

　　经典的多属性决策方法通常基于常识和实践，得到的结果往往是刚性的，但由于输入信息的不确定性，这种做法就显得相对武断，影响了结果的可信度。解决这类问题的通常方法是灵敏度分析。灵敏度分析通过对计算结果的分析，确定最敏感的参数或是确定最优方案最近的代替方案。关于灵敏度分析国内外研究较多：Rios Inusu 在文献中定义了可能最优方案相邻、有可能最优方案和敏感指数等概念，规范了 MADM 灵敏度分析的研究框架。左军在文献中给出了线性加权方法的灵敏度分析的方法。但灵敏度分析需要参数的中心估计值，忽略了其他潜在最优的参数组合，只考查单一参数，忽视了参数之间的相关性。

　　本书拟采用鲁棒性分析前面评价结果的稳定性。鲁棒性分析是近几年学术界关注的热点，被期望成为解决多属性决策中信息不完备的有效工具。它是一种与灵敏度分析相反的观点：不是研究当参数或模型变化时结果是如何变化的，而是分析在保证结果不变的情况下参数如何变化，其目的是评价最优方案的稳定性。正如 Roy 和 Bouyssou 所说："鲁棒性分析是当获得对应于'中心'参数值组合的结果后，研究结论中如何隐含其他可以接受的参数值组合的问题。"对于鲁棒性的研究比较有代表性是 Roy，Vincke，Kouvelis 和 Yu，Dias，他们的研究开拓了我们研究鲁棒性问题的思路。Vincke 探讨了 MADM 鲁棒性的形式化定义、分析方法和一些结论，以及与 MADM 的类比；Kouvelis 和 Yu 在离散优化系统中定义鲁棒性决策结果为最差情况下的最好参数组合；Dias 定义的鲁棒性分析是在不完全信息条件下，研究结果稳定的场景组合。我国学者在鲁棒性研究分析上刚刚起步，孙世岩等对 MADM 鲁棒性分析进行了一定的研究。

结合决策理论，本书拟从三个方面来验证前面评价结果是稳定的。

第一，系数比例的稳健性测试。前面计算权重的功效系数法中使用的比例是，也即数据范围在 40～100 之间，如果放大或缩小数据区间，将功效系数法中使用的比例放大为 30：70，也就是说，数据范围在 30～100 之间，再次计算权重，方法不变，进行综合评价。观察结果，事实证明两者的企业业绩综合评价结果排序是一致的，变动之处在于企业综合得分的绝对值，而且从综合得分的结果来看，虽然排序一致，但是企业与企业之间的距离变大了。如表 7 - 2 所示，测试的结果是稳定的。

表 7 - 2　　　　　　　　　　系数比例稳健性测试得分及排序

股票代码	得分	排序	股票代码	得分	排序
000027	0.089306	33	300125	0.088619	36
000037	0.091219	26	300140	0.098447	3
000532	0.08234	60	300152	0.087901	39
000544	0.09537	9	300156	0.086048	43
000547	0.096148	7	300172	0.09326	21
000598	0.095237	10	300187	0.09031	31
000605	0.085089	48	300190	0.093758	19
000652	0.073943	97	300197	0.095761	8

续表

股票代码	得分	排序	股票代码	得分	排序
000669	0.088231	37	300232	0.077832	85
000685	0.094657	13	300262	0.092944	23
000692	0.073983	96	300263	0.084805	51
000695	0.085925	44	300266	0.084045	54
000720	0.093203	22	300272	0.097069	4
000722	0.105816	1	600008	0.087965	38
000791	0.093626	20	600126	0.087105	42
000826	0.090827	28	600133	0.077492	88
000862	0.076718	93	600167	0.07191	100
000875	0.084686	52	600168	0.080168	74
000899	0.094448	15	600187	0.082332	61
000920	0.0821	63	600207	0.079114	79
000925	0.084922	50	600257	0.07773	86
000939	0.0801	75	600268	0.077467	89
000958	0.087507	40	600273	0.073188	99
000966	0.088871	35	600283	0.068782	101
001896	0.094552	14	600292	0.079651	76
002074	0.085798	45	600323	0.07769	87
002077	0.085788	46	600333	0.078697	81
002125	0.082056	64	600396	0.085076	49
002140	0.092115	24	600403	0.09412	17
002200	0.083873	55	600458	0.077457	90
002218	0.080511	71	600461	0.073615	98
002221	0.082344	59	600481	0.074658	95
002267	0.094866	12	600483	0.076848	91
002339	0.093854	18	600493	0.076759	92
002340	0.083223	57	600509	0.08108	68
002379	0.076395	94	600617	0.080731	69
002479	0.096819	5	600635	0.07945	78
002499	0.089261	34	600649	0.082239	62

续表

股票代码	得分	排序	股票代码	得分	排序
002514	0.09923	2	600758	0.08119	67
002534	0.089352	32	600769	0.080505	72
002573	0.095183	11	600795	0.082481	58
002598	0.080722	70	600863	0.091165	27
002645	0.085725	47	600874	0.081409	65
300007	0.090374	30	600886	0.078987	80
300021	0.083564	56	600982	0.079507	77
300035	0.090448	29	601139	0.078539	82
300040	0.096552	6	601158	0.087493	41
300055	0.094258	16	601199	0.0805	73
300070	0.092001	25	601699	0.078036	84
300090	0.078265	83	601727	0.084282	53
300118	0.081231	66			

第二，样本数量的稳健性测试。前面的原始数据中包含 101 家节能环保企业数据，这是经过搜索全部公开上市的我国节能环保企业，再对近三年的公布数据进行筛选后，数据完全有效的企业。如果更改样本数量，如只取筛选后，按股票代码排序的前 50 家企业，同样对 50 家上市节能环保企业的原始数据进行三年平均，然后对各项指标同度量化处理，标示出"正向指标"和"反向指标"，对"反向指标"使用倒数，变成"正向指标"，将所有指标变成效益型指标。使用 40∶60 的比例，使用功效系数法将负数或零值的进一步变换处理，接着计算权重。再按照同一种方法，综合评价并排序。如表 7 - 3 所示（稳健性分析结果），这 50 家企业的综合评价得分，与其在 101 家企业共同综合评价得分，完全一致，排序也完全一致。由此可见，测试的结果是稳定的。

表 7 - 3　　　　　　　样本数量稳健性测试得分及排序

股票代码	得分	排序	股票代码	得分	排序
000027	0.101802	24	002074	0.098795	30
000037	0.103441	19	002077	0.098786	31
000532	0.095831	40	002125	0.095588	42

续表

股票代码	得分	排序	股票代码	得分	排序
000544	0.107	6	002140	0.104209	17
000547	0.107666	5	002200	0.097145	36
000598	0.106886	7	002218	0.094263	44
000605	0.098187	33	002221	0.095834	39
000652	0.088633	50	002267	0.106568	9
000669	0.10088	27	002339	0.1057	14
000685	0.106389	10	002340	0.096588	38
000692	0.088668	49	002379	0.090735	48
000695	0.098903	29	002479	0.108242	3
000720	0.105142	16	002499	0.101763	25
000722	0.115954	1	002514	0.110308	2
000791	0.105504	15	002534	0.101842	23
000826	0.103105	20	002573	0.106839	8
000862	0.091012	47	002598	0.094444	43
000875	0.097841	35	002645	0.098732	32
000899	0.106209	12	300007	0.102717	22
000920	0.095625	41	300021	0.09688	37
000925	0.098044	34	300035	0.102781	21
000939	0.093911	45	300040	0.108013	4
000958	0.10026	28	300055	0.106046	13
000966	0.101429	26	300070	0.104112	18
001896	0.106298	11	300090	0.092338	46

　　第二，样本范围的稳健性测试。继续选取经过筛选之后，股票代码排序前 50 家的企业。本书在被筛选出局的企业中，挑选了 6 家因数据不全而被删除的企业，股票代码分别为 002663、002672、002700、300332、300334 和 300335，这六家企业基本上都属于近一两年新上市的节能环保企业，因此在做三年分析时，数据不全的暂时被删除出去。现在重新纳入评价范围，作为变动样本范围的稳健性测试企业，由于公开数据所限，本章仅使用 2014 年这 6 家企业的公开数据，代入 50 家一并综合评价和排序。结果如表 7 - 4 所示（稳健性分析结果），可见 002663、002672、002700 三

家分列第 49 名、第 51 名和第 52 名，300332、300334 和 300335 三家分列第 44 名、第 45 名和第 27 名。但原有的 50 家企业相对排序并不受干扰，与第二次测试的排序结果保持一致。由此可见，测试的结果是稳定的。

表 7-4　　　　　　　　样本范围稳健性测试得分及排序

股票代码	得分	排序	股票代码	得分	排序
000027	0.101801871	24	002140	0.10420914	17
000037	0.103441243	19	002200	0.097144882	37
000532	0.095831371	41	002218	0.094263101	47
000544	0.106999528	6	002221	0.095834441	40
000547	0.107666417	5	002267	0.106567708	9
000598	0.106885885	7	002339	0.105699759	14
000605	0.098187036	34	002340	0.0965875	39
000652	0.088633188	56	002379	0.090734993	54
000669	0.10088023	28	002479	0.108241611	3
000685	0.106388519	10	002499	0.101763423	25
000692	0.088667732	55	002514	0.110308034	2
000695	0.098903449	30	002534	0.101841586	23
000720	0.105142221	16	002573	0.106838945	8
000722	0.1159536	1	002598	0.094444359	46
000791	0.105504444	15	002645	0.098732404	33
000826	0.103105362	20	002663	0.092952402	49
000862	0.091012333	53	002672	0.092261491	51
000875	0.09784143	36	002700	0.09171782	52
000899	0.106209252	12	300007	0.102717416	22
000920	0.095625436	42	300021	0.096880445	38
000925	0.098043861	35	300035	0.102780675	21
000939	0.093910874	48	300040	0.108012798	4
000958	0.100260198	29	300055	0.106046451	13
000966	0.101428576	26	300070	0.104111544	18
001896	0.106298298	11	300090	0.09233789	50
002074	0.098794818	31	300332	0.094808484	44
002077	0.09878599	32	300334	0.094493883	45
002125	0.095587536	43	300335	0.100914639	27

7.4.2　评价结果分析

综合上述修正后的 TOPSIS 分析法对节能环保产业中的企业绩效评价，可以得出以下分析结论：

第一，综合评价指标较为全面。本书在采集指标时，结合各项理论基础，包括财务性层面指标、新兴性层面指标、战略性层面指标和循环性层面指标四个层面的综合指标来反映节能环保型企业的综合业绩水平。

采用"财务性层面指标"是从财务角度衡量企业经营效果。财务目标是一切经济组织所追求的基本目标之一，财务评价是任何经济活动评价不可回避的一个重要方面（Robert S. Kaplan and David P. Norton，2000）。无论在怎样的经营环境中和经济发展模式下获取利润都是企业追求的最终目标（张蕊，1999），战略性新兴组织作为社会、经济、技术环境所催生的一种新兴经济组织模式也不例外。国际流行的企业战略绩效评价方法——平衡记分卡（balanced scorecard）将财务作为其四个基本构面之一。财务度量是反映过去的绩效，财务目标通常与获利能力有关，衡量标准往往是营业收入、资本运用报酬率，或近年流行的附加经济价值（economic value-added）（Robert S. Kaplan and David P. Norton，2000）。虽然平衡记分卡是从企业战略的角度展开研究，但其对战略性新兴企业也有很强的解释力。因此，借鉴平衡记分卡的评价思路，本书在对财务业绩评价时，主要应集中于企业盈利能力、营运能力、偿债能力和增长能力四个方面的评价。节能环保产业被定性为支柱产业，因此，企业生产经营的财务评价还应注重企业在同行业中的水平评价（张蕊，2014）。

采用"新兴性层面指标"衡量的是企业学习创新能力，属于企业创造价值的核心竞争力。是指企业拥有的异质的、构成技术创新能力的知识和技能（Prahalad C. K. and Gary Hamel，1990）。它包括研究和开发能力，不断创新的能力，将技术和发明成果转化为产品或显示生产力的能力，组织协调各生产要素、进行有效生产的能力以及企业应变能力（唐广，2003）。技术创新带来的成长机会与企业价值创造呈正向关系不断地被学者们所验证，Myers（1977）论证了企业价值不仅包括实物资产价值，还包括企业未来成长机会的现值。Guth（1990）认为技术创新对企业产品或服务有提高市场竞争力的作用，帮助企业形成新的利润增长点，提高企业获取未来收益。Stopford（1994）论证了技术创新能有效提升企业的生产与经营能力，获取核心竞争力，实现企业价值的增长。Fujita（1997）指出当今的企业间竞争日趋激烈，企业经营国际化以及产品的生命周期逐渐缩短等环境因素，促使技术创新对企业的生产与发展更加具有决定性作用。Kumar 和 Siddharthan（2002）以中国 213 家工业制造企业为例，调查研究并论证了这些企业的创新能力与创新绩效的相关性。在现代研究开发活动中，各类技术相互融合、相互交叉，企业的学习创新能力大大增强，技术创新的周期大为缩短，而且获得关键技术突破的捷径。对节能环保企业而言，核心竞争力来源于以重大发展需求为基础的重大技术突破和创新，也即在循环经济发展模式之下的"生态化创新能力"，注重能源节约和高效利用、"三废"源头治理以及资源的循环再利用等方面的创新（张蕊，2007）。因此，学习创新能力的评价应包括企业重大技术创新研发能力、专利申请授权率等研发能力的评价，研发费用投入强度、技术人员数量强度、技术人员平均培训费用等研发潜力的评价以及技术进步贡献的评价。本书经过指标筛选之后，在新兴层面拟采用的是研发投入强度指标、技术人员密度指标以及员工人均培训费用指标。

采用"战略性层面指标"衡量的是企业战略引导能力，具体来说是指从企业所处的社会关系网络发展、积累和运用资源的能力。现代公司治理研究正经历着从微观到中观，再到宏观层面的转变，也即由"企业层面"到"企业间层面"，再到"社会层面"的新分析框架（陈仕华、郑文全，2010）。因为企业是经济活动的主体，不是孤立的行为个体，同时，企业也是在各种各样的联系中运行的，是与经济领域的各个方面发生种种联系的企业网络上的纽结（边燕杰、丘海雄，2000）。通过关系网络发展、积累和运用资源的能力被称为企业的"社会资本"，它的强弱直接影响企业借用的资源量及其经济绩效（刘林平，2006）。在实证分析中，社会资本早已被验证为一项影响企业价值创造的重要资源。Granovetter（1985）发现社会资本嵌入于个人的关系网络之中，管理者的社会纽带关系越好，企业因此而受益的程度就越大。Barney（1991）论证了社会资本的价值，并认为其构成企业价值的一种重要资源。Christel Lane（2001）认为广泛的外部组织关系也许比内部关系的许多方面更是一个主要的能力资源来源。战略引导能力其实就是企业建立、维持社会网络关系，并从中获取资源的能力，并且显著高于其他同行业伙伴，其发展和创利能力对社会经济发展的贡献比以往任何经济发展时期都更大。信息的密集流动总是与成绩相连（Barney，1991）。因此，战略引导能力的评价应当从企业通过社会关系网络获取信息资源的能力出发。具体来说，应包括对企业管理者的受教育程度、个人社会联系强度，企业的公共关系费用、捐赠等所占比重，以及企业本身的顾客满意度和市场竞争能力在同行业中所处的位置等的评价。本书采用的是就业人数增长率、管理者受教育程度、管理者社会联系程度、企业公共关系费用支出率，客户满意度和市场占有率指标。

采用"循环性层面指标"衡量的是节能环保企业履行社会责任的能力。随着社会经济的发展变迁，企业的社会责任问题日益突出。学术界对公司治理的讨论不再局限于公司内部制度的研究，而是将企业与社会的关系纳入研究范围。李心合（2009）指出财务理论与实践不应再固守"零社会嵌入"的传统，而应将社会责任纳入理论与实践的体系，并以此扩展公司财务理论。因为公司治理不仅仅是一种单纯的内部制度安排，而是同时会受到社会因素的深刻影响。只有不断地对企业所处的社会环境做出准确及时的回应才能更好地服务于企业经营活动（高汉祥，2012）。Drucker（1973）也指出任何一个组织的存在都不能仅仅只为了自身，而更应该是为了社会而存在于人类社会的，企业就是其中之一，应该承担起对社会的责任。Suchman（1995）认为企业如果想得到社会的认可，就必须符合社会已有的规范、价值观、理念等。因此，一家优秀的企业不仅应是一个良好的经济价值创造者，更应该是一个符合社会预期的良好"企业公民"。企业完整的价值创造目标除经济价值之外，还应包括社会价值（高汉祥，2009）。一方面，企业价值生产的对象是产品或服务。企业社会责任行为方式强调是互利合作，对各方负责任，有助于抑制企业的"机会主义"动机，在要素结合过程中，促进利益相关主体之间互信、互利。另一方面，企业价值的实现，要经历"惊险的一跃"。社会责任行为方式为企业交易提供稳定健康的内外部关系网络和社会环境。然而，现实中种种"被动回应"式的社会责任履行方式，主要停留在行为层面，难以深入制度层面（高汉祥，2012）。因此，完整评价企业价值的正确做法，应从长远利益和整体利益的角度出发，将社会责任的履行能力，纳入企业业绩评价体系。对于节能环保企业来说，社会责任体现在节约能源、防治污染和资源的循环再利用的各种工业活动之中。其中，节能主要是从企业生产经营的源头减少能源的消耗，提升资源的有效利用；环保则是针对企业生产活动产生的污染废弃物进行后端处理，再排放到自然环境中，循环经济从某种意义上来说是联系前段节约能源与后端环境治理的纽带。发展循环经济是从源头实现节能减排的最有效途径（龚建文，2009），节能环保产业也是发展循环经济模式的更高阶段表现。节能环保企业履行社会责任能力的评价应从循环经济模式着手，具体来说，应包括对节约能源能力、防治污染能力和资源循环再利用能力的评价。本书特别针对节能环保企业，采用的是能耗指标、"三废"排放达标率和废弃物综合利用率指标。

从上述指标设置方面考虑的是符合企业实施全面的战略绩效考核，相比较以往企业仅仅注重财务层面考核，或仅注重其中几个方面的考核而言，是相对全面的。值得一提的是，本书在使用修正后的 TOPSIS 方法计算分析时，没有减少变量的个数，而是将所有指标都纳入综合评价的范围。换言之，并没有因方法的原因减少指标变量的个数，仅仅是在处理原始数据时，进行了同度量化处理，也就是将所有的正反向指标都变换成效益型指标。再根据功效系数法，处理为零值或为负值的数值，最后所得到的综合评价权重系数和全部筛选企业的综合得分。从上述两点来看，本书的评价是相对全面的。

第二，综合评价的权重设置较为合理。首先，修正后的 TOPSIS 方法使用的是熵值法确定的权重系数，在计算分析的过程中，既避免了人为的因素，也规避了因为节能环保产业这一新兴产业尚处于产业生命周期的兴起阶段很难搜寻被公众认可的专家评价团体这一尴尬的难题。选择了熵权法计算权重系数，结果唯一、客观而且合理。其次，从前面计算所得权重系数结果来看，大致介于合理的区间，并没有突现偏大或偏小的计算结果。由计算结果可知，相对而言"管理者受教育程度"指标值最大，为0.1016，相较于其他指标明显偏大，这是符合当前的经济环境形势和相关理论的。从技术创新理论和知识管理理论来说，现在企业战略经营绩效的形成，不仅仅依靠以前经济理论强调的增加劳动力的供给，增加资本金的投入量，而更加注重劳动力的质量。也就是说，企业能否使用拥有较高智力水平、素质文化的劳动力，在很大程度上决定着企业能否形成强有力的智力资本。与此同时，在已公开发表的研究文献中，许多学者验证了管理者的受教育程度与企业的绩效表现之间的正相关关系。也就是说，一般情况下，管理者的受教育程度越高，企业的绩效表现会越好。其道理是显而易见的，也即管理者的阅历以及受教育的程度，直接关系到管理者对于经济现状的综合判断，是否能够做出正确、合理的决策，而决策的正确指向，直接影响企业各项绩效的保持和增长情况。因此，指标"管理者受教育程度"的权重结果虽然是熵值法的客观计算结果，但也是符合经济理论和现实的，是相对合理的。另外，在 32 项指标中，有 8 项指标的数值，相比较而言，明显偏小，包含"营业利润率"为 0.0058，"营运资金周转率"为 0.0054，"资本保值增值率"为 0.0063，"营业利润增长率"为 0.007，"利息保障倍数"为 0.0078，"权益乘数"为 0.0062，"'三废'排放达标率"为 0.0061 和"废弃物综合利用率"为 0.0069。究其原因，营业利润率、营运资金周转率、资本保值增值率、营业利润增长率、利息保障倍数和权益乘数分别隶属于财务性层面指标的盈利能力指标、营运能力指标、偿债能力指标和增长能力指标，然而这四个层面还有不少指标代表较重要的权重系数，因此赋值较小，不影响整体对财务运营能力的综合评价。"三废"排放达标率和废弃物综合利用率两项指标的权重系数较小，也不影响综合评价的结果，鉴于大部分企业为了达标，这两项指标在公开后的数值，基本上都能符合国家或地区要求，否则，一旦不达标的企业均会被地方政府责令整改，换言之，只要公开上报的废弃物达标率和综合利用率几乎都是达标的，其对废弃物排放即综合利用处理情况的事实解释力度有限，因此，权重系数取值较小，是相对合理的。同时，取值也没有等于零，综合评价的结果是既考虑了节能环保企业的废弃物排放达标和综合利用情况，也不会因为权重系数取值小影响整体综合评价的结果。换言之，权重系数的计算结果既符合理论研究的结论，也符合经济发展的现实状况。但在稳定性测试中，本书尝试改变样本范围、增减样本数量，结果所得出的权重系数是保持一致的，也就是说，权重系数不完全依赖于这101 家企业的样本本身。

值得一提的是，其他非财务性层面的指标，除了上述几项之外，都保持着与财务性层面指标几乎相当的权重水平。由此，也可以看出，这对企业提高战略经营绩效水平是很有帮助的。也就是说，要求企业管理者从原来只注重增长财务绩效，到同时关注企业的学习创新绩效、战略引领绩效和社会责任绩效这几个方面上来，有利于节能环保型企业长远持续的有效发展，促使节能环保产业提速发展。

综合上述几个方面来看，本书在权重设置的方法和结果上都是相对合理的。

第三，综合评价的方法是相对稳定的。针对这 101 家上市节能环保企业，经过前面修正后的 TOPSIS 法综合评价，所得出的排序结果，经过鲁棒性分析，其检测结果显示是稳健的。如前所述，本书针对三个方面进行了稳健性测试、包括系数比例的稳健性测试、样本数量的稳健性测试和样本范围的稳健性测试。结果显示，三个方面的测试结果都是稳定的。

具体来说，在进行系数比例的稳健性测试时，前面计算权重的功效系数法中使用的比例是 40：60，也即数据范围在 40～100 之间，如果放大或缩小数据区间，将功效系数法中使用的比例放大为 30：70，也就是说，数据范围在 30～100 之间，再次计算权重，方法不变，进行综合评价。观察结果，事实证明两者的企业业绩综合评价结果排序是一致的，变动之处在于企业综合得分的绝对值，而且从综合得分的结果来看，虽然排序一致，但是企业与企业之间的距离变大了。由此可见，测试的结果是稳定的。在进行样本数量的稳健性测试时，前面的原始数据中包含 101 家节能环保企业数据，这是经过搜索全部公开上市的我国节能环保企业，再对近三年的公布数据进行筛选后，数据完全有效的企业。如果更改样本数量，如只取筛选后按股票代码排序的前 50 家企业，同样对 50 家上市节能环保企业的原始数据进行三年平均，然后对各项指标同度量化处理，标示出"正向指标"和"反向指标"，再对"反向指标"使用倒数，变成"正向指标"，将所有指标变成效益型指标。使用 40：60 的比例，使用功效系数法将负数或零值的进一步变换处理，接着计算权重。再按照同一种方法，综合评价并排序。这 50 家企业的综合评价得分，与其在 101 家企业共同综合评价得分，完全一致，排序也完全一致。由此可见，测试的结果是稳定的。在进行样本范围的稳健性测试时，继续选取经过筛选之后，股票代码排序前 50家的企业。本书筛选出局了 6 家因数据不全的企业中，这六家企业基本上都属于近一两年新上市的节能环保企业，因此在做三年分析时，数据不全，暂时被删除出去。现在重新被纳入评价范围，作为变动样本范围的稳健性测试企业，由于公开数据所限，本书仅使用 2014 年这 6 家企业的公开数据，代入 50 家一并综合评价和排序。稳健性分析结果显示，原有的 50 家企业相对排序并不受干扰，与第二次测试的排序结果保持一致，最后测试的结果是稳定的。

从测试结果来看，足以说明本书的节能环保企业绩效综合评价，采用修正的 TOPSIS 方法本身是稳定的。本书也尝试过其他的多属性决策方法，如主成分分析法，其计算结果在进行稳健性测试时，不尽如人意。这也从另一个侧面说明，修正的 TOPSIS 方法本身是适合本书的多属性决策运算的，其综合评价结果是稳定的。与此同时，纯数理统计方法在数据运算时，要求指标与指标之间不能有相关性，否则必然会影响数据结果的稳定性。但是本书采用修正后的 TOPSIS 方法，尤其是对本书搜集的庞大指标体系进行综合评价，完全不需要做指标之间的相关性分析，因为方法本身不要求规避属性之间的相关性。这样的做法也是合乎常理的，因为对一个事物的评价，采用的指标基本上会包含共同的指征信息，如果因为方法本身硬性要求指标之间不能有相关性，很容易因此而造成评价的不全面、有效信息的丢失等问题。

从各家上市节能环保企业的得分和排序来看，结果也是相对合理、稳定的。如企业"000544"综合得分为 0.107，综合排名第 9 名；企业"000598"综合得分为 0.106886，综合排名第 10 名。各项指标数值已经很接近了，说明两家企业在财务运营、学习创新、战略引领和履行社会责任等各个方面做的优劣程度非常接近，符合排名前后的结果。同时，这两家企业在 2014 年公开评选的"中国十大重点环境服务企业排名"中，列位顺序也是"000544"在前，"000598"在后。

同样得到印证的还有企业"002499"和"300118"。本书计算结果显示，企业"002499"综合得分为 0.101763，综合排名第 34 名；企业"300118"综合得分为 0.09488，综合排名第 66 名。不难发现，各项指标数值是有差距的。在网上公布的产业研究院"2014～2018 年中国环保设备行业市场前瞻与投资战略规划分析报告"中，将"002499"所属的科林环保装备股份有限公司排在第 4 位，而将"300118"所属的浙江东方环保装备有限公司排在第 7 位。由此也可以得出相对一致的排序结果。

尽管网络公布的节能环保企业排序林林总总，其公证力也不一而足，同时本书在搜索上市节能环保企业名录时，考虑到节能环保产业尚处于兴起之初，国内没有统一的节能环保上市公司名单，所以在筛选企业时，只要企业的具体实务包括节约能源、保护环境和废弃物品的循环再利用，都被纳入评价的范畴，并没有细化到某一个类型的节能环保企业，如水务企业、环保装备企业、固体废弃物处理企业等类型。这也就决定了本书的排序结果与网络公布排序名录只能部分相互印证。但本书的基础数据计算结果，是建立在理论支撑和方法支持的基础上，所得综合排序结果与公开排序能得到部分相互印证，就已经能够说明本书的整体设计和运算是有一定稳定性的，这意味着本书设计的指标体系及其综合评价在节能环保整个产业的推广和具体运用是具有重要实践价值的。

7.5　本章小结

本章在前面搜集原始数据、确定权重系数的基础上，进行了节能环保企业战略经营业绩的综合评价。首先对 TOPSIS 法综合评价的基本原理进行了阐述，从方法本身分析了其传统计算中的缺陷，并提出使用修正后的 TOPSIS 法综合评价的计算步骤。并以此为基础，对节能环保企业战略经营业绩计算综合评价的结果，并对其使用系数比例、样本数量和样本范围的鲁棒性分析稳健性，均得到了稳定的测试结果。最后得出综合评价指标较为全面、综合评价权重较为合理以及综合评价方法较为稳定的结论。

第8章 节能环保企业战略经营业绩评价的案例分析

我国的节能环保企业经营绩效，究竟哪一家更优？本书在第7章对国内现在上市的101家节能环保概念公司统一使用修正后的TOPSIS法，得出了综合得分及其排序。为了说明本书设置指标体系的实践价值，本章从101家企业中选择了较为典型的5家水务企业，尝试说明新指标体系在综合评价节能环保企业比以往只关注财务绩效指标体系时的优越性。在说明了选择的依据之后，本章介绍了这5家上市的水务企业基本经营情况和特征，运用上市公司所公布的同一组运营数据，采用同一种赋权方法和综合评价方法，再采用指标体系对其经营绩效进行综合评价，分析评价效果，并给出了提高节能环保企业绩效水平的改进方法和建议。

8.1 样本企业选择

8.1.1 选择依据

（1）行业依据。

我国节能环保行业已步入"十二五"国家规划发展时期，预计在本阶段，节能环保行业仍将保持较快速度的增长，成长性水平较为突出。根据行业的定义，节能环保产业划分为节能产业、环保产业和资源循环再利用三个子领域。其中，污水处理企业隶属于环保产业，主要营业项目是城市自来水的生产和供应，工业和城市污水处理等。

尽管我国水资源总量较为丰富，但人均水资源总量仅为世界平均水平的 1/3，现实状况是水资源分布不均，工业水污染、城镇水污染较为严重，这些无疑加剧了清洁水资源紧张的现状。从污水处理的现状来看，我国水污染治理有所改善，但形势仍然严峻。其中工业污水处理已经发展得较为成熟，城镇污水处理相对较弱。据统计，目前我国工业废水排放达标率高达 94%，城市污水处理率也快速提升至 77%。各项指标均已完成了"十一五"规划目标，这得益于政府的政策刺激。但在政策的支持之下，行业的成长性还将看好。与大多数环保行业一样，水务行业的进入壁垒较低，行业超额收益会消失得很快。水务行业整体市场化程度较低，水价水平也较低，因此整体盈利能力远低于社会平均水平。在"十二五"期间，国家使用价格机制来引导资源有效配置，实现水资源的节约使用。预期未来水价会有所上升，上市公司会因此而受益。

其中工业污水处理，秉承"谁污染、谁负责"的原则，因为工业废水生产主体明确，市场化的运行模式促使工业废水处理达标率普遍高，近年来都稳定在 90% 以上。受益于技术进步、水重复利用率提升等，工业用水率和污水排放量均较低。在新的发展阶段，我国工业污水治理主要着力于技术含量较高的中化工污水处理领域。这对我国重工业污水处理技术要求较高，处理量水平也因此而水涨船高。

城镇生活污水处理，相对于工业污水而言，统计数据更有可获得性，与上市公司污水处理口径相对应，分析也更有意义。而城市污水处理的盈利模式则大相径庭，政府先向最终消费者收取污水处理费，再加上一定的政府补贴支付给污水处理厂。也就是说，政府的参与程度很高，非常类似于其他市政公用事业行业。但由于政府收取的污水处理价格一直较低，鼓励企业采取灵活的运营方式，行业正处于一个快速发展的阶段。但目前的企业集中度仍然较低，我国城镇污水处理最大市场份额仍然由外商独资的威立雅占有，达到 70% 以上。国内企业占比仅有 20% 多。相比较来说，国内企业仍然比较分散，科学合理地提高有较大的发展空间。国家统一污水处理的收费、地方政府的重视、市场模式的推进，这三个方面的因素决定着我国城镇污水处理行业的长期发展动力仍然较强。综合绩效评价的意义在于，发现经营的问题，提出改善业绩，推进企业发展。从水务行业的现状来看，被选做评价体系的应用对象，是有实践意义的。

（2）企业依据。

从行业分析来看，本书拟将节能环保企业绩效评价体系应用在水务行业中。但在选择具体企业时，也要参照选取样本的基本原则。具体来说，第一，要讲究科学性，也就是说被选企业的经营规模、产值、员工数量以及管理模式等是否符合现代企业的科学管理要求；第二，要看被选企业是否可靠，也就是指从企业近几年的发展状况来看，是否持续健康经营，具有延续性，能否获取近几年的时间序列数据进行分析研究；第三，看被选企业是否有代表性，即指从企业的规模、经营管理模式以及市场占比来看，能否代表整个水务行业中企业经营的基本情况；第四，要看研究数据是否全面，通过公开数据库能否获取，便于展开多维度多层面的综合绩效分析。

虽同属于水务行业，企业的基本情况也分不同层次、不同规模。从水务企业所属的层次来看，本书拟选取的 5 家企业均属于从事污水处理等相关经营业务，公开上市的公司之一。得益于数据库的支持，这样可以在一定程度上保证数据的渠道，同时也能够确保数据的可信度。基于本书的指标体系研究，需要三年平均整体数据，从全面性考虑，本书挑选了 5 家公开上市且数据全面的水务企业。从企业本身的经营实况和竞争力来看，几家企业得以入选，主要原因在于这几家企业均属于所占市场份额名列国内企业前十。相对于外商独资来说，属于国内水务企业的"大腕"。同时，本书在选择时考虑了企业的注册资本达到了多少金额以上，是否属于企业集团，是否通过设立或投资、同一控制下的企业合并或非同一控制下的企业合并，拥有半数或半数以上表决权的纳入合并范围内的子公司等具体情况。

8.1.2　样本企业选择

综合考虑前面的各项选择依据，本书拟在公开上市的水务企业中，选取 5 家进行应用研究，以期印证前面综合评价的计算结果，同时对提高节能环保企业绩效水平，改善节能环保企业的经营管理，得出具有实践价值的建议和意见。

这 5 家上市公司分别是 S 公司、Q 公司、H 公司、C 公司和 Y 公司。

8.2 样本企业情况介绍

8.2.1 样本企业情况简介

S公司属于一家国有控股上市公司，自成立以来一直致力于推动公用基础设施产业市场化进程，主营业务为基础设施的投资及运营管理，发展方向定位在中国环境产业领域。拥有股东大会、监事会、董事会等现代公司治理必不可少的团队。管理团队的成员基本属于高级经济师，拥有博士后学位的教授、博士生导师，中国工程院院士，具有证券法律业务资格的律师等。其公司发展战略是：以水务为主体，致力于成为国内领先的综合环境服务商；专注中国水务市场的投资和运营管理；努力发展成为具有一定的产业规模和服务品牌的世界级民族水务领先企业；将公司的社会责任确定为通过提供优质的供水和污水处理服务，满足政府要求，超越公众期望，实现股东价值。公司在近年荣获年度"水之星"水务旗舰企业和十大影响力企业等荣誉称号。

Q公司于1998年12月正式注册成立，2000年向社会公众发行人民币普通股8500万股，在上海证券交易所正式上市交易。在国家全面启动上市公司股权分置改革后，公司于2006年12月完成了股改，公司股票于2011年12月实现全流通。该公司自成立以来，按照公司法及监管部门的要求，建立了完善的法人治理结构及有效的公司管理体系。股东大会下设董事会和监事会，董事会下设战略决策委员会、审计委员会、薪酬考核委员会、提名委员会四个委员会，为董事会决策提供了有力的组织保障。公司总部设置董事会办公室、总经理办公室、审计部、投资发展部、企管部、财务部及人力资源部等部门。公司下辖舟山市自来水有限公司等7家控股子公司。企业的经营主体业务在水务投资运营，原水、输水、制水及污水处理等一体化的水务产业链。截至2013年6月30日，该公司的总资产已达到34.38亿元，净资产10.64亿元，员工总数1714人，其中大专及以上文化程度的员工820人。公司控股的水务公司日处理量达到153万吨，其中日污水处理能力 18 万吨，服务人口约 230 万人。

　　H 公司是 2001 年 1 月经省人民政府批准成立的，主要从事自来水生产经营及污水处理。该公司于 2004 年 6 月 1 日在上海证券交易所挂牌上市，其控股股东为南昌水业集团有限责任公司。该企业的经营宗旨是"为人民服务"，经营理念是"客户至上，追求一流"，为当地经济建设和社会发展提供了可靠保障。截至 2014 年 12 月 31 日，公司共设立 12 个机关职能部门，拥有全资、控股、参股子公司 14 个，水厂 10 座、省内外污水处理厂 86 个，共有员工 3000 余人，日供水总设计能力 144 万立方米，日污水处理总设计能力 157.55 万立方米，供水管网长度 3000 余公里。H 公司将在公司董事会的领导下，以建设"四位一体"大型水业航母为主线，以深化改革创新为动力，以推进依法治企为保障，以项目发展、产业扩张为总抓手，以社会效益、经济效益协调发展为目标，依法经营，规范运作，依托资本市场，壮大企业实力，致力打造诚信企业、责任企业、百年企业，报效社会和股东，使公司逐步成为社会效益和经济效益显著、具有强劲竞争力的上市公司。

　　C 公司是一家集环境业务、地产业务和股权投资业务为一体的具有较强核心竞争能力、国内一流的综合性现代服务企业。于 1992 年 7 月改制成为股份制企业，当时主要承担长江引水二期和黄浦江上游引水二期工程的融资建设任务。公司股票于 1993 年在上海证券交易所上市。2008 年，公司实施定向发行股份，购买大股东某市城市建设投资开发总公司旗下的某环境集团有限公司和某城投置地（集团）有限公司 100% 的股权进行重大资产重组，2008 年 4 月 29 日公司更名为控股股份有限公司。2010 年，公司再次实施资产置换，将自来水公司和原水系统置出，基本实现从水类业务到现有环境、地产和股权投资业务的战略转型。截至 2010 年第三季度，公司总股本约 23 亿股，总资产约 238 亿元，净资产约 117 亿元，总资产、净资产和总市值居上海市国资委所属上市公司前十位。

　　Y 公司是中国首家以污水处理为主业的 A、H 股同时上市公司，也是国内环保领域的先行者和领先企业。其主要经营范围是污水处理设施的建设、设计、管理、经营、技术咨询及配套服务；市中环线东南半环城市道路、市贷款道路建设车辆通行费收费站及相关的配套设施建设、设计、收费、养护、管理、经营、技术咨询及配套服务；环保科技及环保产品的开发经营。目前由该公司负责运营的中心城区四座污水处理厂，污水处理能力已合计达到 149 万立方米/日，使市城区污水集中处理率超过了 80%，为市节能减排事业的发展做出了重要贡献。2003 年公司开始开拓外埠市场，同年年底成功收购贵阳小河污水处理厂，2004 年又成功开发了四个水务市场。企业的长期发展目标是以水环保项目建设与运营管理为核心，积极向产业相关环节或领域延伸，多样化发展工程设计、设施运营服务、水工业物业管理以及水工业设备制造等业务，最终形成集主体运营业（污水处理和中水回用），水工程建设业，水工业制造业，水工业的科研、设计、开发、服务于一体的水工业企业集团。

8.2.2 原始数据汇总

根据本书构建的节能环保企业经营绩效评价指标体系，所能用到的指标对应的所有原始数据，以及相关社会责任报告中提出的数据如附表 5 所示：这三张表格分别是上述五家企业的 2012 年、2013 年以及 2014 年所有指标数据。

8.3　样本企业绩效综合评价及其分析

8.3.1　样本企业绩效综合评价

依照前面设置的指标体系，按照熵值法确定的指标权重，进行综合绩效评价，如表 8 – 1 所示。

表 8 – 1　　　　　　　　　样本企业综合评价的权重系数

指标层面	一级指标	二级指标	指标权重
财务性层面指标	盈利能力指标	总资产报酬率	1.67
		总资产净利率	1.59
		净资产收益率	1.04
		成本费用利润率	4.01
		营业利润率	0.58

续表

指标层面	一级指标	二级指标	指标权重
财务性层面指标	营运能力指标	总资产周转率	3.33
		流动资产周转率	6.39
		应收账款周转率	2.04
		存货周转率	2.9
		营运资本周转率	0.54
	偿债能力指标	流动比率	6.64
		利息保障倍数	0.78
		权益乘数	0.62
		速动比率	7.09
	增长能力指标	总资产增长率	1.97
		营业利润增长率	0.7
		可持续增长率	1.43
		营业总收入增长率	1.53
		资本保值增值率	0.63
	技术研发潜力指标	研发投入强度	2.95
		技术人员密度	4.49
		员工人均培训费用	1.97
战略性层面指标	管理者社会能力指标	管理者受教育程度	10.16
		管理者社会联系程度	5.57
	企业社会能力指标	企业公共关系费用支出率	4.56
		就业人数增长率	2.88
	客户满意度指标	存量客户销售额占销售总额的比例	8.67
	市场占有率指标	品牌产品销售增长率	1.83
循环性层面指标	节能指标	能耗指标	6.53
	环保指标	"三废"排放达标率	0.61
	资源循环再利用指标	废弃物综合利用率	0.69

代入 8.2 节的原始数据,计算这 5 家企业的综合评价得分,再进行排序。可得出企业的综合得分以及相对排名,如表 8 – 2 所示。

表 8 - 2 样本企业综合评价得分及排名

公司名称	综合得分	相对排序
S 公司	0.10065	1
Q 公司	0.08421	5
H 公司	0.08835	4
C 公司	0.09574	2
Y 公司	0.09503	3

8.3.2　结果分析

从本书构建的节能环保企业绩效评价体系所得的计算结果是 S 公司得分最高，0.100652 分，排名第一位；C 公司得分 0.095745 分，排名第二位；Y 公司得分，0.095033 分，排名第三位；H 公司得分 0.08835 分，排名第四位；Q 公司得分最低，0.0842 分，排名第五位。但从最后的综合得分来看，是绝对数值，并不能说明问题。从相对排名来看，除了第一家 S 公司稳居排行第一之外，另外四家排序在后，是否相对合理的呢？我国学者对水务行业的分析研究较少，本书在查阅参照资料时，参考了由中经视野发布的"中国水务行业市场前景分析预测报告""中国水务产业发展深度调研报告"以及"中国水务行业发展趋势调查研究报告"等，其中对我国水务行业进行了宏观环境及相关市场分析，再针对水务企业做详尽的分析，包括企业简介、经营状况、水务产品特点及竞争力分析。虽然相关研究报告并未对企业进行排序，但经过分析可知，指标体系的综合评价及其排名与行业研究报告的结果是保持一致的。也就是说，相对排名为：S 公司，第一名；C 公司，第二名；Y 公司，第三名；H 公司，第四名；Q 公司，第五名。换言之，指标体系的综合评价及其排名在其他机构出具的调研报告中得到印证。也在此佐证了指标体系及其评价方法是相对更合理的。

本书也尝试过使用国资委 2006 年公布的企业绩效评价实施细则对这五家国有水务企业进行业绩评价。其计算过程为对样本企业的经营绩效综合评价，得出相关财务绩效定量评价分数和管理绩效定性评价分数之后，按照给定的权重系数，加权得出综合绩效评价分数。计算公式为：企业综合

绩效评价分数 = 财务绩效定量评价分数 ×70% + 管理绩效定性评价分数 ×30% 。具体来说，企业综合绩效指标由 22 个财务绩效定量评价指标和 8 个管理绩效定性指标组成。其中，财务绩效定量评价指标由反映企业盈利能力状况、资产质量状况、债务风险状况和经营增长状况等 4 个方面的 8 个指标和 14 个修正指标构成，用以综合评价企业财务会计报表所反映的经营绩效状况。企业管理绩效定性评价指标包括战略管理、发展创新、经营决策、风险控制、基础管理、人力资源、行业影响、社会贡献 8 个方面的指标，用以反映企业在一定经营期间所采取的各项管理措施及其管理成效。具体指标构成及其权重见附表 6 。

　　旧体系的计算结果是 S 公司得分最高，0.15472 分，排名第一位；Q公司 0.14993 分，排名第二位；H 公司 0.14092 分，排名第三位；C 公司0.13438 分，排名第四位；Y 公司得分最低，0.11127 分，排名第五位。尽管计算结果显示，S 公司位列第一是一致的，但其他四家企业的排位迥异。显然，旧指标体系及其评价方法很难再适应社会经济现状及其社会发展需求。

　　本书的评价体系设置思路是基于财务性层面指标、新兴性层面指标、战略性层面指标和循环性层面指标的指标体系对节能环保企业经营绩效的评价，虽然得分绝对值相较于旧体系来说偏低，但是并不影响综合排序的结果。也就说明，科学、合理的评价需要有一套与时俱进的评价体系，必须符合当下企业的经营绩效形成的本质。新设指标体系更能够体现节能环保企业可持续发展、学习创新、战略引领以及履行社会责任等方面的绩效综合水平，为企业制定正确的发展战略提供可靠的理论和实践支撑。

8.4 节能环保企业战略经营改进对策与建议

　　雾霾、PM2.5、空气污染、温室效应，近几年，当这些热门词汇以特殊事件的方式频繁出现在媒体和公众视线中，对环保的关注也随之逐渐升温，节能环保作为新兴产业也在全球关注的背景下迅速发展。有资料显示，"十二五"期间，我国节能环保产业产值年均增长 15% 以上，到 2015年，节能环保产业总产值或达到 4.5 万亿元，增加值占国内生产总值的比重为 2% 左右，节能环保产业未来有望成为推动我国社会经济发展的重要支柱产业。

党的十八大报告提出了经济、政治、文化、社会、生态文明"五位一体"的建设，体现了对生态文明建设重要战略地位的认同，也体现了政府正确处理人与自然和社会关系的责任意识。这预示着发展中的中国环境保护意识的觉醒，保护环境就是保护生产力，改善环境就是发展生产力。

目前，节能环保产业作为国家加快培育和发展的 7 个战略性新兴产业之一，几乎渗透于经济活动的所有领域，它以有效缓解我国经济社会发展所面临的资源、环境"瓶颈"制约为目标，力促产业结构升级和经济发展方式转变。其涉及节能环保技术装备、产品和服务等，产业链长，关联度大，吸纳就业能力强，对经济增长拉动作用明显。就宏观层面而言，是调整经济结构、转变经济发展方式的内在要求，是推动节能减排，发展绿色经济和循环经济，建设资源节约型环境友好型社会，积极应对气候变化，抢占未来竞争制高点的战略选择。

对于发展中国家来说，治理污染与稳定增长之间自然是一对矛盾体。各行业利润空间比较有限，或是企业为获取较理想的利润空间，出于成本考虑，大部分小微企业是不会有什么环保意识的，部分环保工段形同虚设或环保设备未达标侥幸生产。然而要实现发展就必须先走上在保护中发展、在发展中保护的新路。经济发展中最智慧的策略是对环境资源的保护，而不是以破坏环境和透支资源向未来的经济发展讨要筹码。经济发展与环境保护只有相互制衡、实现统一，社会才有了持续发展的保障。

目前，环保产业主要存在以下问题：创新能力低，一些核心技术还需要进口，企业自主节能环保技术体系不完善，产品技术含量低。市场不规范，管理缺失，监管不到位，行业垄断和恶性竞争导致高耗能、高污染设备仍在使用。体系不健全，相关的法治法规还不完善，市场化服务模式有待完善。面对我国节能环保产业发展现状以及存在的问题，北京师范大学经济与资源管理研究院副院长张琦提出，打破传统观念，用新观念启动新模式才是新兴产业发展的关键。无论是技术标准还是消费观念，传统的习惯思维还影响着人们的选择行为，过去，我国国内储蓄资产中相当部分是以自然资本损失和生态赤字所换来的，是以资源的超常消耗和生态环境的严重退化为代价的。在生态产业日渐全球化的今天，必须开启全新的思维状态和发展模式，提高产业技术标准，降低和减少资源能源、原料和原材料的消耗，杜绝高耗能的产业、产品的生产，掌握核心技术，培养创新能力，形成对产业链中最具附加值和影响力环节的控制力。

近两年来，国务院相继出台措施，制定相关政策，在大气、水、土壤的综合防治方面提出新的任务，强调要加快发展节能环保产业，用政策引导，依靠创新机制，积极鼓励社会资本包括民间资本参与其中，全面激发节能环保产业潜力。

近期，国家发改委相关会议指出，为使我国在新一轮经济增长中占据有利地位，必须不断提升节能环保产业竞争力。坚持深化改革、放管结合，更多地运用税收、价格、金融等市场化手段，着力激发市场活力，进一步完善相关法规制度，着力构建节能减排长效机制。

节能环保产业正在开启全新的需求空间，迎来发展的新纪元。它在节能降耗、绿色设计、清洁生产等方面的使命和责任几乎包含所有产业，在农业方面，包括有机农业、循环农业和其他环境友好型农业活动逐渐占据主体；在工业方面，致力于节能降耗、资源循环利用的工业技术和装备，对于提高企业核心竞争力、实现企业发展降本增效等方面起着至关重要的作用；对于服务业而言，设计、规划、咨询、总集成、总承包、维护、管理、运营、碳交易、绿色金融等方面的节能环保服务业，正在被越来越多的消费者认可并选择，从而形成市场中一支突飞猛进发展的新力量。政策的推动也使这些潜在的节能环保需求变为真实存在的巨大市场空间，吸引各种资本和企业的汇聚，拉动新的就业需求。当产业发展到一定规模时，实现社会效益和经济效益的双赢。

从产业规划展望到企业经营管理，有必要保持一致的"步调"。国家选择了节能环保产业，带动经济的转型，节能环保企业更要搭上这趟国家大力发展的"快速列车"。企业的经营管理者应当着力于技术创新能力的培养、战略引领能力的提高，以及尽职地履行节约能源、保护生态环境的社会责任。单位国内生产总值能耗同比下降幅度较大，二氧化硫、化学需氧量、氨氮、氮氧化物排放总量继续保持较快下降。节能环保产业的快速发展，是我国转变发展方式、调整经济结构的必然选择，我国节能环保产业潜力巨大，拉动经济增长前景广阔，在未来的国际贸易竞争以及经济增长中将占据重要地位，节能环保产业在未来大有可为。换言之，节能环保企业有很大的空间可以提升自身的经营综合绩效。本书设置的节能环保产业企业绩效评价体系经过第 7 章和本章的验证是相对科学、合理的。经过这一章的实际运用，说明了新设置的业绩评价体系是有一定的适用性的。这为节能环保企业改善战略经营的绩效水平提供了有益的参考思路，也就是说，依照国家出台的相关政策和节能环保产业的现状，从长期来看，节能环保企业可以从提高财务运营能力、学习创新能力、战略引导能力以及保证履行社会责任能力几个方面努力，改进当前企业的战略经营业绩水平。可以预见，当经济发展进入一个良性循环时，每一家企业都将致力于节约能源、保护环境，注重资源的循环再利用。

8.5　本章小结

在第 7 章对国内上市的 101 家节能环保概念公司使用修正后的 TOPSIS 法计算了综合评价及其排序后，本章从中选取了 5 家水务企业做实践运用分析。首先介绍了样本选择依据，在确定了应用分析对象后，对这 5 家企业的基本情况做了简介，再进行原始数据汇总。然后采用指标体系对样本企业绩效综合评价，并对评价结果进行分析，说明新设指标体系的实际适用性，再对节能环保企业的战略经营提出改进对策与建议。

第9章　研究结论与展望

本章根据前面关于战略性新兴产业中的节能环保产业分析、企业战略经营业绩评价的理论分析以及相关实证工作，阐明本书的结论和创新之处，说明其中存在的不足之处，并以此为基础提出今后的研究方向。

9.1　研究结论

当今世界新技术、新产业发展迅猛，孕育着新一轮产业革命，新兴产业正在成为引领未来经济社会发展的重要力量，世界主要国家纷纷调整发展战略，大力培育新兴产业，抢占未来经济、科技竞争的制高点。战略性新兴产业是以重大技术突破和重大发展需求为基础，对经济社会全局和长远发展具有重大引领带动作用，知识技术密集、物质资源消耗小、成长潜力大、综合效益好的产业。对战略性新兴产业企业进行业绩评价，既是我国"十二五"期间社会经济发展中遇到的实际问题，又是我国社会主义经济研究面临的理论课题。因此，开展战略性新兴产业企业业绩评价理论研究、构建企业业绩指标体系、创新业绩评价方法具有重要的理论价值和实践意义。

本书基于委托代理理论、利益相关者理论、战略管理理论、循环经济理论和社会网络理论这几种跨学科理论，采用了定性分析与定量分析相结合的方法，系统讨论了节能环保产业特色、节能环保企业战略经营业绩的形成因素，并以此为依据设置了节能环保企业战略经营业绩评价指标体系，试图通过多属性决策方法的测算来验证指标体系的稳定性和合理性。总结起来，本书主要形成了如下结论：

（1）分析了财务运营能力、学习创新能力、战略引领能力和履行社会责任能力是帮助节能环保企业业绩形成的内在因素。通过对绩效一词的内涵分析，本书归纳了节能环保企业战略经营绩效形成外在应考虑的因素包括政府因素、产业周期因素和技术工艺因素；内在因素则从各项跨学科理论着手，分析了财务运营能力、学习创新能力、战略引领能力和履行社会责任能力能够帮助节能环保企业形成战略经营业绩。企业绩效评价作为现代公司治理一个重要的环节，在设置指标体系时必须与时俱进，参照企业业绩形成的因素。因此，本书分析得出节能环保企业应当从财务运营层面、学习创新层面、战略引导层面和社会责任层面四个方面衡量企业战略经营的业绩水平。

（2）构建出一套由财务性层面指标、新兴性层面指标、战略性层面指标和循环性层面指标，共计32项指标构成的节能环保企业战略经营业绩评价指标体系。首先，本书依照指标体系设置的总体思路，遵循指标设置的原则，从文献资料、数据库等整理分析计算指标所需数据，计算各个层次所需指标的具体数值；其次，对计算数值进行预处理，进行各项指标的筛选，最后，构建出一个有财务性层面、新兴性层面、战略性层面和循环性层面构成的节能环保企业战略经营业绩评价指标体系。其中，财务性层面指标包括盈利能力指标、营运能力指标、偿债能力指标和增长能力指标四个方面的一级指标，对应的二级指标分别是总资产报酬率、总资产净利率、净资产收益率、成本费用利润率和营业利润率；总资产周转率、流动资产周转率、应收账款周转率、存货周转率和营运资本周转率；流动比率、利息保障倍数、权益乘数和速动比率；总资产增长率、营业利润增长率、可持续增长率、营业总收入增长率和资本保值增值率。新兴性层面指标包括技术研发潜力一级指标，具体来说，包括研发投入强度指标、技术人员密度指标、员工人均培训费用几项指标。战略性层面指标包括管理者社会能力指标、企业社会能力指标、客户满意度指标和市场占有率指标，分别由管理者受教育程度、管理者社会联系程度、企业公共关系费用支出率、就业人数增长率、存量客户销售额占销售总额的比率和品牌产品销售增长率来表示。循环性层面指标包括节能指标、环保指标和资源循环再利用指标，分别用能耗指标、"三废"排放达标率和废弃物综合利用率来计算。

（3）综合评价了节能环保企业战略经营业绩，测算了我国节能环保概念上市企业战略经营业绩的综合评分和排名，验证了指标体系业绩评价结果的稳定性和合理性。本书在节能环保企业绩效评价指标体系的基础上，分析了各项目前常用的权数计算原理，对比了各种方法的优缺点。通过比较分析，总结了本书搜集的节能环保企业原始数据，适合采用熵值法计算权重系数。再根据熵值法的原理和计算步骤，将原始数据进一步处理，得出各项指标的权重值。根据经济现实，对权重数值的合理性进行了确认，为下一部分的综合评价做好了准备。采用修正的 TOPSIS 方法对节能环保企业进行综合评价，并根据评分排序。也就是根据研究目的，从搜集的资料以及汇总的指标信息中寻找依据，借助多属性决策方法中的修正的 TOP-SIS 法，对节能环保企业战略经营绩效做出一种价值判断，揭示企业经营绩效孰优孰劣，为企业发展规划提供有价值的管理建议和意见。本书选择 TOPSIS 法时，论述了方法本身的缺陷。于是，归纳了修正的思路，根据修正后的计算步骤，将原始数据进一步处理，计算得出了所有样本企业的综合得分及其排序。从完整性的角度，本书采用了鲁棒性分析计算结果的稳定性。从变动系数比例、变动样本数量和更换样本范围三个角度进行稳健性测试，均得到了满意的测试结果。

9.2　研究创新

本书可能的创新之处，归纳起来，主要体现在以下几个方面：

（1）本书尝试以节能环保企业与循环经济的关系为研究切入点，构建节能环保企业战略经营业绩评价体系。系统阐述战略性新兴产业企业业绩评价理论很少，如战略性新兴产业与循环经济之间的关系没有涉及，企业战略经营目标定位不明确，企业业绩评价依据不够充分。本书在已有研究的基础上，进一步地提出了对国家战略性新兴产业中的微观企业进行业绩评价体系。遵循国家对于战略性新兴产业的定义，归纳了其引领科技重大创新和满足社会重大发展需求两个方面的特征。结合产业特征，运用委托代理理论、利益相关者理论、战略管理理论、循环经济理论和社会网络理论等跨学科理论，以战略性新兴产业之首节能环保产业为例，对其微观企业创造价值的形成因素进行了探讨。本书分析，节能环保企业战略经营业绩是由财务运营能力、学习创新能力、战略引导能力和履行社会责任能力形成的。财务运营能力构成了企业的财务性层面绩效；学习创新能力构成了企业新兴性层面绩效，也即体现出企业的技术创新能力；战略引导能力构成了企业战略性层面绩效，也即体现出企业引领经济发展的重大带动能力；履行社会责任能力构成了企业循环经济性层面的绩效，也即企业在保护和改善生态环境的同时，创造和发展生产力。

（2）本书尝试结合节能环保企业的特点，更系统地完善现有的企业战略经营指标体系。现有评价指标体系大多是针对战略性新兴产业，很少涉及微观企业。本书尝试对节能环保产业的微观企业构建了战略经营业绩评价的指标体系。具体包括有财务性层面、新兴性层面、战略性层面和循环性层面指标体系。每一方面均包含一级指标和二级指标，最终记入权重系数，加权计算综合评分的共 32 项指标。其中有不少是首次被引入业绩评价指标体系，如"管理者受教育程度""管理者社会联系程度"等。

（3）本书尝试采用多属性决策方法（修正的 TOPSIS 法）对企业战略经营业绩进行综合评价。多属性决策方法鲜有运用于企业业绩评价，并且在进行企业业绩评价时往往忽略对评价结果的稳定性以及对评价结果的集结分析研究。本书尝试使用管理科学与工程的多属性决策方法（修正的 TOPSIS 法），对节能环保企业战略经营绩效进行综合评价。根据多属性决策理论，使用修正后的 TOPSIS 法对节能环保企业战略经营业绩进行综合计算，再采用鲁棒性分析思路对计算结果的稳健性进行测算，结果验证了本书构建的评价指标体系及其权重的相对合理性，也为该评价指标体系在实践中运用提供了有益的参考。

9.3 研究不足

本书研究达到了预期的研究目标，并且获得了一定的研究结论，但也存在一些不足之处。

指标设置是否细致是一个问题。为了便于构建体系和综合计算，本书在设置指标时，只考虑了采用从公开数据库中获得的原始数据来计算的指标。有不少从理论分析角度来看属于非常有指征价值的指标，鉴于很难获得原始数据运算，被排除在指标体系之外。与此类似的还有定性指标，如专家对于某个方面的评价，因为节能环保产业尚处于发展之初，其产学研团队仍需组建，目前很难挑选有公证力的专家来评价。另外，还有针对个别企业才有的指标，如重大创新研发能力指标、专利申请授权率，搜集的数据数量不足以达到综合评价方法的要求，都被排除在指标体系之外。

样本搜集是否合适也是一个问题。本书在搜索上市节能环保企业名录时，考虑到节能环保产业尚处于兴起之初，国内没有统一的节能环保上市公司名册，所以在筛选企业时，只要企业的具体实务与节约能源、保护环境和废弃物品的再利用有关，都被纳入评价的范畴。并没有像有些行业分析报告一样细化到某一个类型的节能环保企业，如水务企业、环保装备企业、固体废弃物处理企业等类型。同时，为了方便综合评价方法的使用，不满足近三年均有持续经营的企业也不被包括在内。也就是说，如新近上市的节能环保企业，只有一年或两年连续公开数据的，也未能包含在样本企业之中。

9.4　研究展望

企业经营绩效评价的研究历来已久，我国的研究专家和学者对于企业经营绩效评价一致认为属于企业的核心管理问题，大部分研究学者在结合自己专业和学术背景的基础上，给出了解决方法，并完成了丰硕的研究成果。但是业绩评价本身属于企业的内部经营管理问题，能提供给外部学者公开使用的数据极其有限。同时，到底哪一套理论和指标体系最能反映企业真实业绩水平？哪一种评价方法最优？这样的问题会一直围绕着业绩评价的理论研究者。

现状如此，唯有的办法是在今后的研究中紧密跟踪经济大趋势的变化，分析企业战略经营的新动向，跨学科地寻找企业绩效形成的理论渊源，创新地设置评价指标，大胆地使用跨学科的决策方法综合评价，才能迸发出新的思想火花，推动业绩评价相关研究进一步向深层次发展。

附　录

附表 1：样本企业目录

编号	股票代码	公司名称	编号	股票代码	公司名称
1	000027	深圳能源	24	000966	长源电力
2	000037	深南电 A	25	001896	豫能控股
3	000532	力合股份	26	002074	东源电器
4	000544	中原环保	27	002077	大港股份
5	000547	航天发展	28	002125	湘潭电化
6	000598	兴蓉环境	29	002140	东华科技
7	000605	渤海股份	30	002200	云投生态
8	000652	泰达股份	31	002218	拓日新能
9	000669	金鸿能源	32	002221	东华能源
10	000685	中山公用	33	002267	陕天然气
11	000692	惠天热电	34	002339	积成电子
12	000695	滨海能源	35	002340	格林美
13	000720	新能泰山	36	002379	鲁丰环保
14	000722	湖南发展	37	002479	富春环保
15	000791	甘肃电投	38	002499	科林环保
16	000826	桑德环境	39	002514	宝馨科技
17	000862	银星能源	40	002534	杭锅股份
18	000875	吉电股份	41	002573	清新环境
19	000899	赣能股份	42	002598	山东章鼓
20	000920	南方汇通	43	002645	华宏科技
21	000925	众合科技	44	300007	汉威电子
22	000939	凯迪电力	45	300021	大禹节水
23	000958	东方能源	46	300035	中科电气

续表

编号	股票代码	公司名称	编号	股票代码	公司名称
47	300040	九洲电气	75	600283	钱江水利
48	300055	万邦达	76	600292	中电远达
49	300070	碧水源	77	600323	瀚蓝环境
50	300090	盛运环保	78	600333	长春燃气
51	300118	东方日升	79	600396	金山股份
52	300125	易世达	80	600403	大有能源
53	300140	启源装备	81	600458	时代新材
54	300152	科融环境	82	600461	洪城水业
55	300156	神雾环保	83	600481	双良节能
56	300172	中电环保	84	600483	福能股份
57	300187	永清环保	85	600493	凤竹纺织
58	300190	维尔利	86	600509	天富能源
59	300197	铁汉生态	87	600617	国新能源
60	300232	洲明科技	88	600635	大众公用
61	300262	巴安水务	89	600649	城投控股
62	300263	隆华节能	90	600758	红阳能源
63	300266	兴源环境	91	600769	翔龙电业
64	300272	开能环保	92	600795	国电电力
65	600008	首创股份	93	600863	内蒙华电
66	600126	杭钢股份	94	600874	创业环保
67	600133	东湖高新	95	600886	国投电力
68	600167	联美控股	96	600982	宁波热电
69	600168	武汉控股	97	601139	深圳燃气
70	600187	国中水务	98	601158	重庆水务
71	600207	安彩高科	99	601199	江南水务
72	600257	大湖股份	100	601699	潞安环能
73	600268	国电南自	101	601727	上海电气
74	600273	嘉化能源			

附表 2：样本企业基础数据表

指标 股票 代码	截止日期	资产报酬率	总资产净利润率	净资产收益率	营业利润率	成本费用利润率	应收账款周转率	存货周转率	营运资金（资本）周转率	流动资产周转率	总资产周转率	资本保值增值率	总资产增长率	营业利润增长率	营业总收入增长率	可持续增长率	流动比率
000027	2011-12-31	0.050529	0.03754	0.069904	0.067991	0.117094	7.585866	9.898931	28.583084	1.557677	0.456599	1.030812	0.083905	-1.148471	0.15422	0.057401	1.057638
000037	2011-12-31	0.039123	0.001656	0.004784	-0.616483	0.005718	2.584757	2.853057	-4.933019	0.793605	0.443046	0.976896	0.032922	-0.418505	0.508255	0.004807	0.861418
000532	2011-12-31	0.04235	0.039258	0.048082	0.219776	0.262032	2.787124	2.042708	0.753517	0.540886	0.21031	0.854933	-0.165566	-0.090157	-0.163963	0.023731	3.54378
000544	2011-12-31	0.067556	0.059532	0.1212	0.240899	0.337829	1.841442	18.145969	1.19498	0.600544	0.28644	1.145656	0.375715	0.53158	0.226295	0.137916	2.010277
000547	2011-12-31	0.063299	0.06152	0.081383	0.34661	0.423543	2.255534	1.117042	0.417804	0.301339	0.187479	1.222125	0.163198	0.553657	-0.085663	0.07325	3.587369
000598	2011-12-31	0.092342	0.082902	0.157711	0.353521	0.576149	7.336773	11.660056	5.839661	0.908274	0.270454	2.269114	1.739898	-0.419624	2.135597	0.136844	1.184182
000605	2011-12-31	-0.013789	-0.013859	-0.032678	-0.056564	-0.045369	6.822721	1.558853	-1.024644	1.117242	0.291668	0.968356	0.017075	-10.005701	0.145277	-0.031644	0.478384
000652	2011-12-31	0.030794	0.003746	0.018869	0.013197	0.018601	24.669013	1.777366	-2.393849	0.737573	0.373045	0.890022	0.469124	-1.865433	-0.262424	0.019232	0.764461
000669	2011-12-31	-0.00569	-0.0052	-0.007018	-0.280494	-0.039949	1.286555	2.383785	0.18929	0.116999	0.079181	0.993031	-0.018228	-0.374698	-0.576809	-0.006969	2.618433
000685	2011-12-31	0.144623	0.136861	0.191232	1.64485	1.730472	16.815994	23.652583	-1.013683	0.769211	0.099465	1.170446	0.294934	-0.977536	-0.069305	0.22064	0.56856
000692	2011-12-31	0.026398	0.012214	0.034796	0.027221	0.04371	5.701501	1.704092	-3.133346	0.835957	0.382323	1.058151	0.265278	0.25981	0.042281	0.03605	0.789394
000695	2011-12-31	0.030113	0.005171	0.01934	-0.037779	0.01081	2.474741	10.504703	-4.952216	1.317991	0.579215	1.022446	0.236203	-2.105956	0.089867	0.019721	0.789801
000720	2011-12-31	0.001116	-0.036458	-0.244576	-0.094622	-0.062744	6.814911	8.583821	-1.498993	3.162503	0.490933	0.812567	0.019476	-0.115606	0.021418	-0.196514	0.321569
000722	2011-12-31	0.041091	0.042164	0.042712	0.440377	0.74935	35.875409	68.956558	0.957632	0.858267	0.095678	1.044618	0.04515	-0.135027	-0.679637	0.044618	9.637452
000791	2011-12-31	-0.0002	-0.015572	-0.034611	-0.047517	-0.033519	5.182627	2.858389	-3.721563	1.349009	0.441384	0.966547	0.042376	-4.858699	0.140987	-0.033453	0.733953
000826	2011-12-31	0.100359	0.081195	0.181647	0.224247	0.304498	1.408346	39.219665	25.525455	0.980801	0.425107	1.219382	0.272077	0.641143	0.654753	0.18653	1.03996
000862	2011-12-31	0.04073	0.014181	0.110353	0.031041	0.046239	2.452035	2.06602	5.138845	0.817444	0.304127	1.274455	0.40665	-1.108435	0.547115	0.124042	1.189162
000875	2011-12-31	0.030169	0.002111	0.012172	0.002286	0.008906	6.323342	17.501531	-3.145762	1.773448	0.266384	1.16564	0.202867	-2.15508	0.796649	0.012322	0.639485
000899	2011-12-31	0.006364	-0.040624	-0.230128	-0.105009	-0.092667	9.80135	8.721899	-1.846219	1.943276	0.387422	0.812924	0.034681	0.35839	0.258976	-0.187076	0.487194

续表

股票代码	截止日期	资产报酬率	总资产净利润率	净资产收益率	营业利润率	成本费用利润率	应收账款周转率	存货周转率	营运资金(资本)周转率	流动资产周转率	总资产周转率	资本保值增值率	总资产增长率	营业利润增长率	营业总收入增长率	可持续增长率	流动比率
000920	2011-12-31	0.050664	0.051845	0.394432	0.058048	0.069509	12.821617	3.685136	7.423825	1.671814	0.94631	1.060171	0.281948	-0.619356	0.222583	0.104279	1.290649
000925	2011-12-31	0.028897	0.010521	0.229205	0.018893	0.02932	1.489439	5.64759	2.071659	0.641353	0.481397	1.691774	0.245305	-7.788714	0.3107	0.030084	1.448403
000939	2011-12-31	0.105437	0.087427	0.262037	0.374135	0.457844	2.590109	10.571137	6.584994	0.974458	0.284611	0.953851	-0.026597	1.843932	-0.200132	0.30223	1.173684
000958	2011-12-31	-0.130619	-0.199525	C 40521	-0.283486	-0.236426	8.743271	6.10558	-0.707645	2.711241	0.684416	1.681266	-0.082753	-0.109335	-0.26921	0.681266	0.206981
000966	2011-12-31	0.049774	0.004085	0.033904	-0.004317	0.009035	10.581104	9.107523	-1.992372	2.066779	0.546687	0.952762	-0.044517	-4.645803	0.086804	0.035094	0.490835
001896	2011-12-31	0.050034	0.004101	031055	-0.005174	0.005704	8.402683	15.163137	-5.965267	2.364051	0.727266	0.982186	-0.107378	-3.447423	0.040844	0.03205	0.716177
002074	2011-12-31	0.06389	0.050813	C 095399	0.068325	0.099338	2.001021	3.718878	3.437105	0.997167	0.653872	1.062617	0.109826	-1.90106	0.309236	0.046499	1.408685
002077	2011-12-31	0.049765	0.01461	C 081323	0.02735	0.039045	2.892743	1.811859	-914.710098	0.741524	0.575255	1.086795	0.436398	0.213079	0.305157	0.088522	0.99919
002125	2011-12-31	0.066474	0.036463	0.089797	0.044576	0.058718	6.435096	3.596851	-5.100065	1.661422	0.721385	1.322555	0.366812	0.289491	0.215612	0.08888	0.754282
002140	2011-12-31	0.071816	0.072744	.249933	0.135014	0.163657	12.933813	1.592547	3.479413	0.692558	0.613002	1.271563	0.480592	1.934515	0.278156	0.252962	1.248509
002200	2011-12-31	-0.048215	-0.051591	-0.162897	-0.17954	-0.182414	1.613657	0.70697	3.542768	0.39628	0.286053	0.859921	0.075892	-8.378912	-0.333148	-0.140079	1.125944
002218	2011-12-31	-0.051519	-0.06927	-0.098211	-0.313846	-0.243591	15.09273	0.990437	1.435871	0.632138	0.237073	1.799799	0.468337	1.102251	-0.186525	-0.089428	1.786503
002221	2011-12-31	0.039535	0.020354	0.09045	0.023658	0.03159	14.883936	2.443299	27.503218	1.140532	0.902824	1.401557	0.92672	9.647061	0.539856	0.087051	1.043263
002267	2011-12-31	0.07902	0.067985	0.146009	0.141188	0.168307	21.460895	75.859421	-4.413959	3.530774	0.553152	1.124529	0.498706	-0.238008	0.335905	0.113901	0.555583
002339	2011-12-31	0.060584	0.059884	0.079011	0.120323	0.171559	1.874506	2.253942	0.823622	0.58005	0.473584	1.081413	0.214981	1.794422	0.388193	0.063143	3.381428
002340	2011-12-31	0.045133	0.030592	0.054691	0.093351	0.160939	8.733339	1.155483	1.315866	0.502965	0.233848	2.083528	1.039142	-0.912478	0.611593	0.029139	1.618729
002379	2011-12-31	0.032777	0.003294	0.013659	0.00623	0.00955	12.370119	3.55949	-9.815784	0.814818	0.489154	1.018584	0.523367	-2.393922	0.753007	0.013849	0.923352
002479	2011-12-31	0.077392	0.090426	0.099718	0.1777	0.233892	10.279946	12.94456	1.222986	1.04419	0.553956	1.04563	0.070183	-0.095371	0.281477	0.010093	6.840145
002499	2011-12-31	0.044772	0.050173	0.065973	0.093311	0.139721	2.614453	2.370199	0.767725	0.590074	0.466261	1.047005	0.08935	0.159435	0.207388	0.057308	4.321535
002514	2011-12-31	0.062108	0.068423	0.075581	0.108208	0.173267	3.222115	3.887382	0.778738	0.681908	0.519387	0.993908	-0.103844	-1.012366	0.079618	0.081761	8.042284
002534	2011-12-31	0.056619	0.059354	0.147283	0.115701	0.134156	3.355451	3.229847	2.935747	0.745986	0.583207	1.925203	0.641006	0.297668	0.198921	0.115389	1.34067

续表

指标 股票代码	截止日期	资产报酬率	总资产净利润率	净资产收益率	营业利润率	成本费用利润率	应收账款周转率	存货周转率	营运资金(资本)周转率	流动资产周转率	总资产周转率	资本保值增值率	总资产增长率	营业利润增长率	营业总收入增长率	可持续增长率	流动比率
002573	2011-12-31	0.043752	0.0382	0.050122	0.251708	0.349071	2.102784	3.121349	0.310458	0.273179	0.166629	1.03276	0.038679	-0.312146	0.14677	0.02929	8.328043
002598	2011-12-31	0.100435	0.103472	0.142377	0.153754	0.199372	6.412541	2.363096	1.496977	0.975295	0.697836	1.019874	0.010594	0.069551	-0.0019	0.052375	2.869518
002645	2011-12-31	0.06966	0.067983	0.095677	0.121279	0.14231	13.71757	2.481293	1.199857	0.778832	0.642455	1.029756	0.113972	1.786439	-0.102298	0.080496	2.849847
300007	2011-12-31	0.088316	0.095925	0.113707	0.225399	0.3972	2.371226	2.084493	0.695061	0.54216	0.375259	1.108213	0.173102	1.068319	0.502225	0.10329	4.545828
300021	2011-12-31	0.043253	0.026763	0.070257	0.086242	0.105676	2.023005	0.990762	2.1368	0.496059	0.357106	1.03904	0.426382	2.1417	0.221488	0.075566	1.302339
300035	2011-12-31	0.033739	0.043092	0.053646	0.173947	0.25059	1.162571	1.731372	0.37821	0.309348	0.25071	1.035979	0.160639	-0.40089	0.314596	0.022753	5.492326
300040	2011-12-31	0.034856	0.032403	0.043736	0.057751	0.087618	1.172174	2.619506	0.853025	0.613239	0.458023	1.029421	0.082154	-0.506523	0.209992	0.029421	3.55744
300055	2011-12-31	0.022285	0.035863	0.045178	0.259402	0.362352	1.642423	1.377015	0.261436	0.208623	0.165693	1.047683	0.164365	0.382055	0.307736	0.032525	4.950175
300070	2011-12-31	0.073421	0.081704	0.106353	0.398735	0.669421	3.633956	5.074096	0.577476	0.371985	0.23256	1.146986	0.390895	11.974091	1.050086	0.107189	2.810224
300090	2011-12-31	0.044964	0.034371	0.071267	0.09387	0.142332	2.24241	1.588069	1.914053	0.485637	0.320782	1.145397	0.3944	-0.513511	0.568081	0.062139	1.339983
300118	2011-12-31	0.034893	0.012861	0.021556	0.026327	0.030369	2.561347	3.762421	1.292489	0.671798	0.504271	1.003528	0.30185	-3.210757	-0.113121	0.010427	2.082336
300125	2011-12-31	0.026464	0.038896	0.049904	0.111676	0.137193	4.392321	1.68689	0.593061	0.442692	0.385128	1.052729	0.040858	-0.544565	-0.095312	0.040609	3.944021
300140	2011-12-31	0.034285	0.044841	0.050136	0.13229	0.186029	2.660794	2.271761	0.424302	0.373008	0.325896	1.011018	-0.004474	-0.323121	-0.051032	0.027652	8.271889
300152	2011-12-31	0.037194	0.04445	0.05119	0.279928	0.43018	1.649097	2.751627	0.301055	0.253539	0.172793	1.02812	0.029471	-0.953706	0.263402	0.011591	6.335778
300156	2011-12-31	0.032916	0.04139	0.050914	0.275405	0.398561	2.14933	0.522933	0.25242	0.200408	0.174439	1.053646	0.132104	-0.429802	-0.044285	0.053646	4.853074
300172	2011-12-31	0.034952	0.049155	0.059494	0.196841	0.288577	1.547884	3.351529	0.346248	0.282445	0.256729	3.950769	1.843697	0.875476	-0.142901	0.048888	5.426825
300187	2011-12-31	0.023656	0.034683	0.049319	0.118669	0.148182	7.946349	1.260202	0.54407	0.36053	0.317155	6.228181	2.379579	-0.308522	0.190389	0.032835	2.964315
300190	2011-12-31	0.041804	0.045493	0.055222	0.206319	0.287886	1.566621	1.050263	0.321186	0.26524	0.251405	1.089632	0.040585	0.860912	1.256339	0.038237	5.741041
300197	2011-12-31	0.080391	0.090229	0.102411	0.199098	0.258286	9.643694	1.283777	0.68482	0.594833	0.530863	1.140798	0.51983	0.506465	0.301732	0.083176	7.610149
300232	2011-12-31	0.055706	0.061196	0.083384	0.087626	0.110978	13.249368	2.231004	1.246608	0.852459	0.71258	1.066543	0.25473	0.09738	-0.05727	0.074349	3.162783

续表

指标 股票代码	截止日期	资产报酬率	总资产净利润率	净资产收益率	营业利润率	成本费用利润率	应收账款周转率	存货周转率	营运资金（资本）周转率	流动资产周转率	总资产周转率	资本保值增值率	总资产增长率	营业利润增长率	营业总收入增长率	可持续增长率	流动比率
300262	2011-12-31	0.046318	0.045888	0.053888	0.124417	0.192043	1.053371	3.142211	0.385764	0.328457	0.320484	1.113974	0.429892	-0.206541	0.103378	0.056957	6.731545
300263	2011-12-31	0.073647	0.07726	0.90679	0.188337	0.261808	2.597759	3.192282	0.591856	0.492421	0.433742	1.097869	0.209379	0.479963	0.736634	0.067386	5.952162
300266	2011-12-31	0.069517	0.066996	0.92942	0.146475	0.205166	4.485236	2.724772	0.84718	0.582113	0.451684	1.020046	0.033772	0.093971	0.1277375	0.086323	3.196089
300272	2011-12-31	0.084762	0.081211	0.387196	0.222952	0.297567	6.786858	3.822205	0.579189	0.543015	0.419889	1.0233791	0.203361	0.281334	0.154776	0.015587	16.011212
600008	2011-12-31	0.049734	0.0355	0.380821	0.173821	0.302088	4.659349	0.953522	0.98185	0.427318	0.186	1.055506	0.129595	2.4816	0.16522	0.048871	1.770593
600126	2011-12-31	0.052437	0.035949	0.081245	0.018716	0.019445	748.450817	12.350604	8.401629	3.535637	2.466467	1.055333	0.012957	-1.028296	0.150231	0.076163	1.726601
600133	2011-12-31	0.034075	0.003488	0.011782	0.128819	0.119925	3.012067	0.83189	7.753145	0.543994	0.220791	0.957337	-0.051054	-6.422248	-0.273088	0.011922	1.075459
600167	2011-12-31	0.040454	0.045026	0.125481	0.280961	0.397627	49.719926	10.21952	-1.32155	0.47048	0.222463	1.143486	0.19935	-16.895767	0.317405	0.143486	0.73746
600168	2011-12-31	0.040688	0.019282	0.03741	-0.457598	0.189098	4.557258	0.671095	0.79196	0.356521	0.086945	1.027454	-0.029361	0.755716	-0.436416	0.028221	1.818762
600187	2011-12-31	0.047764	0.03761	0.058064	0.183427	0.314809	3.527451	36.185656	1.480383	0.62431	0.164547	3.393917	1.109037	2.165835	1.002039	0.061644	1.729273
600207	2011-12-31	0.031583	0.008654	3.04183	-0.097312	0.024885	7.454877	5.648392	-6.50526	1.698394	0.474481	1.039339	0.290392	-0.728689	-0.082654	0.043656	0.792971
600257	2011-12-31	0.039776	0.015427	.028548	0.029448	0.045343	14.247853	1.118424	8.237324	0.915134	0.4352	1.054522	-0.002992	0.655759	0.164409	0.029387	1.124981
600268	2011-12-31	0.058616	0.035022	0.085119	0.012484	0.096782	1.141281	2.658787	2.009376	0.565668	0.439845	1.576619	0.393973	1.234571	0.348634	0.06829	1.391816
600273	2011-12-31	-0.134213	-0.16491	-0.507618	-0.165632	-0.146967	148.778359	4.617482	-3.999516	2.40129	0.969284	0.627038	-0.255524	0.333353	-0.134249	-0.336702	0.624846
600283	2011-12-31	0.039476	0.024779	0.06239	0.159522	0.162942	28.323222	0.497963	-2.576791	0.543206	0.196561	0.846685	-0.009843	-0.147953	-0.041701	0.0133	0.825895
600292	2011-12-31	0.029878	0.008292	0.020484	-0.002237	0.01594	4.578382	7.492513	31.500639	1.500827	0.559189	2.37576	0.386744	-28.133129	0.227434	0.020913	1.050028
600323	2011-12-31	0.057401	0.041162	0.089633	0.254556	0.350449	10.32528	21.989061	2.097575	0.87198	0.191499	1.092857	0.223332	-0.221836	0.255984	0.081221	1.711475
600333	2011-12-31	0.03006	0.027737	0.050794	0.00964	0.048905	20.962272	5.018768	-5.322825	2.192711	0.696957	1.019763	0.102931	5.880286	0.014804	0.053512	0.708243
600396	2011-12-31	0.048749	0.014844	0.111605	0.049454	0.062537	8.36126	12.716805	-1.129481	2.270345	0.229921	1.31599	0.693462	-0.1775	1.269137	0.118714	0.332217
600403	2011-12-31	0.141604	0.134442	0.265015	0.19978	0.254962	25.060901	30.910424	9.291944	2.161216	0.907149	16.620504	28.078739	-0.884346	38.119692	0.183709	1.303085

续表

指标 股票代码	截止日期	资产报酬率	总资产净利润率	净资产收益率	营业利润率	成本费用利润率	应收账款周转率	存货周转率	营运资金（资本）周转率	流动资金周转率	总资产周转率	资本保值增值率	总资产增长率	营业利润增长率	营业总收入增长率	可持续增长率	流动比率
600458	2011-12-31	0.076009	0.063303	0.135779	0.074389	0.084466	5.704118	4.241313	3.892432	1.468562	0.924377	1.173322	0.292664	-0.706955	0.477185	0.118393	1.605875
600461	2011-12-31	0.058252	0.025106	0.059661	0.113799	0.136091	7.478804	35.714313	-2.530965	2.809033	0.249718	1.062613	0.007638	-0.891421	0.177765	0.020645	0.473964
600481	2011-12-31	0.047117	0.029788	0.071157	0.039075	0.039216	9.925423	6.015166	-12.067676	2.088639	0.964809	0.911457	0.0242	-0.18454	0.224237	0.016867	0.852459
600483	2011-12-31	0.050799	0.045595	0.071657	0.012942	0.047106	31.255196	5.954549	5.375802	2.178602	1.26963	1.039372	0.051189	-2.234191	0.345692	0.035989	1.681409
600493	2011-12-31	0.00484	-0.013601	-0.027635	-0.044432	-0.027098	7.584655	3.538401	-81.019968	1.607166	0.762852	0.960028	-0.097796	1.863021	0.018165	-0.026892	0.980549
600509	2011-12-31	0.071357	0.053335	0.169078	0.221551	0.26616	8.521284	4.701371	3.260332	0.754099	0.320212	1.138896	-0.029901	0.966729	0.275807	0.117631	1.300889
600617	2011-12-31	0.930688	0.920843	-0.27631	-0.925792	0.569817	2.458449	23.266629	-0.419594	1.533032	1.427297	0.783509	-0.704223	2.653954	2.253095	-0.216491	0.214887
600635	2011-12-31	0.079291	0.065201	0.143658	0.208149	0.214966	14.4157	9.606214	-1.556527	2.613048	0.365229	1.091271	0.049719	-0.844559	0.023301	0.13389	0.373306
600649	2011-12-31	0.041121	0.041415	0.084592	0.306382	0.396889	31.742194	0.259258	0.551289	0.285573	0.170508	1.038376	0.053348	-0.589676	0.20187	0.082309	2.074734
600758	2011-12-31	0.029812	0.027292	0.054459	0.082661	0.117262	16.973823	3.741966	-13.782626	1.618556	0.362237	1.057596	0.020496	-2.287257	0.072472	0.057596	0.894907
600769	2011-12-31	-0.162252	-0.193903	-0.947833	-0.22298	-0.188382	26.347991	19.848998	-1.584921	4.740166	0.861268	0.513391	-0.054349	3.154381	0.065648	-0.486609	0.250577
600795	2011-12-31	0.052197	0.02469	0.111769	0.098446	0.108373	9.428237	11.404386	-1.044489	2.791617	0.277508	1.101406	0.213338	0.419649	0.240017	0.079351	0.272278
600863	2011-12-31	0.066824	0.03999	0.142161	0.188583	0.21235	8.304909	12.634979	-1.378857	3.468057	0.279934	1.126605	0.095885	-0.490603	0.07337	0.122906	0.284481
600874	2011-12-31	0.052425	0.030806	0.075323	0.242746	0.320095	1.424872	10.848354	17.485536	0.785395	0.17198	1.039019	0.078305	-0.349898	0.064535	0.063784	1.047029
600886	2011-12-31	0.023436	0.00556	0.030904	0.039881	0.046669	9.292674	15.83768	-1.566824	1.61431	0.179501	1.352695	0.202103	-1.162632	0.360927	0.030171	0.492536
600982	2011-12-31	0.06872	0.066191	0.115438	0.116466	0.125467	19.476417	12.929877	2.478144	1.167709	0.761495	1.166034	0.182066	-0.680657	0.154526	0.102467	1.891085
601139	2011-12-31	0.053522	0.045612	0.102532	0.06247	0.067061	25.786634	22.449488	-7.570844	2.060237	0.876937	1.433413	0.273457	0.023535	0.236863	0.064764	0.786085
601158	2011-12-31	0.093361	0.092551	0.138801	0.388763	0.656173	6.959672	18.659628	1.92442	0.995293	0.217102	1.05465	0.059606	0.181347	0.155817	0.044221	2.071213
601199	2011-12-31	0.05471	0.054673	0.073669	0.309569	0.463256	15.812577	3.2552	1.102571	0.523316	0.238277	1.037563	0.187954	0.024249	0.00446	0.069553	1.903429
601699	2011-12-31	0.10336	0.0966	0.21247	0.197633	0.246476	48.283596	17.512547	12.479242	1.258475	0.648692	1.232367	0.177357	-0.339549	0.046603	0.161806	1.112156
601727	2011-12-31	0.041956	0.042106	0.119327	0.069265	0.083088	3.719182	2.599762	4.14462	0.813991	0.640043	1.091394	0.08658	-0.778486	0.081145	0.102912	1.244395

续表

股票代码	截止日期	资产报酬率	总资产净利润率	净资产收益率	营业利润率	成本费用利润率	应收账款周转率	存货周转率	营运资金(资本)周转率	流动资产周转率	总资产周转率	资本保值增值率	总资产增长率	营业利润增长率	营业总收入增长率	可持续增长率	流动比率
000027	2012-12-31	0.048792	0.035121	0.64761	0.074849	0.138097	9.264447	8.266729	-82.203582	1.343584	0.39644	1.037107	0.02698	-0.729988	-0.108329	0.052299	0.983918
000037	2012-12-31	0.002269	-0.04245	-0.136407	-0.957085	-0.095027	1.368053	1.710191	-2.838519	0.382607	0.228582	0.912597	0.015281	-0.133969	-0.476183	-0.120034	0.881219
000532	2012-12-31	0.063895	0.062954	0.373001	0.305401	0.400284	3.230485	2.402606	0.69494	0.547754	0.20989	1.00393	-0.049478	1.928586	-0.051376	0.059845	4.721521
000544	2012-12-31	0.090308	0.070781	0.130293	0.093746	0.162995	1.479805	42.62194	2.599261	0.794052	0.293766	1.153225	0.042719	-0.604045	0.069389	0.149812	1.439867
000547	2012-12-31	0.056649	0.056733	0.083254	0.37937	0.45217	1.665713	0.909159	0.288524	0.245361	0.163851	1.068826	0.185645	7.042865	0.036216	0.079652	6.684526
000598	2012-12-31	0.09216	0.087021	0.166734	0.387889	0.665544	5.97021	9.524283	-5.700682	1.196344	0.25783	1.168705	0.177077	-0.145713	0.12213	0.181325	0.826542
000605	2012-12-31	0.040323	0.038617	0.086544	0.095684	0.104483	7.65806	1.871861	-2.046503	1.32677	0.42241	1.094743	0.040503	0.739128	0.500767	0.094743	0.606682
000652	2012-12-31	0.026398	0.002155	0.012744	0.035173	0.039558	9.437579	1.13782	-3.020552	0.632602	0.361255	1.020928	0.198283	10.974485	0.160412	0.012909	0.826834
000669	2012-12-31	0.068926	0.059863	0.059863	0.293556	0.432728	11.412825	148.783443	-3.482824	1.042833	0.268788	13.297286	23.419555	-273.101061	81.894516	0.174239	0.769573
000685	2012-12-31	0.057328	0.048154	0.060452	0.442466	0.484612	16.619623	30.713608	4.611396	1.65694	0.106995	1.064567	-0.043531	-0.410795	0.028878	0.050046	1.560828
000692	2012-12-31	0.025579	0.008885	0.023513	0.000212	0.027411	7.102208	7.788653	-1.920316	1.391934	0.455469	1.01207	-0.059822	-0.686656	0.120052	0.024079	0.579762
000695	2012-12-31	0.032267	0.00441	0.015203	-0.031511	0.009609	3.921997	10.576734	-1.948054	1.839954	0.657909	1.0186	-0.060941	-2.05745	0.066643	0.015438	0.514269
000720	2012-12-31	0.052978	0.009724	0.062241	-0.002663	0.020898	4.994572	11.034063	-1.946735	3.059143	0.539527	1.031795	-0.015579	-4.204929	0.081862	0.066372	0.38889
000722	2012-12-31	0.072041	0.073348	0.074572	0.606094	1.232809	18.948666	45.914738	0.66755	0.615595	0.120817	1.080581	0.084516	0.231292	0.369475	0.080581	12.848644
000791	2012-12-31	0.063834	0.026136	0.101192	0.233729	0.292148	22.533285	343.459979	-2.509816	1.869272	0.119216	10.076417	16.552859	108.196337	3.740957	0.089103	0.573137
000826	2012-12-31	0.0879	0.068956	0.111055	0.234373	0.330737	1.308156	40.969759	0.959746	0.534371	0.333691	2.323835	0.672905	0.620195	0.31316	0.109115	2.256236
000862	2012-12-31	0.031647	-0.003619	-0.036591	-0.120055	-0.012252	1.632323	1.847229	1.87567	0.62671	0.184498	0.754629	-0.019399	-25.132182	-0.40512	-0.0353	1.501786
000875	2012-12-31	0.016628	-0.029426	-0.18789	-0.11071	-0.093897	7.979797	37.673159	-2.012645	3.074707	0.274475	0.84306	-0.066456	0.539467	-0.0381	-0.158171	0.395617
000899	2012-12-31	0.079633	0.026676	0.124458	0.064072	0.065603	10.37067	10.796631	-1.373511	2.84965	0.415725	1.122984	-0.075116	0.105246	-0.007548	0.142149	0.325233
000920	2012-12-31	0.057623	0.056458	0.094466	0.054295	0.063596	8.260194	5.699199	6.721259	2.06944	1.108058	1.162297	0.067706	-0.598883	0.250203	0.104321	1.444867

续表

股票代码	截止日期	资产报酬率	总资产净利润率	净资产收益率	营业利润率	成本费用利润率	应收账款周转率	存货周转率	营运资金（资本）周转率	流动资产周转率	总资产周转率	资本保值增值率	总资产增长率	营业利润增长率	营业总收入增长率	可持续增长率	流动比率
000925	2012-12-31	0.031897	0.011271	0.032685	0.016315	0.03477	1.218056	6.910457	5.272746	0.673007	0.415198	1.031739	0.077887	0.764326	-0.070338	0.033789	1.146314
000939	2012-12-31	0.029586	0.006511	0.024661	0.032121	0.046815	1.600036	13.165056	-2.432172	0.805815	0.226833	0.975317	0.23252	-1.958338	-0.017691	0.025285	0.751137
000958	2012-12-31	0.023161	-0.049885	0.089732	-0.143752	-0.066352	5.742187	7.501422	-0.584336	2.583583	0.621751	1.098577	-0.026981	1.2848	-0.11607	0.098577	0.184454
000966	2012-12-31	0.060767	0.010409	0.06921	0.016477	0.02267	7.831043	15.437017	-1.812199	3.548502	0.580688	1.066803	-0.145429	26.563829	-0.092281	0.074357	0.338053
001896	2012-12-31	0.062182	0.009955	0.05937	0.015478	0.013634	9.36037	19.214505	-5.470315	3.329771	0.748581	1.063117	-0.162687	0.116188	-0.138147	0.063117	0.621621
002074	2012-12-31	0.055701	0.041801	0.087996	0.066828	0.107566	1.551762	2.67049	3.991055	0.860681	0.550031	1.030853	0.155852	-2.662939	-0.027709	0.084725	1.274945
002077	2012-12-31	0.055278	0.013335	0.067061	0.037421	0.054871	1.915718	1.244614	16.500319	0.559087	0.451415	1.22555	0.107253	1.536126	-0.131114	0.048913	1.035072
002125	2012-12-31	0.002509	-0.036465	-0.122368	-0.084209	-0.07177	4.045029	2.34845	-3.359348	1.016647	0.504937	0.875467	0.192932	2.087003	-0.165001	-0.109027	0.767676
002140	2012-12-31	0.073714	0.075346	0.241714	0.126112	0.149921	9.977752	1.664894	3.582646	0.774428	0.68002	1.255009	0.171819	1.482627	0.299932	0.291596	1.275772
002200	2012-12-31	-0.000787	-0.003918	-0.012697	-0.024286	0.001377	1.572758	0.516574	1.93715	0.392551	0.321696	1.199897	0.231624	-0.365505	0.385087	-0.012538	1.254144
002218	2012-12-31	0.009549	0.002311	0.003731	-0.043367	0.009927	3.43442	1.02976	2.45699	0.582829	0.229638	1.003317	0.142523	84.537076	0.106692	0.003745	1.310981
002221	2012-12-31	0.048425	0.018735	0.055755	0.017539	0.022028	28.580575	4.985397	42.072706	1.655861	1.121278	1.883034	0.260983	2.472544	0.5661	0.053042	1.04097
002267	2012-12-31	0.067587	0.043723	0.110729	0.104265	0.115802	12.451547	59.062388	-6.179469	2.476278	0.49811	1.077409	0.270485	0.188038	0.147971	0.04498	0.713915
002339	2012-12-31	0.084343	0.08344	0.118374	0.126419	0.184662	1.639927	2.618511	1.185763	0.750853	0.603096	1.112016	0.195675	1.831937	0.522657	0.112016	2.726458
002340	2012-12-31	0.037056	0.022718	0.057945	0.053141	0.120237	6.339051	0.86999	2.056017	0.464054	0.223362	1.133059	0.616583	-1.412138	0.544087	0.048554	1.291498
002379	2012-12-31	0.026711	0.003644	0.01149	0.011464	0.015873	12.160925	4.5185	-1.893513	1.029192	0.392049	1.885238	0.433489	0.140831	0.148917	0.011623	0.647863
002479	2012-12-31	0.091116	0.088698	0.11904	0.107788	0.129182	11.98035	26.388089	2.770831	2.187805	0.945733	1.117415	0.359913	-0.060276	1.321689	0.06154	4.752502
002499	2012-12-31	0.023728	0.026435	0.038837	0.035613	0.074497	1.980632	2.923933	1.202781	0.691814	0.436227	1.146612	0.281103	-1.075221	0.198582	0.033781	2.353932
002514	2012-12-31	0.033824	0.042631	0.047837	0.097895	0.112107	3.126201	3.234496	0.857108	0.721258	0.495245	1.031187	0.047529	-0.795857	-0.001163	0.027628	6.309242
002534	2012-12-31	0.055589	0.053171	0.135756	0.041143	0.044536	6.247619	9.13534	6.807129	1.931407	1.533029	1.092432	0.124017	-0.071183	1.954612	0.105747	1.396127

续表

股票代码	截止日期	资产报酬率	总资产净利润率	净资产收益率	营业利润率	成本费用利润率	应收账款周转率	存货周转率	营运资金(资本)周转率	流动资产周转率	总资产周转率	资本保值增值率	总资产增长率	营业利润增长率	营业总收入增长率	可持续增长率	流动比率
002573	2012-12-31	0.037618	0.037706	0.347318	0.296269	0.405566	2.666095	2.80219	0.313979	0.259847	0.140042	1.064151	0.017805	-0.307479	-0.14459	0.020588	5.800241
002598	2012-12-31	0.081422	0.093062	0.125041	0.150392	0.18523	5.204202	2.627943	1.44122	0.977736	0.672861	1.03705	0.012649	-0.350024	-0.023592	0.037066	3.109537
002645	2012-12-31	0.042198	0.053262	0.065036	0.095463	0.113048	6.547059	3.418033	1.075626	0.817716	0.61742	1.04691	-0.091674	1.835904	-0.127069	0.053155	4.170552
300007	2012-12-31	0.063707	0.070378	0.080534	0.122215	0.247576	2.311944	1.824801	0.759541	0.603102	0.359856	1.09336	0.055495	-0.48055	0.012171	0.07683	4.85521
300021	2012-12-31	0.047009	0.024215	3.0689	0.059519	0.073496	2.109436	0.934034	3.212505	0.613598	0.437839	1.073998	0.164084	-0.296235	0.427257	0.073998	1.236099
300035	2012-12-31	0.02894	0.03652	.04631	0.130543	0.216675	1.171049	1.257185	0.45695	0.34442	0.225657	1.015056	0.033945	-0.752563	-0.069379	0.048558	4.060712
300040	2012-12-31	0.245121	0.242253	C.304671	-0.08705	1.021893	0.948891	2.421558	0.438962	0.357936	0.266767	1.387853	0.293166	-13.979447	-0.246818	0.394371	5.417566
300055	2012-12-31	0.030723	0.045502	0.056447	0.196367	0.250051	2.309603	4.577998	0.428762	0.346574	0.267796	1.045328	0.029381	0.558256	0.663709	0.038228	5.216848
300070	2012-12-31	0.105773	0.113253	.147184	0.390706	0.614432	2.722749	7.886388	1.082087	0.63271	0.336766	1.194283	0.192362	14.373576	0.726639	0.161449	2.407969
300090	2012-12-31	0.040651	0.027533	0.07769	0.085254	0.117116	2.223022	1.874402	-3.191184	0.576952	0.268606	1.11979	0.523861	0.53304	0.275998	0.084234	0.846887
300118	2012-12-31	-0.137755	-0.125739	-0.257633	-0.557871	-0.499505	1.725379	4.919925	2.522794	0.460779	0.252689	0.787378	-0.037441	4.189862	-0.517663	-0.204856	1.22346
300125	2012-12-31	-0.001109	0.011834	0.015959	0.036213	0.048616	2.816247	1.572836	0.563665	0.392682	0.252571	1.002866	0.05415	-1.543559	-0.103393	0.013982	3.296616
300140	2012-12-31	0.001692	0.014658	0.016322	0.022341	0.070335	2.181151	1.764222	0.325671	0.28558	0.236511	0.992978	-0.011082	-1.030086	-0.282317	0.016593	8.123356
300152	2012-12-31	0.029507	0.041437	0.050009	0.181799	0.256837	1.218237	2.822834	0.478678	0.366497	0.24091	1.025188	0.074373	-1.130682	0.497904	0.045036	4.266994
300156	2012-12-31	0.035649	0.034549	0.053703	0.139718	0.171772	1.602922	1.261864	0.531879	0.330585	0.277048	1.12592	0.42278	-1.082406	1.25969	0.028779	2.642299
300172	2012-12-31	0.039774	0.052942	0.067282	0.158416	0.219418	1.530202	3.187045	0.594638	0.439926	0.345766	1.068475	0.121908	0.976066	0.511003	0.045771	3.843522
300187	2012-12-31	0.034128	0.044048	0.067182	0.111494	0.129231	22.776048	0.942951	0.978998	0.568032	0.465954	1.049191	0.125338	-0.591893	0.65331	0.072021	2.382186
300190	2012-12-31	0.041537	0.060063	0.071379	0.222227	0.312532	1.254819	1.331705	0.44209	0.363206	0.313136	1.10208	0.078961	1.210781	0.343895	0.053575	5.609043
300197	2012-12-31	0.087169	0.087824	0.1367	0.207461	0.263065	17.586582	1.313589	1.874586	0.806596	0.49169	1.148967	0.575673	0.331384	0.459403	0.132029	1.755246
300232	2012-12-31	0.026015	0.030453	0.049848	0.040823	0.062016	5.662043	1.466341	1.973186	0.915075	0.639116	1.060033	0.273411	1.499762	0.142128	0.052463	1.864819

续表

股票代码	截止日期	资产报酬率	总资产净利润率	净资产收益率	营业利润率	成本费用利润率	应收账款周转率	存货周转率	营运资金（资本）周转率	流动资产周转率	总资产周转率	资本保值增值率	总资产增长率	营业利润增长率	营业总收入增长率	可持续增长率	流动比率
300262	2012-12-31	0.060463	0.062179	0.0953	0.154864	0.19508	2.719091	0.74614	0.838125	0.554176	0.501045	1.109765	0.448405	-0.235432	1.26444	0.093692	2.95167
300263	2012-12-31	0.035397	0.047455	0.061608	0.164362	0.201947	1.76051	1.625834	0.567185	0.410996	0.342866	1.064826	0.177825	-0.519534	-0.068947	0.046029	3.631408
300266	2012-12-31	0.048653	0.053437	0.072877	0.115829	0.173564	3.295842	2.395709	1.162318	0.664493	0.406557	1.064067	0.046039	0.02284	-0.05847	0.065024	2.334791
300272	2012-12-31	0.069463	0.082397	0.104714	0.235513	0.329987	6.868447	3.111372	1.069171	0.696306	0.393089	1.049113	0.24175	0.371257	0.162492	0.015934	2.867449
600008	2012-12-31	0.046806	0.034013	0.083778	0.183238	0.344651	2.948892	0.480782	1.421685	0.353555	0.154085	1.066717	0.154094	2.595616	-0.043933	0.049049	1.331004
600126	2012-12-31	-0.022163	-0.043196	-0.100959	-0.019135	-0.018659	334.913354	10.537374	6.950795	2.917326	2.042534	0.896051	-0.073316	-0.739644	-0.232593	-0.091701	1.72328
600133	2012-12-31	0.023299	0.001925	0.010316	0.024066	0.028141	5.186048	1.074312	3.700346	0.671227	0.498199	1.583183	1.511232	-12.253314	4.666423	0.010424	1.221592
600167	2012-12-31	0.042813	0.049008	0.143923	0.273107	0.433272	81.14667	6.262181	-0.754533	0.59644	0.219686	1.168119	0.230916	-22.145024	0.215551	0.110877	0.558511
600168	2012-12-31	0.035172	0.016425	0.027696	-0.524956	0.153355	4.943465	0.654494	1.086152	0.308909	0.081493	1.022012	-0.015133	0.417157	-0.076897	0.01979	1.397442
600187	2012-12-31	0.055872	0.038432	0.060953	0.187997	0.315571	2.530784	28.421312	1.297483	0.624173	0.173333	1.079285	0.108738	1.206274	0.167937	0.064909	1.927022
600207	2012-12-31	-0.093782	-0.14038	-3.077568	-0.233042	-0.199823	6.799559	7.058555	-2.896815	1.953705	0.561629	0.21962	-0.003853	1.197075	0.179109	-0.754756	0.597217
600257	2012-12-31	0.037053	0.013075	0.025783	0.034055	0.036648	13.537142	0.940922	17.020316	0.883485	0.442926	1.017381	0.084092	-1.988418	0.103337	0.01968	1.05475
600268	2012-12-31	0.055515	0.035485	0.096206	0.01599	0.092802	1.148972	3.005537	3.394651	0.639015	0.4781	1.067453	0.190767	10.70607	0.294331	0.082663	1.231894
600273	2012-12-31	0.039655	0.009618	0.02301	-0.095883	0.017833	83.050606	7.359621	-5.936689	2.577178	0.99339	1.023552	-0.196876	1.039525	-0.176902	0.012762	0.697296
600283	2012-12-31	0.022782	0.001711	0.005246	0.026486	0.038875	25.968656	0.502869	-2.186567	0.520392	0.20342	0.939002	0.143275	-8.844624	0.183169	-0.020555	0.807758
600292	2012-12-31	0.069431	0.038503	0.071463	0.060781	0.051383	5.237024	12.067594	4.377476	1.688774	0.878691	1.015405	-0.237149	12.691082	0.198717	0.057121	1.6281
600323	2012-12-31	0.06265	0.041425	0.083416	0.252552	0.330629	17.995228	21.361846	5.87399	1.01013	0.190984	1.283823	0.187187	-0.380381	0.183991	0.061856	1.207681
600333	2012-12-31	0.006979	0.001251	0.002581	-0.029379	0.003049	15.248863	4.04879	-2.621448	2.055522	0.588484	1.002588	0.129425	-3.39157	-0.046356	0.002588	0.560501
600396	2012-12-31	0.052954	0.013263	0.099446	0.053781	0.065427	7.382312	12.857443	-0.958299	3.15108	0.241813	1.058865	0.056007	0.271198	0.110625	0.089525	0.233198
600403	2012-12-31	0.11266	0.113104	0.181493	0.187398	0.237208	12.974835	21.48337	4.685142	1.660482	0.773544	1.940464	0.579627	1.115871	0.346979	0.148533	1.548982

续表

股票代码	截止日期	资产报酬率	总资产净利润率	净资产收益率	营业利润率	成本费用利润率	应收账款周转率	存货周转率	营运资金（资本）周转率	流动资产周转率	总资产周转率	资本保值增值率	总资产增长率	营业利润增长率	营业总收入增长率	可持续增长率	流动比率
600458	2012-12-31	0.052642	0.037119	0.385698	0.043116	0.051061	5.202412	5.093209	8.716233	1.399077	0.878002	1.061142	0.142208	-0.976018	0.084904	0.061011	1.191205
600461	2012-12-31	0.057002	0.023651	0.359161	0.107582	0.127152	6.36426	27.57938	-4.143683	2.704286	0.242021	1.0279	0.082001	-0.574451	0.048649	0.041644	0.605097
600481	2012-12-31	0.04311	0.028669	0.085518	0.023572	0.048485	10.664378	5.59881	8.274669	1.554543	0.851858	1.02915	0.285161	-1.323436	0.134706	-0.002848	1.231327
600483	2012-12-31	0.02842	0.020585	0.031701	0.018814	0.023307	26.266479	6.399199	4.178815	1.851519	1.107286	0.995642	-0.024373	0.195271	-0.149124	0.013336	1.795567
600493	2012-12-31	0.033378	0.00943	0.019522	-0.076531	0.023208	6.401371	3.764492	25.067808	1.232113	0.660747	1.019911	0.03917	-0.571118	-0.099919	0.010853	1.051692
600509	2012-12-31	0.048602	0.028488	0.104483	0.090221	0.116299	7.130605	5.836637	1.554588	0.677789	0.320793	1.049821	0.214555	-0.303016	0.216757	0.072357	1.773027
600617	2012-12-31	-0.245495	-0.453846	.13368	-0.9745	-1.057058	5.881785	3.700349	-0.2585	0.512446	0.493486	1.154308	0.133101	6.535934	-1	0.154308	0.217132
600635	2012-12-31	0.053832	0.036371	.084769	0.115073	0.115312	12.908933	11.241836	-3.053624	1.878836	0.343139	1.018281	0.077153	0.841616	0.012003	0.063435	0.619088
600649	2012-12-31	0.048498	0.046601	.094532	0.38169	0.400854	58.397218	0.300862	0.841012	0.303823	0.170191	1.084988	0.077551	0.746153	0.075551	0.06818	1.565578
600758	2012-12-31	0.028951	0.027531	3.052086	0.080146	0.109203	14.452438	7.839063	-9.590938	1.781595	0.394593	1.054948	0.000209	-24.604208	0.089552	0.033881	0.843342
600769	2012-12-31	-1.218167	-1.291531	1.489505	-2.642709	-1.384646	10.796791	8.551974	-0.290011	3.054725	0.491008	-2.04288	-0.518017	7.202187	-0.725222	-3.04288	0.086707
600795	2012-12-31	0.062153	0.032198	.130047	0.13432	0.15559	7.669502	13.014808	-1.214002	2.968537	0.268206	1.277218	0.139588	1.077873	0.101388	0.094657	0.290255
600863	2012-12-31	0.082612	0.051572	.143248	0.210136	0.250064	9.676745	18.814481	-1.616352	4.677818	0.306553	1.787145	0.396387	-0.103535	0.529167	0.110535	0.256801
600874	2012-12-31	0.047238	0.026637	0.069813	0.214782	0.293859	1.045047	10.282113	2.353208	0.582871	0.158855	1.05839	0.134466	-0.260721	0.047892	0.050462	1.29243
600886	2012-12-31	0.034961	0.013829	0.079182	0.094839	0.107322	7.579893	14.282383	-1.214811	1.724563	0.163589	1.171259	0.206646	-0.463109	0.099683	0.072412	0.413289
600982	2012-12-31	0.051035	0.041245	0.070269	0.069666	0.084673	14.433547	8.606964	3.76331	1.096375	0.622436	1.284249	0.254578	-4.539341	0.025474	0.050833	1.411099
601139	2012-12-31	0.064733	0.056198	0.121221	0.074463	0.082422	33.776188	17.804572	-4.720043	3.100834	0.926485	1.09041	0.046328	-0.500156	0.105446	0.065189	0.603518
601158	2012-12-31	0.100605	0.105328	0.152386	0.434404	0.739922	7.112203	17.115771	1.29564	0.83494	0.221265	1.069184	0.031441	0.102772	0.051219	0.053682	2.812329
601199	2012-12-31	0.047079	0.054806	0.079406	0.337066	0.551031	18.525726	2.650195	0.854794	0.392765	0.206282	1.078028	0.159155	0.105653	0.003508	0.048234	1.850087
601699	2012-12-31	0.063081	0.051745	0.123708	0.151737	0.178162	46.496767	15.788985	-27.911745	1.29274	0.506536	1.054174	0.145821	-0.500064	-0.105277	0.083478	0.955735

续表

指标 股票代码	截止日期	资产报酬率	总资产净利润率	净资产收益率	营业利润率	成本费用利润率	应收账款周转率	存货周转率	营运资金（资本）周转率	流动资产周转率	总资产周转率	资本保值增值率	总资产增长率	营业利润增长率	营业总收入增长率	可持续增长率	流动比率
601727	2012-12-31	0.037788	0.03757	0.109619	0.06611	0.081236	3.740555	2.640264	4.295492	0.839813	0.649343	1.080372	0.112304	-0.51555	0.128465	0.098345	1.243024
000027	2013-12-31	0.066045	0.052005	0.092181	0.127654	0.204891	6.26114	8.8725	-7.394447	1.258425	0.369856	1.073543	0.031963	-0.588616	-0.037237	0.060567	0.854566
000037	2013-12-31	0.056996	0.013488	0.040771	-0.724412	0.048633	1.267079	1.251698	-4.843117	0.333761	0.204112	1.044676	-0.0173	-0.967775	-0.122501	0.042504	0.935529
000532	2013-12-31	0.070257	0.069031	0.084942	0.412943	0.525143	2.853656	2.187019	0.784984	0.541364	0.201827	1.056412	0.120989	-0.195182	0.077926	0.06995	3.222161
000544	2013-12-31	0.051677	0.032334	0.070938	0.085633	0.171079	1.409709	41.345535	-2.435089	0.890802	0.264715	1.086745	0.295223	-1.954341	0.167136	0.063568	0.732161
000547	2013-12-31	0.063367	0.055183	0.088055	0.292153	0.320399	1.487581	0.727946	0.347992	0.260912	0.188965	1.009396	0.097592	-0.206365	0.265828	0.069037	3.996264
000598	2013-12-31	0.075116	0.072126	0.110329	0.358884	0.586993	6.051897	11.223199	9.015542	1.161205	0.232304	1.561271	0.246463	-0.483303	0.123059	0.110311	1.147842
000605	2013-12-31	-0.025029	-0.025798	-0.035549	-0.170456	-0.152316	7.261219	3.311993	0.329527	0.208438	0.150796	5.589229	2.436556	148.335097	0.231839	-0.034328	2.721358
000652	2013-12-31	0.043192	0.020301	0.134609	0.025877	0.06778	21.349567	1.426527	-11.98207	0.798266	0.512118	1.071914	0.202114	10.814273	0.704128	0.148989	0.937539
000669	2013-12-31	0.070779	0.056527	0.140853	0.268065	0.376346	11.666408	70.178212	-1.323756	2.036631	0.29137	1.171575	0.177732	0.042614	0.276677	0.133221	0.39393
000685	2013-12-31	0.081509	0.074327	0.092597	0.752706	0.844457	18.455707	21.972832	2.131327	1.105085	0.105722	1.081878	0.073629	0.488351	0.060855	0.080921	2.076826
000692	2013-12-31	0.01949	0.005407	0.015647	0.005897	0.022009	5.295721	2.800166	-1.362835	1.402544	0.423545	1.01642	0.111518	-2.030652	0.033611	-0.005282	0.49282
000695	2013-12-31	0.031137	0.003128	0.01146	-0.037632	0.006528	3.87071	15.217508	-2.263783	2.104165	0.630854	0.913495	-0.029441	-1.032183	-0.069354	0.011593	0.518272
000720	2013-12-31	0.051072	0.011813	0.067537	0.017869	0.023531	5.976954	9.0741	-2.092699	3.047641	0.524725	1.096787	-0.020301	-1.676499	-0.047179	0.072428	0.407113
000722	2013-12-31	0.058057	0.054904	0.069138	0.653165	1.16239	15.814711	49.621073	-2.269728	0.718087	0.08386	1.084518	0.343273	-0.093169	-0.067621	0.074273	0.759661
000791	2013-12-31	0.062282	0.02608	0.094017	0.234722	0.292334	21.662022	339.644877	-1.523791	2.989217	0.121453	1.078092	0.0038	-1.216685	0.022634	0.0823	0.337644
000826	2013-12-31	0.087657	0.079066	0.133805	0.249782	0.353958	1.345317	22.523326	1.213185	0.619766	0.360379	1.119693	0.176572	0.455876	0.270672	0.135224	2.044396
000862	2013-12-31	0.01788	-0.030375	-0.418475	-0.162293	-0.144023	2.4478	1.539578	3.028584	0.820075	0.194509	0.68399	-0.068116	34.430732	-0.01755	-0.295018	1.371325
000875	2013-12-31	0.036545	0.001197	0.005087	-0.000251	0.005544	5.687016	38.714526	-2.208988	1.520197	0.237723	1.719982	0.144925	1.084025	-0.00838	0.005113	0.592351
000899	2013-12-31	0.115286	0.071827	0.248623	0.166274	0.196448	10.280713	11.555677	-1.515449	3.079278	0.431627	1.338121	-0.007224	-0.482287	0.030751	0.269279	0.329824

续表

指标 股票代码	截止日期	资产报酬率	总资产净利润率	净资产收益率	营业利润率	成本费用利润率	应收账款周转率	存货周转率	营运资金（资本）周转率	流动资产周转率	总资产周转率	资本保值增值率	总资产增长率	营业利润增长率	营业总收入增长率	可持续增长率	流动比率
000920	2013-12-31	0.052044	0.049412	0.090988	0.04688	0.066327	6.079491	5.733382	7.560545	1.709665	0.924465	1.125502	0.23865	-0.056826	0.033419	0.100095	1.292206
000925	2013-12-31	-0.030643	-0.048363	-0.154211	-0.120069	-0.105647	1.480954	6.380456	-18.611364	0.790334	0.459495	0.908477	-0.001095	41.438616	0.105478	-0.133608	0.959265
000939	2013-12-31	0.022255	0.005372	0.020621	0.023846	0.032514	1.410415	6.235132	-1.538038	0.678985	0.184744	1.013979	0.027603	-5.833018	-0.163067	0.021055	0.69374
000958	2013-12-31	0.317268	0.297612	0.981159	0.065067	0.849604	13.470717	8.700132	-2.088699	0.748718	0.321287	-0.896218	0.642594	-5.242093	-0.151196	52.074521	0.736127
000966	2013-12-31	0.073855	0.032121	0.162	0.121093	0.068008	8.776056	14.829426	-2.131036	4.139285	0.678605	1.19054	-0.096922	-0.602786	0.055357	0.193317	0.339861
001896	2013-12-31	0.115639	0.073981	0.289859	0.111768	0.130487	8.603632	19.169799	-10.961322	3.953371	0.746933	1.404436	-0.077355	-0.741804	-0.079387	0.408172	0.734934
002074	2013-12-31	0.047529	0.034003	0.08085	0.066486	0.078538	1.842912	2.957669	5.634464	0.91032	0.583437	1.038723	0.17324	-0.916441	0.244498	0.07681	1.192695
002077	2013-12-31	0.046599	0.008223	0.045619	0.029804	0.034205	1.324301	2.018472	9.454642	0.621126	0.459764	1.069637	0.180008	2.037468	0.201833	0.034856	1.070315
002125	2013-12-31	0.047268	0.00615	0.019904	-0.062929	0.014632	3.941862	2.991109	-3.638441	1.162344	0.574039	1.022853	-0.013525	-0.293415	0.121477	0.020308	0.757885
002140	2013-12-31	0.050007	0.051759	0.148051	0.1024	0.11734	3.442666	2.515312	2.641009	0.674319	0.588951	1.152883	0.027949	1.404683	-0.109715	0.155023	1.34287
002200	2013-12-31	0.025448	0.010106	0.044453	-0.072005	0.037948	1.64137	0.44974	2.541934	0.335369	0.289502	1.05938	0.437845	-0.499472	0.293952	0.046521	1.151987
002218	2013-12-31	0.018108	0.005061	0.009017	0.005935	0.015961	2.724102	1.658728	4.41758	0.896118	0.414912	1.008742	0.113246	4.119125	1.011421	0.009099	1.255622
002221	2013-12-31	0.03075	0.016344	0.063097	0.016331	0.016755	30.576822	6.063668	108.265435	1.967186	1.221022	1.220448	0.583255	8.857135	0.724094	0.060687	1.018506
002267	2013-12-31	0.063138	0.038631	0.103842	0.097217	0.107622	20.564168	66.047563	-4.12734	3.061354	0.468773	1.071853	0.137676	6.011655	0.067026	0.059862	0.574143
002339	2013-12-31	0.07488	0.07499	0.095058	0.100039	0.172974	1.559145	2.866412	0.979547	0.707905	0.538189	1.331711	0.189908	0.547782	0.061847	0.084068	3.606015
002340	2013-12-31	0.047747	0.02176	0.063469	0.022973	0.053763	7.529062	1.795821	11.132611	1.049004	0.450589	1.065355	0.218299	-1.242616	1.457682	0.06777	1.104031
002379	2013-12-31	0.02333	0.001068	0.004342	0.003043	0.005308	10.691095	4.404323	-1.3172	0.92827	0.354935	1.004291	0.294845	-1.803593	0.172267	0.001574	0.586603
002479	2013-12-31	0.063363	0.05048	0.078599	0.059648	0.071735	11.486125	19.068382	9.420732	2.674588	0.884339	1.079024	0.251854	0.363573	0.170588	0.085304	1.396462
002499	2013-12-31	0.013201	0.012396	0.018031	0.011707	0.029799	2.132662	3.232745	1.243843	0.71965	0.43481	1.011492	0.001479	4.572273	-0.001774	0.012086	2.372873
002514	2013-12-31	0.028022	0.030693	0.037718	0.067495	0.07768	2.975623	2.938283	1.094241	0.775904	0.49674	1.035211	0.133699	-0.188341	0.137121	-0.002753	3.437367

续表

股票代码	截止日期	资产报酬率	总资产净利润率	净资产收益率	营业利润率	成本费用利润率	应收账款周转率	存货周转率	营运资金（资本）周转率	流动资产周转率	总资产周转率	资本保值增值率	总资产增长率	营业利润增长率	营业总收入增长率	可持续增长率	流动比率
002534	2013-12-31	0.025156	0.02077	0.047991	0.025419	0.035012	2.895077	5.622738	3.419217	1.155828	0.851974	1.007942	-0.08782	-2.150403	-0.49306	0.0289	1.510663
002573	2013-12-31	0.048844	0.04893	0.075559	0.258932	0.356176	2.880954	4.048786	1.320148	0.515485	0.209348	1.085103	0.335246	-0.142805	0.996045	0.043609	1.640623
002598	2013-12-31	0.07231	0.083259	0.113442	0.142052	0.189497	3.797282	2.028895	1.31732	0.860185	0.580291	1.027024	0.041476	-0.292695	-0.101808	0.027213	2.881688
002645	2013-12-31	0.033861	0.041156	0.052333	0.084158	0.104151	7.337549	2.57306	0.93966	0.680856	0.505407	1.043999	0.087185	1.355676	-0.110053	0.039915	3.630777
300007	2013-12-31	0.050951	0.05133	0.070112	0.096484	0.206437	2.447921	2.074536	1.293882	0.627707	0.323766	1.064873	0.271077	5.133664	0.1436	0.065514	1.942257
300021	2013-12-31	0.039753	0.012169	0.036165	0.01329	0.032899	2.260175	1.389254	4.94804	0.712126	0.507335	1.045399	0.091935	-1.385751	0.265251	0.001234	1.168116
300035	2013-12-31	0.062252	0.065231	0.083936	0.147594	0.404706	1.117641	0.663995	0.402562	0.311011	0.234861	1.091331	0.107413	-0.803759	0.152584	0.043209	4.397138
300040	2013-12-31	-0.002115	0.006246	0.007241	-0.038344	0.040666	0.546498	0.908218	0.244289	0.217601	0.143991	0.985295	-0.091784	-21.560052	-0.509779	-0.003827	9.1538
300055	2013-12-31	0.046252	0.058739	0.075737	0.214986	0.282479	2.351655	3.841874	0.58687	0.440412	0.322798	1.060708	0.102471	0.033273	0.328906	0.060708	4.00708
300070	2013-12-31	0.121861	0.115568	0.183465	0.334461	0.483769	2.453078	10.201465	2.569971	0.818377	0.385267	1.265627	0.54601	19.161862	0.768666	0.206445	1.467219
300090	2013-12-31	0.064903	0.041501	0.095343	0.149596	0.179998	1.3138	2.018536	-17.711626	0.555495	0.262161	1.734843	0.412485	0.818316	0.378593	0.105392	0.96959
300118	2013-12-31	0.031865	0.018346	0.036691	0.037656	0.047152	2.743317	5.844201	4.318859	0.909598	0.527771	1.04475	0.019741	0.559428	1.129846	0.038088	1.266802
300125	2013-12-31	0.003924	0.01505	0.020008	0.050701	0.068947	2.556184	1.327439	0.505693	0.352035	0.280839	1.027396	0.01277	-2.615646	-0.131713	0.017129	3.291032
300140	2013-12-31	-0.008693	0.011749	0.013906	0.047496	0.06907	1.92105	1.889808	0.392885	0.311369	0.232724	1.109108	0.178844	0.130412	0.159971	-0.000155	4.819732
300152	2013-12-31	0.018581	0.021827	0.028614	0.086765	0.104734	0.998178	4.775305	0.657981	0.441552	0.280173	1.115036	0.211207	-0.720378	0.408607	0.024565	3.040177
300156	2013-12-31	-0.050258	-0.067401	-0.124945	-0.763795	-0.564389	0.466602	0.487084	0.254925	0.116956	0.095805	0.876556	0.045348	8.500039	-0.638512	-0.111068	1.847698
300172	2013-12-31	0.048707	0.056358	0.078481	0.136103	0.175991	1.612759	4.276866	0.836895	0.558237	0.441709	1.059647	0.161095	1.687365	0.483273	0.059647	3.003302
300187	2013-12-31	0.03398	0.039203	0.063215	0.094729	0.110801	6.584347	1.217907	1.103719	0.580299	0.464383	1.068572	0.129739	-0.734055	0.12593	0.060842	2.108666
300190	2013-12-31	0.015155	0.02415	0.029171	0.084966	0.136993	0.957222	1.207182	0.4956	0.370585	0.235963	1.024943	0.041774	-1.176902	-0.214976	0.013305	3.964319
300197	2013-12-31	0.077635	0.064926	0.129812	0.17922	0.213639	13.373962	1.132842	2.109818	0.67357	0.413304	1.145822	0.471831	0.997569	0.237188	0.126501	1.468979

续表

股票代码	截止日期	资产报酬率	总资产净利润率	净资产收益率	营业利润率	成本费用利润率	应收账款周转率	存货周转率	营运资金(资本)周转率	流动资产周转率	总资产周转率	资本保值增值率	总资产增长率	营业利润增长率	营业总收入增长率	可持续增长率	流动比率
300232	2013-12-31	0.041892	0.039255	0.065914	0.046915	0.066325	4.180968	1.864201	2.973441	1.191034	0.775227	1.043235	0.070169	-0.105025	0.298079	0.059183	1.668217
300262	2013-12-31	0.068529	0.056348	0.12025	0.181787	0.233283	3.371546	43.722035	4.922775	0.752121	0.397424	1.129371	0.572538	-0.251005	0.24732	0.120706	1.180336
300263	2013-12-31	0.050278	0.055343	0.079376	0.170787	0.227543	1.144103	1.626881	0.924572	0.52018	0.355076	1.543232	0.704912	0.37651	0.765626	0.061628	2.286327
300266	2013-12-31	0.026269	0.030013	0.039576	0.068311	0.0843	3.284613	2.854348	1.350193	0.877733	0.447512	1.028896	-0.00519	-0.303004	0.095023	0.029766	2.857794
300272	2013-12-31	0.10003	0.104019	0.113524	0.211371	0.283052	6.115409	3.316631	1.384965	1.188925	0.55548	1.065325	-0.085124	0.167515	0.292827	0.061835	7.064705
600008	2013-12-31	0.050909	0.034874	0.086213	0.178986	0.301603	3.093781	1.008795	1.936193	0.435769	0.17391	1.103991	0.108023	2.364138	0.250591	0.055607	1.290431
600126	2013-12-31	0.023134	0.004825	0.011413	0.00385	0.004119	232.874844	8.342382	14.018494	2.786565	2.006108	1.008938	0.021129	0.633567	0.002919	0.00918	1.248093
600133	2013-12-31	-0.032948	-0.044999	-0.354727	-0.081713	-0.087388	6.027173	0.883065	2.027722	0.577047	0.489342	0.937159	0.378768	3.646977	0.354256	-0.261844	1.397778
600167	2013-12-31	0.046263	0.051161	3.159387	0.29344	0.480467	29.777482	23.277234	-0.974327	0.468052	0.214682	1.137051	0.206226	353.047441	0.178753	0.124724	0.6755
600168	2013-12-31	0.052054	0.03786	0.067874	0.14011	0.373091	4.139972	278.52012	-30.377903	0.759615	0.144014	2.152698	1.288682	-1.055839	3.044575	0.062128	0.975605
600187	2013-12-31	0.051471	0.041242	0.055015	0.232602	0.3894	1.42979	7.83047	0.497337	0.386436	0.165939	2.052728	0.726524	2.330247	0.65288	0.058218	0.484523
600207	2013-12-31	0.045462	0.005734	0.014679	-0.08591	0.015778	5.945404	8.743427	4.516286	1.401806	0.610121	10.149627	0.185295	-0.754394	0.287635	0.014898	1.450093
600257	2013-12-31	0.132691	0.112705	0.190565	0.277471	0.248462	16.48992	1.156568	2.153298	0.808657	0.456128	1.228239	0.053177	23.898281	0.084569	0.23543	1.601393
600268	2013-12-31	0.028966	0.012328	0.039549	0.004367	0.03417	1.240385	3.264663	4.539033	0.674267	0.508196	0.995655	0.178087	23.976186	0.252247	0.022079	1.174465
600273	2013-12-31	-0.008774	-0.027456	-0.058224	-0.03723	-0.023423	42.293571	5.022458	-7.674047	3.183038	1.115907	0.942169	-0.164826	-8.589905	-0.061822	-0.05502	0.706824
600283	2013-12-31	0.018545	0.00265	0.009029	0.045325	0.053355	35.112266	0.453956	-1.257484	0.541129	0.204159	0.969728	0.077837	0.995032	0.081754	-0.004476	0.699141
600292	2013-12-31	0.053351	0.047886	0.0931	0.108655	0.122136	3.117847	3.097665	7.208551	1.072117	0.565447	1.00676	0.054596	-0.357729	-0.321355	0.071964	1.174713
600323	2013-12-31	0.059177	0.043262	0.094552	0.265221	0.356963	12.570452	11.835321	-2.65835	1.202775	0.184483	1.07898	0.1711	-0.362261	0.131239	0.076693	0.688491
600333	2013-12-31	0.014927	0.009615	0.018686	-0.009458	0.025281	19.382176	3.114404	-9.441074	1.603107	0.466768	1.355756	0.277159	-0.155327	0.013004	0.010558	0.854846
600396	2013-12-31	0.070475	0.02546	0.169904	0.096588	0.106356	9.311912	20.638557	-0.991099	4.001013	0.295506	1.135089	0.010245	-0.722587	0.234564	0.172432	0.198533
600403	2013-12-31	0.077062	0.078118	0.112731	0.148705	0.181667	11.676503	14.623113	5.666219	1.919432	0.723413	1.037275	-0.067166	-0.368745	-0.12762	0.086014	1.512287

续表

股票代码	截止日期	资产报酬率	总资产净利润率	净资产收益率	营业利润率	成本费用利润率	应收账款周转率	存货周转率	营运资金（资本）周转率	流动资产周转率	总资产周转率	资本保值增值率	总资产增长率	营业利润增长率	营业总收入增长率	可持续增长率	流动比率
600458	2013-12-31	0.031341	0.022048	0.03958	0.026546	0.032567	4.447812	4.616846	2.819675	1.100516	0.74136	1.705449	0.326101	-1.262788	0.119723	0.027642	1.640148
600461	2013-12-31	0.050863	0.021869	0.05629	0.09391	0.109924	5.766275	31.999125	-3.625347	2.367992	0.256394	1.046061	0.076414	-0.495907	0.14034	0.035502	0.604896
600481	2013-12-31	0.094627	0.076881	0.212392	0.086521	0.122223	11.247512	5.093766	12.562163	1.746501	0.898719	1.152794	0.067633	-0.055288	0.126365	0.013247	1.161479
600483	2013-12-31	0.028414	0.020633	0.030458	0.013262	0.024897	14.94425	5.206953	3.360859	1.687699	1.039703	0.987969	-0.052968	-87.030908	-0.110769	0.01183	2.00869
600493	2013-12-31	0.031267	0.011875	0.022308	-0.014912	0.019658	7.473501	3.35025	-15.981378	1.802433	0.74625	1.013832	-0.079967	-11.538783	0.039088	0.013832	0.898648
600509	2013-12-31	0.039005	0.02459	0.062201	0.094989	0.122408	6.553442	4.6309	4.476403	0.833502	0.275738	1.79617	0.238804	-0.849516	0.064815	0.001217	1.228802
600617	2013-12-31	0.044593	0.028682	0.185121	0.098077	0.105334	25.450318	125.110662	-2.4767	2.303035	0.407209	-24.230056 529.944289	0.00714	-112.98303	1	0.227175	0.518167
600635	2013-12-31	0.043735	0.029121	0.065177	0.089267	0.090257	11.764452	11.839248	-2.66516	2.327432	0.360041	1.048802	0.161834	0.413332	0.056749	0.043001	0.533823
600649	2013-12-31	0.044453	0.041587	0.092964	0.525815	0.756081	27.416814	0.1346	0.416494	0.172255	0.102233	1.054294	0.213298	4.92882	-0.302091	0.068195	1.705274
600758	2013-12-31	0.024189	0.023713	0.052585	0.087417	0.104726	6.603107	7.405148	-2.335255	2.732117	0.358176	1.035117	0.213298	67.314838	0.101322	0.035117	0.460841
600769	2013-12-31	5.119504	4.836601	14.775213	-11.443232	1.384461	5.707435	109.049811	1.238147	0.327938	0.300065	-0.072594	-0.807709	2.516826	-0.882487	-1.072594	1.360289
600795	2013-12-31	0.063706	0.038282	0.156942	0.167088	0.19934	8.233964	19.465726	-1.000579	3.90438	0.275501	1.142108	0.159248	-0.178258	0.190779	0.134802	0.203993
600863	2013-12-31	0.084081	0.055564	0.14272	0.20351	0.242526	9.574803	19.366564	-1.421648	5.551039	0.34133	1.06707	-0.013234	-0.720562	0.098712	0.062613	0.203888
600874	2013-12-31	0.042097	0.02604	0.069743	0.210695	0.288292	0.841649	18.223141	1.651417	0.534368	0.158019	1.051332	0.074392	-0.306797	0.068735	0.04398	1.478375
600886	2013-12-31	0.064473	0.036833	0.174218	0.230477	0.298219	8.648119	17.35717	-1.965884	2.769592	0.177608	1.32393	0.093645	-0.326819	0.187371	0.169346	0.41514
600982	2013-12-31	0.096922	0.089544	0.143219	0.187887	0.226535	16.996814	181.736354	1.236525	0.799984	0.437356	1.151892	0.081385	1.406057	-0.240163	0.141828	2.832551
601139	2013-12-31	0.067068	0.06015	0.138207	0.093743	0.11979	28.044349	22.310417	-8.046583	2.221108	0.709777	1.171646	0.248067	0.192302	-0.04386	0.092111	0.78368
601158	2013-12-31	0.087436	0.094497	0.144101	0.436366	0.802589	6.024766	15.078211	0.926706	0.682205	0.201165	1.051652	0.108466	-0.470557	0.00777	0.046791	3.790198
601199	2013-12-31	0.040587	0.048201	0.079104	0.321295	0.501761	37.975041	1.707633	1.86209	0.421771	0.193838	1.051561	0.191112	0.195754	0.119259	0.058169	1.292831
601699	2013-12-31	0.036693	0.025571	0.067309	0.102082	0.114504	18.965194	10.629088	-16.192472	1.025459	0.421041	1.045519	0.151173	0.921007	-0.043126	0.072167	0.940442
601727	2013-12-31	0.034437	0.034223	0.103603	0.054431	0.074192	3.134943	2.882348	4.140195	0.781002	0.612679	1.049808	0.089244	-0.535938	0.027741	0.088363	1.232497

附表 3：样本企业预处理数据表

股票代码	X1	X2	X3	X4	X5	X6	X7	X8	X9	X10	X11	X12	X13	X14	X15	X16
000027	0.0551	0.0416	0.0756	0.0902	0.1534	7.7038	9.0127	-20.3383	1.3866	0.4076	1.0472	0.0476	-0.8224	0.0029	0.0568	0.9654
000037	0.0328	-0.0091	-0.0303	-0.7660	-0.0136	1.7400	1.9383	-4.2049	0.5033	0.2919	0.9781	0.0103	-0.5067	-0.0301	-0.0242	0.8927
000532	0.0588	0.0571	0.0687	0.3127	0.3958	2.9571	2.2108	0.7445	0.5433	0.2073	0.9718	-0.0314	0.5477	-0.0458	0.0512	3.8292
000544	0.0698	0.0542	0.1075	0.1401	0.2240	1.5770	34.0378	0.4531	0.7618	0.2816	1.1285	0.2379	-0.6756	0.1543	0.1171	1.3941
000547	0.0611	0.0578	0.0842	0.3394	0.3987	1.8029	0.9180	0.3514	0.2692	0.1801	1.1001	0.1488	2.4634	0.0721	0.0740	4.7561
000598	0.0865	0.0807	0.1449	0.3668	0.6096	6.4530	10.8025	3.0515	1.0886	0.2535	1.6664	0.7211	-0.3495	0.7936	0.1428	1.0529
000605	0.0005	-0.0003	0.0061	-0.0438	-0.0311	7.2473	2.2476	-0.9139	0.8842	0.2883	2.5508	0.8314	46.3562	0.2926	0.0096	1.2688
000652	0.0335	0.0087	0.0554	0.0247	0.0420	18.4854	1.4472	-5.7988	0.7228	0.4155	0.9943	0.2898	6.6411	0.2007	0.0604	0.8429
000669	0.0447	0.0371	0.0941	0.0937	0.2564	8.1219	73.7818	-1.5391	1.0655	0.2131	5.1540	7.8597	-91.1444	27.1981	0.1002	1.2606
000685	0.0945	0.0864	0.1148	0.9467	1.0198	17.2971	25.4463	1.9097	1.1771	0.1041	1.1056	0.1083	-0.3000	0.0068	0.1172	1.4021
000692	0.0238	0.0088	0.0247	0.0111	0.0310	6.0331	4.0976	-2.1388	1.2101	0.4204	1.0289	0.1057	-0.8218	0.0653	0.0183	0.6207
000695	0.0312	0.0042	0.0153	-0.0356	0.0090	3.4225	12.0996	-3.0547	1.7540	0.6227	0.9848	0.0486	-1.7317	0.0291	0.0156	0.6074
000720	0.0351	-0.0050	-0.0383	-0.0265	-0.0061	5.9288	9.5640	-1.8461	3.0898	0.5184	0.9804	-0.0055	-1.9990	0.0187	-0.0192	0.3725
000722	0.0571	0.0568	0.0621	0.5665	1.0482	23.5463	54.8308	-0.2148	0.7306	0.1001	1.0699	0.1576	0.0010	-0.1259	0.0665	7.7486
000791	0.0420	0.0122	0.0535	0.1403	0.1837	16.4593	228.6544	-2.5851	2.0692	0.2274	4.0404	5.5330	34.0403	1.3015	0.0460	0.5482
000826	0.0920	0.0764	0.1422	0.2361	0.3297	1.3539	34.2376	9.2328	0.7116	0.3731	1.5543	0.3739	0.5724	0.4129	0.1436	1.7802

续表

股票代码	X1	X2	X3	X4	X5	X6	X7	X8	X9	X10	X11	X12	X13	X14	X15	X16
000862	0.0301	-0.0066	-0.1149	-0.0838	-0.0367	2.1774	1.8176	3.3477	0.7547	0.2277	0.9044	0.1064	2.7300	0.0415	-0.0688	1.3541
000875	0.0278	-0.0087	-0.0569	-0.0362	-0.0265	6.6634	31.2964	-2.4558	2.1228	0.2595	1.2429	0.0938	-0.1772	0.2501	-0.0469	0.5425
000899	0.0671	0.0193	0.0477	0.0418	0.0565	10.1509	10.3581	-1.5784	2.6241	0.4116	1.0913	-0.0159	-0.0062	0.0941	0.0748	0.3808
000920	0.0534	0.0526	0.0933	0.0531	0.0665	9.0538	5.0392	7.2352	1.8170	0.9929	1.1160	0.1961	-0.4250	0.1687	0.1029	1.3426
000925	0.0101	-0.0089	-0.0308	-0.0283	-0.0139	1.3961	6.3128	-3.7557	0.7016	0.4520	1.2107	0.1074	11.4714	0.1153	-0.0232	1.1847
000939	0.0524	0.0331	0.1024	0.1434	0.1791	1.8669	9.9904	0.8716	0.8198	0.2321	0.9810	0.0778	-1.9825	-0.1270	0.1162	0.8729
000958	0.0699	0.0161	0.4920	-0.1207	0.1823	9.3187	7.4357	-1.1269	2.0145	0.5425	0.6279	0.1776	-1.3555	-0.1788	17.6181	0.3759
000966	0.0615	0.0155	0.0884	0.0444	0.0332	9.0627	13.1247	-1.9785	3.2515	0.6020	1.0700	-0.0956	7.1051	0.0166	0.1009	0.3896
001896	0.0760	0.0293	0.1268	0.0407	0.0499	8.7889	17.8491	-7.4656	3.2157	0.7409	1.1499	-0.1158	-1.3577	-0.0589	0.1678	0.6909
002074	0.0557	0.0422	0.0881	0.0672	0.0951	1.7986	3.1157	4.3542	0.9227	0.5958	1.0441	0.1463	-1.8268	0.1753	0.0693	1.2921
002077	0.0505	0.0121	0.0647	0.0315	0.0427	2.0443	1.6916	-296.2517	0.6406	0.4955	1.1273	0.2412	1.2622	0.1253	0.0574	1.0349
002125	0.0388	0.0020	-0.0042	-0.0342	0.0005	4.8073	2.9788	-4.0326	1.2801	0.6001	1.0736	0.1821	0.6944	0.0574	0.0001	0.7599
002140	0.0652	0.0666	0.2132	0.1212	0.1436	8.7847	1.9243	3.2344	0.7138	0.6273	1.2265	0.2268	1.6073	0.1561	0.2332	1.2891
002200	-0.0079	-0.0151	-0.0437	-0.0919	-0.0477	1.6093	0.5578	2.6740	0.3747	0.2991	1.0397	0.2485	-3.0813	0.1153	-0.0354	1.1774
002218	-0.0080	-0.0206	-0.0285	-0.1171	-0.0726	7.0838	1.2263	2.7649	0.7037	0.2939	1.2706	0.2414	29.9195	0.3105	-0.0255	1.4510
002221	0.0396	0.0185	0.0698	0.0192	0.0235	24.6804	4.4975	59.2805	1.5879	1.0817	1.5017	0.5903	6.9922	0.6100	0.0669	1.0342
002267	0.0699	0.0501	0.1202	0.1142	0.1306	18.1589	66.9898	-4.9069	3.0228	0.5072	1.0913	0.3023	1.9872	0.1836	0.0729	0.6145
002339	0.0733	0.0728	0.0975	0.1156	0.1764	1.6912	2.5796	0.9963	0.6796	0.5383	1.1750	0.2002	1.3914	0.3242	0.0864	3.2380
002340	0.0433	0.0250	0.0587	0.0565	0.1116	7.5338	1.2738	4.8348	0.6720	0.3026	1.4273	0.6247	-1.1891	0.8711	0.0485	1.3381

续表

股票代码	X1	X2	X3	X4	X5	X6	X7	X8	X9	X10	X11	X12	X13	X14	X15	X16
002379	0.0276	0.0027	0.0098	0.0069	0.0102	11.7407	4.1608	-4.3422	0.9241	0.4120	1.3027	0.4172	-1.3522	0.3581	0.0090	0.7193
002479	0.0773	0.0765	0.0991	0.1150	0.1449	11.2488	19.4670	4.4715	1.9689	0.7947	1.0807	0.2273	0.0693	0.5913	0.0523	4.3297
002499	0.0272	0.0297	0.0408	0.0469	0.0813	2.2426	2.8423	1.0714	0.6672	0.4458	1.0684	0.1240	1.2188	0.1347	0.0344	3.0161
002514	0.0413	0.0472	0.0537	0.0912	0.1210	3.1080	3.3534	0.9100	0.7264	0.5038	1.0201	0.0258	-0.6655	0.0719	0.0355	5.9296
002534	0.0458	0.0444	0.1108	0.0608	0.0712	4.1660	5.9960	4.3874	1.2777	0.9894	1.3419	0.2257	-0.6413	0.5535	0.0833	1.4158
002573	0.0434	0.0416	0.0577	0.2690	0.3703	2.5499	3.3241	0.6482	0.3495	0.1720	1.0607	0.1306	-0.2541	0.3327	0.0312	5.2563
002598	0.0847	0.0933	0.1270	0.1487	0.1914	5.1380	2.3400	1.4185	0.9377	0.6503	1.0280	0.0216	-0.1911	-0.0424	0.0389	2.9536
002645	0.0486	0.0541	0.0730	0.1003	0.1198	9.2007	2.8241	1.0717	0.7591	0.5884	1.0402	0.0365	1.6593	-0.1131	0.0579	3.5504
300007	0.0677	0.0725	0.0811	0.1480	0.2837	2.3770	1.9946	0.9162	0.5910	0.3530	1.0888	0.1666	1.9071	0.2193	0.0819	3.7811
300021	0.0433	0.0210	0.0534	0.0530	0.0707	2.1309	1.1047	3.4324	0.6073	0.4341	1.0528	0.2275	0.1533	0.3047	0.0503	1.2355
300035	0.0416	0.0483	0.0643	0.1507	0.2907	1.1504	1.2175	0.4126	0.3216	0.2371	1.0475	0.1007	-0.6524	0.1326	0.0382	4.6501
300040	0.0926	0.0936	0.1135	-0.0225	0.3834	0.8892	1.9831	0.5121	0.3963	0.2896	1.1342	0.0945	-12.0153	-0.1822	0.1400	6.0429
300055	0.0331	0.0467	0.0591	0.2236	0.2983	2.1012	3.2656	0.4257	0.3319	0.2521	1.0512	0.0987	0.3245	0.4335	0.0438	4.7247
300070	0.1004	0.1035	0.1457	0.3746	0.5892	2.9366	7.7206	1.4098	0.6077	0.3182	1.2023	0.3764	15.1698	0.8485	0.1584	2.2285
300090	0.0502	0.0345	0.0814	0.1096	0.1465	1.9260	1.8270	-6.3296	0.5394	0.2838	1.3333	0.4436	0.2793	0.4076	0.0839	1.0522
300118	-0.0237	-0.0315	-0.3665	-0.1646	-0.1407	2.3433	4.8422	2.7114	0.6807	0.4282	0.9452	0.0947	0.5128	0.1664	-0.0521	1.5242

续表

指标 股票代码	X1	X2	X3	X4	X5	X6	X7	X8	X9	X10	X11	X12	X13	X14	X15	X16
300125	0.0098	0.0219	0.0286	0.0662	0.0849	3.2549	1.5291	0.5541	0.3958	0.3312	1.0277	0.0359	-1.5679	-0.1101	0.0239	3.5106
300140	0.0091	0.0237	0.0268	0.0674	0.1085	2.2543	1.9753	0.3810	0.3233	0.2650	1.0377	0.0544	-0.4076	-0.0578	0.0147	7.0717
300152	0.0284	0.0359	0.0433	0.1828	0.2639	1.2885	3.4499	0.4792	0.3539	0.2313	1.0561	0.1050	-0.9349	0.3900	0.0271	4.5476
300156	0.0061	0.0028	-0.0068	-0.1162	0.0020	1.4063	0.7573	0.3464	0.2160	0.1824	1.0187	0.2001	2.3293	0.1923	-0.0095	3.1144
300172	0.0411	0.0528	0.0684	0.1638	0.2280	1.5636	3.6051	0.5926	0.4269	0.3481	2.0263	0.7089	1.1796	0.2838	0.0514	4.0912
300187	0.0306	0.0393	0.0599	0.1083	0.1294	12.4356	1.1404	0.8756	0.5030	0.4158	2.7820	0.8782	-0.5448	0.3232	0.0552	2.4851
300190	0.0328	0.0432	0.0519	0.1712	0.2458	1.2596	1.1964	0.4196	0.3330	0.2668	1.0722	0.0538	0.2983	0.4618	0.0350	5.1048
300197	0.0817	0.0810	0.1230	0.1953	0.2450	13.5347	1.2434	1.5564	0.6917	0.4786	1.1452	0.5224	0.6118	0.3328	0.1139	3.6115
300232	0.0412	0.0436	0.0664	0.0585	0.0798	7.6975	1.8538	2.0644	0.9862	0.7090	1.0566	0.1994	0.4974	0.1276	0.0620	2.2319
300262	0.0584	0.0548	0.0898	0.1537	0.2068	2.3813	15.8718	2.0489	0.5449	0.4063	1.1177	0.4836	-0.2310	0.5384	0.0905	3.6212
300263	0.0531	0.0600	0.0772	0.1745	0.2304	1.8341	2.1483	0.6945	0.4745	0.3772	1.2353	0.3640	0.1123	0.4778	0.0583	3.9566
300266	0.0481	0.0501	0.0685	0.1102	0.1543	3.6886	2.6583	1.1199	0.7081	0.4353	1.0377	0.0249	-0.0621	0.0548	0.0604	2.7962
300272	0.0848	0.0892	0.1018	0.2233	0.3035	6.5902	3.4167	1.0111	0.8094	0.4562	1.0459	0.1200	0.2734	0.2034	0.0311	8.6478
600008	0.0491	0.0348	0.0836	0.1787	0.3161	3.5673	0.8144	1.4466	0.4055	0.1713	1.0754	0.1306	2.4660	0.1240	0.0512	1.4640
600126	0.0178	-0.0008	-0.0028	0.0011	0.0016	438.7463	10.4101	9.7903	3.0798	2.1717	0.9868	-0.0131	-0.3781	-0.0265	-0.0021	1.5660
600133	0.0081	-0.0132	-0.1109	0.0237	0.0202	4.7418	0.9298	4.4937	0.5974	0.4028	1.1592	0.6130	-5.0095	1.5825	-0.0798	1.2316

续表

股票代码 \ 指标	X1	X2	X3	X4	X5	X6	X7	X8	X9	X10	X11	X12	X13	X14	X15	X16
600167	0.0432	0.0484	0.1425	0.2825	0.4371	53.5480	13.2530	-1.0168	0.5117	0.2189	1.1496	0.2122	104.6689	0.2372	0.1264	0.6572
600168	0.0426	0.0245	0.0431	-0.2808	0.2385	4.5469	93.2819	-9.4999	0.4750	0.1042	1.4007	0.4147	0.0390	0.8438	0.0367	1.3973
600187	0.0517	0.0391	0.0580	0.2013	0.3399	2.4960	24.1458	1.0917	0.5450	0.1679	2.1753	0.6481	1.9008	0.6076	0.0616	2.7136
600207	-0.0056	-0.0420	-1.0000	-0.1388	-0.0531	6.7333	7.1501	-1.6286	1.6846	0.5487	3.8029	0.1573	-0.0953	0.1280	-0.2321	0.9468
600257	0.0698	0.0471	0.0815	0.1137	0.1102	14.7583	1.0720	9.1370	0.8691	0.4448	1.1000	0.0448	7.5219	0.1174	0.0948	1.2604
600268	0.0477	0.0276	0.0735	0.0109	0.0746	1.1769	2.9763	3.3144	0.6263	0.4754	1.2132	0.2543	11.9723	0.2984	0.0577	1.2661
600273	-0.0344	-0.0614	-0.1809	-0.0996	-0.0509	91.3742	5.6665	-5.8701	2.7205	1.0262	0.8643	-0.2057	-2.4057	-0.1243	-0.1263	0.6763
600283	0.0269	0.0097	0.0256	0.0771	0.0851	29.8014	0.4849	-2.0069	0.5349	0.2014	0.9185	0.0704	-2.6658	0.0744	-0.0039	0.7776
600292	0.0506	0.0316	0.0677	0.0557	0.0632	4.3111	7.5526	14.3622	1.4206	0.6678	1.4660	0.0681	-5.2666	0.0349	0.0500	1.2843
600323	0.0597	0.0419	0.0812	0.2574	0.3460	13.6303	18.3954	1.7711	1.0283	0.1890	1.1519	0.1939	-0.3215	0.1904	0.0733	1.2025
600333	0.0173	0.0129	0.0200	-0.0097	0.0257	18.5311	4.0607	-5.7951	1.9504	0.5841	1.1260	0.1698	0.7778	-0.0062	0.0222	0.7079
600396	0.0574	0.0179	0.1270	0.0666	0.0781	8.3518	15.4043	-1.0263	3.1408	0.2557	1.1700	0.2532	-0.2096	0.5381	0.1269	0.2546
600403	0.1104	0.1086	0.1854	0.1786	0.2246	16.5707	22.3390	6.5478	1.9137	0.8014	6.5327	9.5304	-0.0457	12.7797	0.1394	1.4548
600458	0.0533	0.0408	0.0870	0.0480	0.0560	5.1181	4.6505	5.1428	1.3227	0.8479	1.3133	0.2537	-0.9819	0.2273	0.0690	1.4791
600461	0.0554	0.0235	0.0584	0.1051	0.1244	6.5364	31.7643	-3.4333	2.6271	0.2494	1.0455	0.0554	-0.6539	0.1223	0.0326	0.5613
600481	0.0616	0.0451	0.1230	0.0497	0.0700	10.6124	5.5692	2.9231	1.7966	0.9051	1.0311	0.1257	-0.5211	0.1618	0.0091	1.0818

续表

股票代码	X1	X2	X3	X4	X5	X6	X7	X8	X9	X10	X11	X12	X13	X14	X15	X16
600483	0.0359	0.0289	0.0446	0.0150	0.0318	24.1553	5.8536	4.3052	1.9059	1.1389	1.0077	-0.0087	-29.6899	0.0286	0.0204	1.8286
600493	0.0232	0.0026	0.0047	-0.0453	0.0053	7.1532	3.5510	-23.9778	1.5472	0.7233	0.9979	-0.0462	-3.4156	-0.0142	-0.0007	0.9770
600509	0.0530	0.0355	0.1119	0.1356	0.1683	7.4018	5.0563	3.0971	0.7551	0.3056	1.3283	0.1412	-0.0619	0.1858	0.0637	1.4342
600617	0.2433	0.1652	0.0142	-0.6007	-0.1273	11.2635	50.6925	-1.0516	1.4495	0.7760	-7.4307	176.4577	-34.5977	0.7510	0.0550	0.3167
600635	0.0590	0.0436	0.0979	0.1375	0.1402	13.0297	10.8958	-2.4251	2.2731	0.3561	1.0528	0.0447	0.1368	0.0307	0.0801	0.5087
600649	0.0447	0.0432	0.0907	0.4046	0.5179	39.1854	0.2316	0.6029	0.2539	0.1476	1.0592	0.0976	1.6951	-0.0082	0.0729	1.7819
600758	0.0277	0.0262	0.0530	0.0834	0.1104	12.6765	6.3287	-8.5696	2.0441	0.3717	1.0492	0.0780	13.4745	0.0878	0.0422	0.7330
600769	1.2464	1.1171	5.1056	-4.7696	-0.0629	14.2841	45.8169	-0.2123	2.7076	0.5508	-0.5340	-0.4600	4.2911	-0.5140	-1.5340	0.5659
600795	0.0594	0.0317	0.1329	0.1333	0.1544	8.4439	14.6283	-1.0864	3.2215	0.2737	1.1736	0.1707	0.4398	0.1774	0.1029	0.2555
600863	0.0778	0.0490	0.1427	0.2007	0.2350	9.1855	16.9387	-1.4723	4.5656	0.3093	1.3269	0.1597	-0.4382	0.2337	0.0987	0.2484
600874	0.0473	0.0278	0.0716	0.2227	0.3007	1.1039	13.1179	7.1634	0.6342	0.1630	1.0496	0.0957	-0.3058	0.0604	0.0527	1.2849
600886	0.0410	0.0187	0.0948	0.1217	0.1507	8.5069	15.8257	-1.5825	2.0362	0.1736	1.2826	0.1675	-0.6509	0.2160	0.0906	0.4403
600982	0.0722	0.0657	0.1096	0.1247	0.1456	16.9689	67.7577	2.4927	1.0214	0.6071	1.2007	0.1727	-1.2713	-0.0201	0.0984	2.0449
601139	0.0618	0.0540	0.1207	0.0769	0.0898	29.2024	20.8548	-6.7792	2.4607	0.8377	1.2318	0.1893	-0.0948	0.0995	0.0740	0.7244
601158	0.0938	0.0975	0.1451	0.4198	0.7329	6.6989	16.9512	1.3823	0.8375	0.2132	1.0585	0.0665	-0.0621	0.0716	0.0482	2.8912
601199	0.0475	0.0526	0.0774	0.3226	0.5053	24.1044	2.5377	1.2732	0.4460	0.2128	1.0557	0.1794	0.1086	0.0424	0.0587	1.6821
601699	0.0677	0.0580	0.1345	0.1505	0.1797	37.9152	14.6435	-10.5417	1.1922	0.5254	1.1107	0.1581	0.0271	-0.0339	0.1058	1.0028
601727	0.0381	0.0380	0.1108	0.0633	0.0795	3.5316	2.7075	4.1934	0.8116	0.6340	1.0739	0.0960	-0.6100	0.0791	0.0965	1.2400

续表

指标 股票代码	X17	X18	X19	X20	X21	X22	X23	X24	X25	X26	X27	X28	X29	X30	X31	X32
000027	0.8413	5.0652	0.4522	1.8262	0.0833	0.0743	3064.9378	8.9641	0.8144	0.3826	1.1477	0.8984	-0.1025	1.9767	1.0000	0.9684
000037	0.5448	0.8577	0.6706	3.0415	0.0100	0.0780	5017.7063	-0.0326	0.9250	0.6444	0.3655	0.9829	-0.0301	1.5900	1.0000	0.9735
000532	3.2239	57.9284	0.1695	1.2049	3.1133	0.0813	2362.8236	-0.0005	0.0464	0.5476	0.0000	0.3304	-0.0511	0.8830	1.0000	0.9784
000544	1.3708	5.2685	0.5033	2.0235	0.0100	0.0753	458.5374	0.1748	1.0000	0.5773	0.0000	0.8269	0.1543	0.2613	1.0000	0.9791
000547	3.8958	-230.0444	0.3120	1.4620	6.4300	0.0737	415480.1180	0.0551	0.7772	0.3568	0.0000	0.5565	0.0721	0.1827	1.0000	0.9688
000598	1.0001	20.5034	0.4329	1.7827	0.1367	0.0810	2604.5202	1.2137	0.7852	0.4575	0.3937	0.9525	0.7936	0.3080	1.0000	0.9764
000605	1.0513	-68.6907	0.4680	1.9923	0.0100	0.0830	6686.1117	0.3242	0.5432	0.5745	1.4560	0.3343	0.2926	0.1940	1.0000	0.9705
000652	0.4607	1.7700	0.8272	5.8601	0.0333	0.0737	1437.3371	-0.0872	0.1105	0.5412	2.9535	0.3132	0.2007	0.4183	1.0000	0.9692
000669	1.2157	8.6389	0.4848	2.1068	0.0100	0.0835	569.4664	3.2271	0.6099	0.3250	1.3660	0.4206	27.1981	0.7113	1.0000	0.9805
000685	1.3554	13.8208	0.2284	1.2995	0.1567	0.0733	380.4395	2.2199	0.7963	0.6556	1.3094	0.2742	0.0068	0.1293	1.0000	0.9810
000692	0.4061	1.8507	0.6418	2.7963	0.0100	0.0840	317.5636	-0.1116	0.0767	0.7460	1.3325	0.0513	0.0653	1.1867	1.0000	0.9777
000695	0.5241	1.2153	0.7232	3.6169	0.0100	0.0835	593.4236	0.0073	0.1601	0.6653	0.0000	0.9941	0.0313	1.3200	1.0000	0.9754
000720	0.2642	0.8911	0.8399	6.2753	0.0167	0.0800	4217.7468	0.5423	0.9191	0.6140	0.7720	0.7390	0.0187	1.2487	1.0000	0.9715
000722	7.7072	-24.9935	0.0784	1.0963	0.0100	0.0733	4445.3988	0.4259	0.0528	0.3695	0.1388	1.0000	0.1744	0.1500	1.0000	0.9763
000791	0.4543	1.1907	0.6715	3.2331	0.0100	0.0837	1462.3093	0.6668	0.7524	0.4649	1.1306	0.7262	1.3028	0.8897	1.0000	0.9688
000826	1.7565	7.6947	0.4471	1.8467	2.0367	0.0770	157.8012	0.1845	0.8687	0.6186	0.0000	0.3653	0.4129	0.2653	1.0000	0.9791
000862	0.9069	0.9368	0.9000	10.5569	0.2600	0.0803	4090.1552	-0.1187	0.1139	0.4250	0.0141	0.6714	0.0619	1.5950	1.0000	0.9797
000875	0.5073	0.8319	0.8116	5.4672	0.0100	0.0787	794.8327	0.0712	0.5773	0.2775	0.0000	0.8342	0.2464	1.3607	1.0000	0.9786

续表

股票代码	X17	X18	X19	X20	X21	X22	X23	X24	X25	X26	X27	X28	X29	X30	X31	X32
000899	0.3000	1.4297	0.7734	4.5973	0.0100	0.0850	210.6530	-0.0714	0.7754	0.5747	0.3927	0.9986	0.0941	1.2163	1.0000	0.9789
000920	0.9445	9.7288	0.4368	1.7787	2.2533	0.0800	870.5839	-0.0658	0.0444	0.5556	1.1033	0.5407	-0.1413	0.3383	1.0000	0.9803
000925	1.0758	0.5215	0.6604	2.9548	3.4200	0.0850	782.3720	-0.0246	0.6516	0.3545	1.2180	0.4984	0.1153	0.2960	1.0000	0.9717
000939	0.8180	3.2389	0.7139	3.5411	3.3800	0.0747	8587.7849	1.0577	0.5482	0.4092	0.0000	0.5150	-0.1343	1.3517	1.0000	0.9792
000958	0.3003	4.8540	1.2483	-0.1776	0.0100	0.0850	2948.7017	-0.0807	0.3526	0.4594	0.0000	0.9658	-0.1788	1.2900	1.0000	0.9150
000966	0.3051	1.4434	0.8436	6.6641	0.1267	0.0753	2264.1896	-0.0582	0.4132	0.6048	0.2312	0.9598	-0.2557	1.3707	1.0000	0.9796
001896	0.5853	1.7679	0.8150	5.8181	0.0100	0.0733	5037.9628	0.0005	0.8432	0.5162	1.7533	0.9849	-0.0589	1.8833	1.0000	0.9716
002074	1.0196	4.8497	0.5239	2.1201	3.1700	0.0783	220.7887	0.0504	0.5753	0.4230	1.1283	0.3194	0.1753	0.1270	1.0000	0.9806
002077	0.7144	1.4950	0.8138	5.3811	0.4767	0.0623	11.6628	5.5422	0.6319	0.5764	0.7019	0.6263	0.1253	0.1190	1.0000	0.9709
002125	0.4831	1.1874	0.6623	3.0183	2.3433	0.0850	476.7004	0.1368	0.4642	0.5496	0.7281	0.4192	0.0574	0.8747	1.0000	0.9706
002140	0.8992	-58.8675	0.6825	3.1681	3.2700	0.0763	17033.7921	0.1257	0.9028	0.3944	0.1005	0.5929	0.1561	0.1225	1.0000	0.9791
002200	0.5045	-4.4149	0.7158	3.5991	0.0300	0.0733	29.7396	0.1033	0.6029	0.4020	2.9943	0.7874	0.1153	0.2880	1.0000	0.9639
002218	0.6960	-0.0207	0.3714	1.6047	4.0833	0.0707	5718.0842	0.0269	0.6181	0.5069	0.0000	0.5097	0.3105	1.4590	1.0000	0.9692
002221	0.6682	2.2229	0.7266	3.7601	0.0100	0.0850	281.1144	0.2356	0.2424	0.6221	0.6622	0.4400	0.6100	1.3100	1.0000	0.9712
002267	0.5922	4.7694	0.5892	2.4561	0.0367	0.0853	1644.9196	0.2170	0.6422	0.7691	0.6504	0.6259	0.1836	0.3700	1.0000	0.9795
002339	2.7019	-179.2060	0.2494	1.3352	0.0100	0.0750	262.7014	0.1347	0.7100	0.5386	14.4033	0.2413	0.3242	0.1327	1.0000	0.9726
002340	0.8279	2.6636	0.5686	2.4184	2.5867	0.0750	106.1996	0.0623	0.7538	0.5561	1.7215	0.3872	0.8711	1.3607	1.0000	0.9692
002379	0.5771	1.1687	0.7319	3.7880	1.2367	0.0700	438.0532	0.3979	0.7433	0.4154	0.0558	0.1347	0.3581	2.1533	1.0000	0.9785

续表

股票代码\指标	X17	X18	X19	X20	X21	X22	X23	X24	X25	X26	X27	X28	X29	X30	X31	X32
002479	4.0158	14.8193	0.2353	1.3340	2.8700	0.0787	1209.5558	0.3018	0.6644	0.5197	13.2620	0.4351	0.5913	1.8567	1.0000	0.9707
002499	2.4543	-1.1184	0.2905	1.4129	2.6133	0.0747	482.9684	0.0018	0.4634	0.7271	12.8433	0.3631	0.1347	0.2823	1.0000	0.9689
002514	4.9845	-9.3909	0.1299	1.1519	3.8667	0.0730	1222.2782	0.1518	0.6086	0.5319	4.1216	0.6938	0.0718	0.2310	1.0000	0.9779
002534	1.1565	3.6170	0.5909	2.4484	2.9500	0.0737	814.1260	-0.0120	0.7364	0.8123	1.0046	0.2805	0.7730	0.2180	1.0000	0.9690
002573	4.9579	-364.4191	0.2645	1.3704	2.0867	0.0700	11336.2607	0.0774	0.5924	0.5285	0.0000	0.8080	0.4161	0.3250	1.0000	0.9674
002598	2.1388	-17.9842	0.2650	1.3607	4.1667	0.0733	586.5156	-0.0169	0.4391	0.3443	1.6057	0.0506	-0.0540	0.2507	1.0000	0.9711
002645	2.8329	12.7893	0.2280	1.3000	3.3733	0.0743	345.5726	-0.0552	0.6451	0.5017	0.0000	0.1192	0.0051	0.3250	1.0000	0.9808
300007	3.2584	-59.1402	0.1833	1.2319	2028.7900	0.0657	137.0468	0.0936	0.5614	0.7047	3.1657	0.0860	0.2193	0.2373	1.0000	0.9691
300021	0.7563	2.2890	0.6437	2.8142	365.7733	0.0720	3.7481	0.1354	0.7170	0.3760	11.2410	0.1999	0.3047	0.1967	1.0000	0.9719
300035	3.8446	-11.1796	0.2103	1.2666	8.0867	0.0760	1032.2730	0.0257	0.7657	0.2188	6.7883	0.2276	0.1326	0.2003	1.0000	0.9790
300040	5.1299	38.1677	0.2005	1.2556	8.2767	0.0740	428.2036	-0.1581	0.7919	0.5548	1.5653	0.2770	-0.1822	0.2100	1.0000	0.9769
300055	4.3282	-3.0988	0.2032	1.2632	3.2300	0.0723	135.6738	0.2236	0.6114	0.2601	2.8690	0.8921	0.4334	0.3143	1.0000	0.9754
300070	2.1309	-1.7355	0.2775	1.3963	3.3000	0.0723	480.5396	0.2663	0.7260	0.7237	9.1598	0.4168	0.8484	0.5273	1.0000	0.9701
300090	0.8357	3.6684	0.5750	2.3975	2.7767	0.0780	390.2023	0.2035	0.6185	0.3333	1.1459	0.2195	0.4075	0.5907	1.0000	0.9783
300118	1.3345	5.7328	0.4718	1.9083	3.7467	0.0700	954.5991	-0.1182	0.4481	0.2873	6.0143	0.3863	0.1663	0.1320	1.0000	0.9808
300125	2.7860	-1.1033	0.2423	1.3203	3.4167	0.0757	308.2512	-0.0096	0.7063	0.5648	0.7990	0.4232	0.0587	0.4623	1.0000	0.9775
300140	6.2541	-1.2938	0.1209	1.1384	5.8200	0.0730	3459.6838	0.1062	0.7719	0.5438	0.3627	0.2903	-0.0578	0.1790	1.0000	0.9823
300152	4.2367	-5.4719	0.1301	1.2231	6.1933	0.0777	2423.6385	0.1943	0.5703	0.2034	1.0822	0.4769	0.3900	0.6933	1.0000	0.9805

续表

指标 股票代码	X17	X18	X19	X20	X21	X22	X23	X24	X25	X26	X27	X28	X29	X30	X31	X32
300156	2.4557	9.4906	0.3348	1.5461	2.8267	0.0797	4236.2089	0.7591	0.5000	0.2593	1.2689	0.8930	0.1923	1.5767	1.0000	0.9709
300172	3.7708	−4.7662	0.2229	1.2912	4.4367	0.0813	1818.1094	0.1975	0.7840	0.6153	0.2744	0.3774	0.2838	0.5360	1.0000	0.9676
300187	1.6266	−4.8958	0.3403	1.5199	12.2200	0.0777	2120.6019	0.2623	0.7476	0.2508	0.0000	0.6580	0.3232	0.1523	1.0000	0.9828
300190	4.2629	−6.1427	0.1690	1.2034	1347.9100	0.0650	106.3773	0.3717	0.7072	0.4414	2.4387	0.4941	0.1981	0.3297	1.0000	0.9719
300197	2.3498	−52.4352	0.3254	1.5636	3.7033	0.0703	1526.1894	0.3549	0.5227	0.2419	27.2733	0.4630	0.3415	0.0860	1.0000	0.9821
300232	1.3766	−0.0931	0.3532	1.5595	4.3500	0.0713	464.6717	0.2987	0.1548	0.3899	4.8643	0.1658	0.1674	0.1823	1.0000	0.9777
300262	2.9659	27.7731	0.3425	1.6137	3.7267	0.0737	464.8113	0.3878	0.5220	0.6220	6.0160	0.7845	0.4283	0.4253	1.0000	0.9742
300263	3.3682	−13.1645	0.2268	1.3021	3.4533	0.0760	405.1110	0.1264	0.5326	0.3324	5.8650	0.1875	0.5195	0.5053	1.0000	0.9768
300266	2.2753	3.9480	0.2625	1.3566	4.4767	0.0733	578.0124	0.0338	0.5196	0.4485	2.1340	0.1440	0.2301	0.1767	1.0000	0.9751
300272	7.6163	−2.7716	0.1218	1.1453	2.8567	0.0803	17.2077	0.1756	0.4389	0.3730	0.0000	0.2352	0.1997	0.3310	1.0000	0.9674
600008	1.0167	4.0825	0.5834	2.4040	0.0100	0.0713	946.4266	0.0589	0.8837	0.7472	8.4123	0.2583	0.1240	0.3117	1.0000	0.9749
600126	1.1188	1.4839	0.5690	2.3209	0.3100	0.0817	349.0753	0.0619	0.1405	0.4747	0.0194	0.4806	−0.0266	2.4167	1.0000	0.9707
600133	0.5930	0.3976	0.7968	5.5397	0.2133	0.0753	817.8055	0.6717	0.0596	0.5549	0.0356	0.3896	1.5825	0.1443	1.0000	0.9767
600167	0.6354	−11.5387	0.6599	2.9463	0.0100	0.0753	947.1172	0.5401	0.0812	0.4060	0.0000	0.1134	0.2373	0.3903	1.0000	0.9718
600168	0.7984	2.7555	0.4259	1.7429	0.0100	0.0650	3100.4067	0.3857	0.1205	0.5546	0.0000	0.8073	0.8437	0.3567	1.0000	0.9706
600187	2.6621	4.8504	0.3240	1.4879	0.4933	0.0850	2289.4381	0.1893	0.1685	0.4547	0.0000	0.3865	0.6076	0.5067	1.0000	0.9704

续表

股票代码	X17	X18	X19	X20	X21	X22	X23	X24	X25	X26	X27	X28	X29	X30	X31	X32
600207	0.7546	0.2913	0.7856	9.7723	0.2833	0.0873	317.7127	0.0001	0.1090	0.5128	0.0000	0.3933	0.1280	0.3470	1.0000	0.9736
600257	0.5071	3.5854	0.4537	1.8377	0.0100	0.0757	2069.4598	0.1265	0.3180	0.2191	17.7043	0.2006	0.1174	0.3527	1.0000	0.9779
600268	1.0714	2.6253	0.6360	2.7832	2.8700	0.0763	1227.2209	0.1971	0.2109	0.9260	0.2487	0.1259	0.2984	0.8027	1.0000	0.9802
600273	0.3416	-0.9082	0.5942	2.5206	0.0133	0.0757	2045.9693	-0.1349	0.0469	0.3992	0.0000	0.1567	-0.1243	1.2397	1.0000	0.9793
600283	0.2658	2.0475	0.6610	2.9969	0.0100	0.0630	1347.2079	0.0502	0.0519	0.4833	3.6240	0.1032	0.0744	0.2287	1.0000	0.9835
600292	1.0400	6.1489	0.5140	2.0902	0.4367	0.0757	13416.3388	1.5420	0.0629	0.7177	0.0000	0.5083	0.0349	0.8650	1.0000	0.9785
600323	1.1638	3.8406	0.5280	2.1256	1.3033	0.0733	1401.4784	0.4253	0.0191	0.6042	1.7220	0.4020	0.1903	0.3397	1.0000	0.9779
600333	0.4179	6.6894	0.4840	1.9459	0.0100	0.0817	2839.7205	0.0720	0.0505	0.7724	1.9604	0.3378	-0.0062	1.4167	1.0000	0.9792
600396	0.2159	1.4745	0.8673	7.2299	0.0100	0.0817	1551.4293	0.0417	0.0579	0.6852	0.2097	0.9366	0.3868	3.0367	1.0000	0.9804
600403	1.3621	-133.8765	0.3902	1.6730	1.1767	0.0773	1780.4800	274.4171	0.8959	0.4978	2.3610	0.3053	0.1028	1.3113	1.0000	0.9706
600458	1.1342	4.6480	0.5145	2.0829	2.9967	0.0750	2687.1908	0.0807	0.0923	0.6336	0.1101	0.3156	0.2273	0.7257	1.0000	0.9773
600461	0.5307	1.8657	0.5570	2.4839	0.0100	0.0640	416.0276	0.0128	0.2000	0.4000	0.6797	0.1030	0.2349	0.2723	1.0000	0.9706
600481	0.7909	4.4671	0.6281	2.7115	0.6300	0.0760	284.7939	-0.0493	0.1895	0.3807	0.0000	0.1832	0.1618	1.3837	1.0000	0.9791
600483	1.2841	6.8151	0.3256	1.5293	1.9400	0.0717	36.7723	-0.0488	0.0695	0.4115	0.2462	0.1870	0.0286	0.2697	1.0000	0.9794
600493	0.5809	1.0942	0.4275	1.9935	0.4600	0.0753	2180.1280	-0.0957	0.2395	0.4992	1.8817	0.3264	-0.0142	1.2760	1.0000	0.9792
600509	1.2813	3.5856	0.6722	3.1224	0.0100	0.0750	1813.8492	-0.0613	0.5363	0.5297	2.2850	0.3197	0.1859	0.6183	1.0000	0.9675

续表

股票代码	X17	X18	X19	X20	X21	X22	X23	X24	X25	X26	X27	X28	X29	X30	X31	X32
600617	0.3097	45.3609	3.1909	1.9532	0.4533	0.0850	430.9258	11.7941	0.1236	0.2687	0.0049	0.7314	1.7996	1.3433	1.0000	0.9793
600635	0.4155	4.4942	0.5568	2.2574	0.0100	0.0860	121.9479	183.2166	0.2381	0.4286	1.0657	0.1181	0.0307	0.7357	1.0000	0.9749
600649	0.3416	-43.4395	0.5234	2.1022	0.0100	0.0787	2310.5885	-0.1089	0.3242	0.6781	0.2639	0.5547	-0.0082	0.8423	1.0000	0.9719
600758	0.5393	38.8624	0.5064	2.0350	0.0100	0.0793	251.5234	-0.0145	0.0907	0.7276	0.1508	0.6059	0.0878	1.7977	1.0000	0.9797
600769	0.5324	-1.1234	1.1117	2.2633	1.0067	0.0830	177.3198	-0.3712	0.1091	0.4372	0.0000	0.2763	-0.5140	1.4527	1.0000	0.9700
600795	0.2096	2.3749	0.7625	4.2218	0.0133	0.0790	1069.6985	0.0512	0.0399	0.6946	2.7050	0.6639	0.1747	1.9970	1.0000	0.9860
600863	0.1974	3.1647	0.6565	2.9670	0.0367	0.0793	2028.0690	0.1215	0.1075	0.9048	0.0000	0.9565	0.1417	2.0710	1.0000	0.9797
600874	1.2474	2.9499	0.6120	2.5814	0.2467	0.0660	1489.8744	0.0220	0.1485	0.8543	0.0000	0.6900	0.0604	0.4310	1.0000	0.9670
600886	0.4009	1.8973	0.8113	5.3379	0.0100	0.0773	3043.8069	0.0523	0.0444	0.8032	1.7024	0.6435	0.1763	3.4033	0.9495	0.8267
600982	1.9415	18.7354	0.4048	1.6824	0.0100	0.0850	476.9181	0.2863	0.0689	0.2837	0.6470	0.4717	-0.0200	1.5700	1.0000	0.9780
601139	0.6542	9.8714	0.5521	2.2342	1.8267	0.0877	2644.1196	0.0477	0.0971	0.4686	1.4300	0.2198	0.0995	1.7900	1.0000	0.9719
601158	2.8192	27.6978	0.3287	1.4905	0.1000	0.0660	1298.4475	0.0142	0.1191	0.8356	0.6947	0.6686	0.0716	0.3993	1.0000	0.9762
601199	1.5523	650.5255	0.3194	1.4791	0.4533	0.0813	146.2366	0.2000	0.2241	0.5988	1.0440	0.1395	0.0410	0.3160	1.0000	0.9765
601699	0.9535	10.7183	0.5824	2.4075	2.6467	0.0793	2115.0042	0.0706	0.1150	0.7356	4.9703	0.2004	-0.0339	1.6290	1.0000	0.9740
601727	0.9399	33.0648	0.6580	2.9263	1.7500	0.0720	1388.0428	0.0279	0.8803	0.6504	0.6079	0.1569	0.0792	0.3857	1.0000	0.9795

附表 4：样本企业功效数据结果表

股票代码	X1	X2	X3	X4	X5	X6	X7	X8	X9
000027	34. 8950595	36. 117354	42. 39797384	89. 51148418	47. 3122245	31. 08945143	32. 69097548	84. 32402381	48. 83839753
000037	33. 6748744	33. 10593	41. 1852501	79. 02727066	37. 48389542	30. 13601302	30. 52302974	87. 5005018	34. 62425028
000532	35. 0979318	37. 04C042	42. 31849546	92. 23665622	61. 58838289	30. 33059423	30. 60652561	88. 47497221	35. 26814579
000544	35. 6998264	36. 866848	42. 76284299	90. 12288512	51. 46961489	30. 10995786	40. 35989604	88. 41759322	38. 783948
000547	35. 222049	37. 085462	42. 49663376	92. 56326002	61. 75821449	30. 14608155	30. 21036993	88. 3975873	30. 85649781
000598	36. 6121142	38. 444944	43. 19168114	92. 89863171	74. 17368352	30. 88947745	33. 23945604	88. 92919796	44. 0433498
000605	31. 909889	33. 623976	41. 60197239	87. 87126064	36. 45297268	31. 01647351	30. 61780028	88. 14846235	40. 75296547
000652	33. 711237	34. 168346	42. 16655858	88. 71042664	40. 754032	32. 81309533	30. 37253938	87. 18667448	38. 15654268
000669	34. 3239164	35. 85104	42. 60934868	89. 55488685	53. 37778173	31. 15629473	52. 53941314	88. 02536341	43. 67127431
000685	37. 0464606	38. 784332	42. 84624929	100	98. 33155616	32. 62312588	37. 7270457	88. 70438598	45. 46713398
000692	33. 1844357	34. 174365	41. 8143588	88. 54340819	40. 11009291	30. 82236158	31. 18475217	87. 90728268	45. 9992781
000695	33. 586136	33. 931195	41. 70765599	87. 97091576	38. 81112554	30. 40499658	33. 63696224	87. 72696246	54. 752252
000720	33. 798354	33. 354143	41. 09384291	88. 08319207	37. 92277262	30. 80568223	32. 85991317	87. 96490982	76. 24839288
000722	35. 0011412	37. C23668	42. 24366647	95. 34507637	100	33. 62217495	46. 73188686	88. 28609188	38. 28264924
000791	34. 1763713	34. 575089	42. 14509053	90. 12556284	49. 09593715	32. 48918775	100	87. 81942649	59. 82370096
000826	36. 9090263	38. 87881	43. 16012417	91. 29897394	57. 69703519	30. 07429967	40. 42111499	90. 14621917	37. 97681885
000862	33. 5267463	33. 557286	40. 21620635	87. 3815529	36. 12257338	30. 20594361	30. 48603938	88. 98751473	38. 6703888

续表

股票代码	X1	X2	X3	X4	X5	X6	X7	X8	X9
000875	33.4007709	33.132452	40.88071596	87.96376022	36.72294074	30.92311799	39.51979331	87.84487589	60.68658779
000899	35.5493847	34.795525	42.07773565	88.91897011	41.60672283	31.480667	33.10325562	88.01762643	68.75386669
000920	34.8033334	36.772198	42.60043929	89.05728884	42.19647204	31.3052672	31.47330536	89.75291861	55.76510091
000925	32.4317532	33.123483	41.1796426	88.06096621	37.46660412	30.08104776	31.86359765	87.58895017	37.81457763
000939	34.7477148	35.615826	42.70515713	90.16298556	48.82528214	30.15629891	32.99059752	88.49999949	39.71660434
000958	35.704727	34.603928	47.16665729	86.92901889	49.01474065	31.34762585	32.20770242	88.10652128	58.94417373
000966	35.2417424	34.572507	42.54405129	88.9512823	40.23929682	31.30670075	33.95107483	87.93884316	78.85162846
001896	36.0334654	35.392629	42.98368072	88.90564276	41.22284022	31.26292219	35.39889158	86.85849948	78.27563565
002074	34.9270134	36.156483	42.54073412	89.23042604	43.88458203	30.14538169	30.88383191	89.1856841	41.37372428
002077	34.6450398	34.365665	42.27260482	88.79340319	40.7968579	30.18465987	30.44743883	30	36.83312125
002125	34.0002972	33.771293	41.48369959	87.98871277	38.31324987	30.62639126	30.84188647	87.5344191	47.12568621
002140	35.4447058	37.606418	43.9739215	89.89123003	46.73982548	31.26225852	30.51871974	88.96519873	38.01097405
002200	31.4533717	32.750624	41.03145805	87.28144878	35.47384533	30.11511786	30.09996006	88.85486167	32.55480569
002218	31.4477606	32.424036	41.20582111	86.97348286	34.00940353	30.99032164	30.30483576	88.87276318	37.84886158
002221	34.0450945	34.747096	42.3310045	88.64218162	39.66344346	33.8034961	31.30727598	100	52.07792725
002267	35.7035428	36.626159	42.90846618	89.80609825	45.970706	32.76089533	50.45800315	87.36227904	75.17078481
002339	35.8868493	37.97201	42.64837214	89.82287888	48.66869871	30.12821613	30.71955756	88.52455457	37.46113811

续表

股票代码	X1	X2	X3	X4	X5	X6	X7	X8	X9
002340	34.2496064	35.135893	42.20428419	89.0990955	44.85605489	31.06227357	30.31937871	89.28031304	37.33891002
002379	33.3912248	33.80808	41.64462603	88.49200502	38.88539374	31.73482784	31.20409953	87.47347289	41.39578273
002479	36.1066277	38.195543	42.66712997	89.81616418	46.81619377	31.65618707	35.89468453	89.20878069	58.20946949
002499	33.3708757	35.411775	42.00096368	88.98139845	43.07153754	30.21636652	30.80005278	88.53934853	37.26120654
002514	34.1406282	36.456045	42.14714419	89.52415435	45.40786529	30.35471715	30.95667734	88.50756675	38.213561
002534	34.3849275	36.288702	42.79566728	89.15133545	42.47658721	30.52387015	31.76649635	89.19221218	47.08710538
002573	34.254671	36.12122	42.1924279	91.70106811	60.08405923	30.26550432	30.94770492	88.45601479	32.14877885
002598	36.5128095	39.189245	42.98587944	90.22868756	49.55002519	30.6792568	30.64611895	88.60767967	41.61538022
002645	34.5371364	36.864977	42.34529618	89.63559795	45.33828791	31.32876141	30.79448654	88.53940064	38.7410649
300007	35.5801908	37.958527	42.54114638	90.22011561	54.98891501	30.23786065	30.5402812	88.50877413	36.03506868
300021	34.2510456	34.899827	42.2012953	89.05658675	42.44453647	30.19850744	30.26756387	89.00420072	36.296927
300035	34.1584268	36.517343	42.23400889	90.25271353	55.39633027	30.04176313	30.30214176	88.40962385	31.69960606
300040	36.9444779	39.211203	42.88963965	88.13124809	60.85665267	30	30.53675213	88.42921774	32.90121784
300055	33.6907603	36.423515	42.20908244	91.14530324	55.84600227	30.19376811	30.92978397	88.4122061	31.86499082
300070	37.367001	39.797714	43.20018591	92.99499683	72.97518627	30.32731786	32.29502155	88.60597443	36.30384172
300090	34.6245631	35.696904	42.46459963	89.74915597	46.90720372	30.16575802	30.48891796	87.08217384	35.20420202

续表

股票代码	X1	X2	X3	X4	X5	X6	X7	X8	X9
300118	30.5890693	31.777909	40.77095175	86.39136535	30	30.23247582	31.4129175	88.86223119	37.47920007
300125	32.4158674	34.951959	41.85984099	89.21798037	43.28231086	30.378208	30.39761224	88.43749642	32.89388469
300140	32.3795231	35.060221	41.83881955	89.232418	44.66950117	30.21824488	30.53435253	88.40339799	31.72738298
300152	33.4361133	35.782218	42.02757736	90.64623983	53.82186005	30.0638385	30.98626042	88.42274919	32.21892924
300156	32.2159828	33.818613	41.45445585	86.98412025	38.39890168	30.08266803	30.16110658	88.39659656	30
300172	34.1311367	36.78685	42.31556384	90.41303362	51.70676677	30.10782035	31.03382889	88.44506755	33.39384235
300187	33.5542004	35.984566	42.21806818	89.73353052	45.90167818	31.84591608	30.27849492	88.50078724	34.61828505
300190	33.6768419	36.217642	42.12666862	90.50345552	52.7553341	30.05921028	30.29566526	88.41100686	31.88334784
300197	36.3493603	38.460357	42.94031327	90.79844105	52.70781737	32.02163898	30.3100743	88.63483098	37.65528147
300232	34.1344159	36.241362	42.2922368	89.12317453	42.97933035	31.08843498	30.497145	88.73485078	42.39510796
300262	35.0762164	36.904853	42.56055695	90.28938518	50.45888823	30.238549	34.79293372	88.73179436	35.29362674
300263	34.7849518	37.214572	42.4163614	90.54416823	51.85027869	30.15106649	30.58738929	88.4651391	34.16089399
300266	34.5138177	36.628278	42.31609062	89.75689114	47.37008462	30.44753482	30.74366122	88.54888723	37.91996147
300272	36.5144127	38.948368	42.69796167	91.14155199	56.1546157	30.91142402	30.97609059	88.52746805	39.55024326
600008	34.568653	35.716346	42.48945738	90.59543262	56.89525654	30.42815496	30.17859646	88.61320639	33.05070249
600126	32.8554423	33.601613	41.50036558	88.42136393	38.37850933	100	33.11920761	90.2559863	76.0887534

续表

股票代码	X1	X2	X3	X4	X5	X6	X7	X8	X9
600133	32.3274569	32.865?96	40.26233366	88.69787485	39.47316063	30.61590921	30.21395743	89.21315581	36.13859643
600167	34.24221	36.524312	43.1688427	91.86678852	64.02029366	38.4185417	33.99039931	88.12819667	34.75835516
600168	34.2127702	35.106435	42.02566111	84.96860011	52.3261526	30.58475634	58.51520027	86.45797117	34.16866165
600187	34.7081642	35.971597	42.19637109	90.87292319	58.29736329	30.2568816	37.32849982	88.54334234	35.29451186
600207	31.5775617	31.155026	30	86.70821753	35.15842136	30.93429207	32.12018461	88.007742	53.63535499
600257	35.6994439	36.44353	42.46687469	89.79917538	44.7680086	32.21724873	30.25753931	90.12735415	40.5106336
600268	34.4893696	35.28634	42.375177739	88.54141214	42.67383759	30.04599312	30.84112821	88.98094924	36.60359423
600273	30	30	39.45994218	87.18791648	35.2880178	44.46578949	31.66553523	87.17264418	70.30580126
600283	33.3545162	34.225516	41.82469965	89.35163351	43.29047565	34.6221777	30.07764075	87.93324925	35.13254959
600292	34.6453677	35.524175	42.23841779	89.08902957	42.00073292	30.54705688	32.24352	91.15614148	49.38573902
600323	35.1475933	36.141277	42.55354472	91.55991655	58.65577018	32.03691835	35.56629324	88.67709567	43.07272416
600333	32.8291724	34.43876	41.80712516	88.2818021	39.79812328	32.82040414	31.17341876	87.18740454	57.91312338
600396	35.0191585	34.70151	42.98624208	89.22301334	42.88121545	31.19304851	34.64966044	88.12632827	77.06995766
600403	37.918469	40.097455	43.66679165	90.59477135	51.50757332	32.50700281	36.774794	89.6175697	57.32191174
600458	34.7971576	36.074375	42.52856482	88.99535849	41.58140413	30.6760763	31.35416311	89.34094442	47.81094669
600461	34.908741	35.047906	42.20049369	89.69434035	45.60635216	30.90282437	39.66317089	87.65241136	68.80272037
600481	35.2500861	36.529152	42.94086295	89.01624549	42.40239751	31.55445103	31.635726	88.90390672	55.43660589
600483	33.8432971	35.068395	42.04285769	88.59111725	40.15287956	33.71954288	31.72285553	89.17602687	57.19686734

续表

指标 股票代码	X1	X2	X3	X4	X5	X6	X7	X8	X9
600493	33.1483283	33.8021	41.5862378	87.85273296	38.59171638	31.00142058	31.0172503	83.607444	51.42418268
600509	34.7784298	35.75646	42.81373037	90.0677103	48.19121539	31.04116434	31.47853451	88.93817619	38.67661688
600617	45.1774937	43.463616	41.69424991	81.050926	30.78658742	31.65853881	45.46372555	88.12134602	49.851343
600635	35.1044173	36.237184	42.65280393	90.09109133	46.53603934	31.94089673	33.26803345	87.8509193	63.10574364
600649	34.3249548	36.215603	42.570672590	93.36230519	68.77899349	36.12239738	30	88.44710298	30.60994416
600758	33.393666	35.204517	42.13948685	89.4287443	44.78249325	31.88442459	31.86846753	86.64114076	59.42013639
600769	100	100	100	30	34.581253	32.1414334	43.96959595	88.28660123	70.09832197
600795	35.1262422	35.533857	43.05420008	90.03951672	47.37544276	31.20776818	34.4118676	88.11450246	78.36865989
600863	36.136614	36.562545	43.1663157	90.86558804	52.11802891	31.32632494	35.11987805	88.03851769	100
600874	34.4650125	35.302464	42.35229315	91.13496791	55.99053479	30.03431892	33.94899526	89.7387776	36.73064492
600886	34.1208802	34.762718	42.61730377	89.89805086	47.15772152	31.21783905	34.77882143	88.01681657	59.29244733
600982	35.8298279	37.549614	42.78763584	89.93406124	46.85281757	32.57065959	50.69333806	88.81916766	42.96105323
601139	35.2586302	36.856246	42.91373395	89.34895171	43.56723462	34.52641731	36.31997944	86.99365872	66.12517161
601158	37.0089686	39.438379	43.19364319	93.54862687	81.43559866	30.92879261	35.12371745	88.60054242	40.00188367
601199	34.4762346	36.771505	42.41833108	92.35833719	68.03756758	33.71141186	30.70670335	88.57906122	33.70092264
601699	35.5831056	37.092965	43.072251721	90.25013378	48.86392752	35.91932747	34.41653584	86.25286748	45.71088205
601727	33.9625866	35.904676	42.80146564	89.1821251	42.96356994	30.42243472	30.75873291	89.15402996	39.58543379

续表

股票代码	X10	X11	X12	X13	X14	X15	X16	X17	X18	X19	X20
000027	40.39104685	72.5003243	30.20085532	62.28862781	31.04488958	35.81422134	35.97529442	36.00214768	55.48306941	40.67685433	96.09930193
000037	36.4808599	72.15393272	30.18609111	62.40145268	30.97812632	35.51818319	35.36981774	33.23868828	55.19287903	36.62508762	93.75818988
000532	33.6231587	72.1223604	30.16961065	62.77841849	30.94646796	35.79382554	59.8418363	58.21006551	59.12900425	61.42477647	99.12016015
000544	36.13372951	72.9083282	30.27613819	62.34109077	31.35091185	36.03477152	39.54828076	40.93765273	55.49709173	39.41404749	95.52794047
000547	32.70256876	72.76582494	30.24089481	63.46322688	31.18485842	35.87717406	67.56654762	64.47346292	39.26772953	46.26651265	97.55879293
000598	35.18384316	75.60446523	30.46734695	62.45765015	32.64325937	36.12880588	36.70435772	37.48256182	56.54782788	41.23060086	96.24232141
000605	36.3584705	80.03808956	30.5109618	79.15417218	31.63058607	35.64183476	38.50409212	37.95986309	50.39617685	40.25621356	95.61075786
000652	40.65599861	72.23530322	30.29669479	64.95669356	31.44477109	35.82745588	34.95497694	32.45404735	55.25580387	35.03722533	92.06613866
000669	33.81815274	93.0805828	33.29181104	30	86.01829169	35.97287507	38.43606503	39.49174855	55.72954694	39.83971637	95.31906921
000685	30.13321364	72.7934703	30.2248832	62.47536465	31.05282304	36.0351542	39.6146994	40.79438685	56.08693459	52.8689475	98.47409228
000692	40.82403905	72.4087170	30.22382045	62.2888361	31.17108773	35.67360352	33.10246099	31.94512877	55.26136822	37.00068763	94.06661839
000695	47.65695151	72.187974	30.20124742	61.96353785	31.09778513	35.66374127	32.99235866	33.04560713	55.21754173	36.01494624	93.1985145
000720	44.1338016	72.165596	30.17985188	61.86799384	31.07685991	35.53646887	31.03452406	30.62232575	55.19518559	34.93400509	91.94533625
000722	30	72.6143806	30.2443903	62.58297622	30.78450389	35.8498022	92.5061052	100	53.40993924	100	100
000791	34.29926269	87.5054412	32.37122942	74.75145723	33.67000793	35.77484908	32.49896778	32.3943206	55.21584863	36.614049	93.54968058
000826	39.22281719	75.0427006	30.32993492	62.78723249	31.87363122	36.13171643	42.76597499	44.53292423	55.66442398	40.81897703	96.0343883

续表

股票代码	X10	X11	X12	X13	X14	X15	X16	X17	X18	X19	X20
000862	34.31143855	71.78447768	30.22410546	63.5585508	31.12291089	35.35547369	39.21483467	36.61301775	55.19833269	34.48697197	91.25381511
000875	35.38651892	73.481583	30.21912023	62.51926266	31.54453091	35.43532199	32.45096157	32.8886516	55.19109884	35.16806146	92.19735566
000899	40.5248462	72.72184693	30.17572972	62.58038482	31.22919387	35.88011385	31.10308174	30.95602247	55.23233017	35.50994306	92.56770807
000920	60.16908795	72.84540412	30.25960563	62.43066909	31.38014516	35.98287012	39.11885279	36.96429103	55.80471407	41.11585587	96.2558484
000925	41.89129127	73.32000835	30.22449611	66.68344619	31.27208938	35.52182351	37.80281414	38.1878923	55.16969529	36.75406131	93.86142286
000939	34.45847253	72.16893518	30.21281466	61.87390543	30.78241036	36.0314504	35.20423645	35.78441212	55.35711236	36.11575976	93.26186547
000958	44.94780485	70.39844851	30.25229323	62.09802324	30.67757472	100	31.06227605	30.9588126	55.46850574	32.74307165	30
000966	46.95863585	72.6150284	30.14418092	65.12255575	31.07266813	35.97564917	31.17669257	31.00404497	55.23327701	34.90475547	91.84587418
001896	51.65327059	73.01546256	30.13619483	62.09725929	30.92000266	36.22000765	33.68793623	33.61591161	55.25565312	35.13871722	92.0793191
002074	46.74868386	72.48483558	30.23990341	61.92955178	31.3935001	35.8602334	38.69827546	37.66430846	55.46820473	38.97321464	95.28711183
002077	43.3594234	72.90223899	30.27745733	63.03383159	31.29232798	35.8166872	36.55437754	34.81929843	55.23683472	35.14942315	92.22868958
002125	46.89534614	72.63302533	30.25405512	62.83082938	31.15501329	35.6069788	34.26328575	32.66285015	55.21562092	36.72980482	93.78527501
002140	47.81458445	73.3993235	30.27174672	63.15718149	31.35465352	36.45909205	38.67279031	36.542087	51.07367694	36.47817146	93.61764587
002200	36.72314946	72.46312062	30.28031957	61.48109488	31.27212375	35.47752439	37.741957	32.86272952	54.82923385	36.09529118	93.2132208
002218	36.54712318	73.62057209	30.27751629	73.27832742	31.66677311	35.51347928	40.02276195	34.64745704	55.13229564	43.38389437	96.90805447
002221	63.1684617	74.77889417	30.41558354	65.0822197	32.27216713	35.85139575	36.54927162	34.38881101	55.2870375	35.97808634	93.08585664

续表

股票代码	X10	X11	X12	X13	X14	X15	X16	X17	X18	X19	X20
002267	43.75704815	72.72144923	30.30162028	63.29300852	31.41026251	35.87328033	33.05152678	33.67966819	55.46266903	37.78430309	94.59673669
002339	44.80605347	73.14145944	30.26122258	63.08000273	31.69447283	35.92260256	54.91492526	53.34451559	42.77401991	50.78742403	98.25375281
002340	36.84195706	74.40609373	30.42917671	62.15753184	32.79997175	35.78400227	39.08145012	35.87747436	55.31743493	38.13001671	94.66463608
002379	40.54020964	73.7814165	30.34709975	62.09920818	31.76286065	35.63973317	33.92430315	33.53970199	55.21433043	35.92264003	93.06490014
002479	53.46949051	72.66844101	30.27195642	62.607384	32.23423424	35.79798121	64.01337659	65.59211439	56.15579862	52.14433687	98.26132798
002499	41.67962722	72.60667996	30.23106875	63.01831848	31.31141032	35.73248221	53.06601234	51.0372948	55.05658889	47.60288519	97.81325511
002514	43.64031304	72.36471068	30.1922214	62.34469444	31.184316	35.73669879	77.34706445	74.62175512	54.48604454	71.52838318	99.52931493
002534	60.04943559	73.9777016	30.27133034	62.35335102	32.1579042	35.91140503	39.72927983	38.93969175	55.38319042	37.75703359	94.61036196
002573	32.42913557	72.5680876	30.23367987	62.49175526	31.71167389	35.72067918	71.73559052	74.37337787	30	49.5050781	98.04798164
002598	48.59193622	72.4021702	30.19055104	62.51430794	30.95328221	35.74890386	52.54487226	48.09572089	53.89337167	49.4610214	98.10362049
002645	46.50023315	72.4655720	30.19645487	63.17579375	30.81035332	35.81824055	57.51865332	54.56619359	56.01579259	52.90481099	98.47085576
300007	38.54367204	72.70917555	30.24791639	63.26437982	31.48242368	35.90604201	59.44134374	58.53248365	51.05486865	58.89700674	98.92615252
300021	41.28520131	72.5286893	30.2720159	62.63739568	31.65491942	35.79050198	38.22665559	35.209503	55.29159612	36.97526601	94.04239582
300035	34.62787586	72.501834	30.22184516	62.34938367	31.3071013	35.74630398	66.68319827	63.99582298	54.3626751	54.98060759	98.68808291
300040	36.40247707	72.9366403	30.21941038	58.28732195	30.67074969	36.11843193	78.29133482	75.97705784	57.76612405	56.29707235	98.76224056
300055	35.13539876	72.5208604	30.22108285	62.69862068	31.91524986	35.76694344	67.30526225	68.50380163	54.92000064	55.25689597	98.71050836

续表

股票代码\指标	X10	X11	X12	X13	X14	X15	X16	X17	X18	X19	X20
300070	37.36902217	73.27807567	30.33095218	68.00557499	32.75417211	36.18558297	46.50185355	48.0226991	55.01402682	48.5095306	97.90340469
300090	36.20838411	73.93501202	30.35752484	62.68244587	31.86290886	35.9135115	36.69850731	35.94976599	55.38673153	38.00228378	94.70314765
300118	41.08753782	71.98931514	30.21949136	62.76594065	31.37533213	35.4163102	40.6325056	40.59885424	55.52911054	40.16016631	95.84721658
300125	37.80767992	72.40261785	30.19623	62.02210066	30.81641897	35.69416013	57.18666566	54.12843258	55.0576298	51.45251412	98.34406098
300140	35.5729189	72.4529374	30.20355111	62.43689764	30.92223433	35.66049812	86.86464579	86.45573465	55.04449554	74.76835137	99.63935568
300152	34.43243128	72.54524476	30.22356683	62.24838816	31.82735924	35.7057001	65.82972884	67.65120339	54.75632964	59.47109091	98.98803289
300156	32.7813796	72.35771911	30.26117879	63.41528525	31.42777555	35.57188648	53.88476818	51.05047489	55.7882883	45.03959706	97.16080967
300172	38.37835737	77.4088386	30.46250165	63.00430751	31.61272467	35.79477582	62.02584542	63.30827101	54.8050068	53.467943	98.52668047
300187	40.66809563	81.19713853	30.52949497	62.38784197	31.69240558	35.80865486	48.64021496	43.32210225	54.79606813	44.76531582	97.28009081
300190	35.63343778	72.6259736	30.20329155	62.68923162	31.97246117	35.73484817	70.47298902	67.89476782	54.71006549	61.52940889	99.131573
300197	42.7897484	72.99181423	30.38872797	62.80131781	31.71173992	36.02308789	58.02757308	50.06334157	51.51730733	45.52065845	97.08315983
300232	50.57358344	72.54769616	30.2609253	62.76040967	31.29708577	35.83338298	46.53076395	40.99169979	55.12730164	44.16192763	97.10117314
300262	40.34664606	72.85399318	30.37336315	62.50003124	32.12735696	35.93737827	58.10862611	55.80559418	57.04921572	44.6617609	96.87094882
300263	39.36369002	73.44355885	30.3260524	62.62275733	32.00484118	35.82004	60.9042318	59.55577988	54.22578145	53.03476696	98.45784675
300266	41.32431951	72.45277865	30.19185699	62.56042032	31.14975924	35.82743517	51.2334756	49.36853465	55.40601746	49.66378782	98.12769536
300272	42.03059848	72.49423358	30.22949335	62.68033207	31.45014744	35.72051958	100	99.15297891	54.94256945	74.40526772	99.58251973
600008	32.40633821	72.64194692	30.2336775	63.46415122	31.28963409	35.79382676	40.13088635	37.63662468	55.41529026	37.87831956	94.69116728
600126	100	72.19763501	30.17684141	62.44743411	30.98552881	35.59903661	40.9807972	38.58868567	55.23607228	38.12312563	94.85046263

续表

股票代码	X10	X11	X12	X13	X14	X15	X16	X17	X18	X19	X20
600133	40.22701623	73.06215097	30.42455034	60.79178386	34.23803977	35.31499885	38.19408381	33.68710646	55.16114776	35.29625327	92.17176419
600167	34.01517421	73.01365284	30.26596105	100	31.51861612	36.06862969	33.40663554	34.08310566	54.33791285	36.76106949	93.8718451
600168	30.13625479	74.27278278	30.34610888	62.5965532	32.74465183	35.74096654	39.57468265	35.60197882	55.32377217	41.44426152	96.37918703
600187	32.29172064	78.15585149	30.43844514	63.26210658	32.26731973	35.83189176	50.54493742	52.97406562	55.46825681	45.59582961	97.43129068
600207	45.15929995	86.31488676	30.24424463	62.54852625	31.29786267	34.75858993	35.82016943	35.19408273	55.15381306	35.39679659	91.33519043
600257	41.64534107	72.7654238	30.1997249	65.2715527	31.27645231	35.95338936	38.43380931	32.88716332	55.38100534	40.63520496	96.06250212
600268	42.68031204	73.33293706	30.28262313	66.86249761	31.64226255	35.81758997	38.48117659	38.14636663	55.31479253	37.08129977	94.08467905
600273	61.29260144	71.58342843	30.10061065	61.72261808	30.78774492	35.14509033	33.56635531	31.34393093	55.07108635	37.70414882	94.48515303
600283	33.42168813	71.8552305	30.20987923	61.62961066	31.18946796	35.5924906	34.41038239	30.63796972	55.27494192	36.74612061	93.81053342
600292	49.18145754	74.5999041	30.20894572	60.69988786	31.10967117	35.78952733	38.63303746	37.85452181	55.55780877	39.17983985	95.35922449
600323	33.00297807	73.02535836	30.25872396	62.4676899	31.42394897	35.87453154	37.95189425	39.00841961	55.39861062	38.87269029	95.27405232
600333	46.35298517	72.89576377	30.2492143	62.86065661	31.02656056	35.68799303	33.82921857	32.05561843	55.59509131	39.83769041	95.73896181
600396	35.25876809	73.11606656	30.28221256	62.50766816	32.12680982	36.0705595	30.05216485	30.17269582	55.23541733	34.76814978	91.72021593
600403	53.69563944	100	33.95285244	62.566256	56.87235141	36.11634983	40.05400863	40.85656816	45.90036084	42.57944022	96.63589306
600458	55.2683984	73.83455507	30.2823786	62.23158727	31.49847117	35.85902971	40.264509	38.73206341	55.45429262	39.1690504	95.37711788
600461	35.04355603	72.49215633	30.20391578	62.34883946	31.28618147	35.7259228	32.60792836	33.10676933	55.26240393	37.6594919	94.54791012
600481	57.20174765	72.42001321	30.23173637	62.39632696	31.36606452	35.6400012	36.94520552	35.53219146	55.44181672	37.19314109	94.1864154
600483	65.10009889	72.30234305	30.17856624	51.96894439	31.09687077	35.68128865	43.16898718	40.12978974	55.60376123	44.51063566	97.2369875

续表

股票代码＼指标	X10	X11	X12	X13	X14	X15	X16	X17	X18	X19	X20
600493	51.05708126	72.2535291	30.16373662	61.36157732	31.01030958	35.60409383	36.07187634	33.57470286	55.20918985	39.54351299	95.60749191
600509	36.94269797	73.9097077	30.23786442	62.5604668	31.41462679	35.8397304	39.88278526	40.10303497	55.3810237	36.60514706	93.66706363
600617	52.83832795	30	100	50.2144974	32.55721971	35.80779473	30.56952966	31.04711174	58.26223522	30	95.71822634
600635	38.65099085	72.52855124	30.19968995	62.63150972	31.10108479	35.8995752	32.16973033	32.03303331	55.44368772	38.33995692	94.98018283
600649	31.60591875	72.56080868	30.22062335	63.18857712	31.02243549	35.87320845	42.77984821	31.34375073	52.13773666	38.98457217	95.3301787
600758	39.17583705	72.51068298	30.21287757	67.3995028	31.21650398	35.7610139	34.0389558	33.18703985	57.81403763	39.3436763	95.49827002
600769	45.22812005	64.57374685	30	64.1166157	30	30	32.64575329	33.12222377	55.05624779	33.29677423	94.96787334
600795	35.86671653	73.13409356	30.24956499	62.73981231	31.39765011	35.98301023	30.05932647	30.11368991	55.29751846	35.61375693	92.77468906
600863	37.06743018	73.90291164	30.24519475	62.42594613	31.51156805	35.96746941	30	30	55.35199152	36.80570212	93.84649787
600874	32.12316208	72.51248768	30.21988874	62.47328695	31.16112745	35.79955162	38.63805449	39.78750514	55.33717587	37.42756165	94.38516313
600886	32.48183758	73.6807724	30.24827513	62.34993801	31.47567546	35.93807758	31.59954506	31.89673343	55.26457805	35.16997497	92.24475411
600982	47.13104654	73.27018677	30.2503372	62.12813371	30.9985199	35.96634125	44.9720857	46.2566822	56.4258916	42.13202868	96.60014371
601139	54.92441052	73.42608328	30.25690826	62.54872752	31.24015678	35.87732635	33.96726456	34.25838034	55.81454748	38.42509348	95.02933822
601158	33.8203266	72.55717922	30.20832875	62.56039113	31.18379717	35.78306539	52.02538229	54.43845983	57.04402427	45.34690394	97.41905055
601199	33.8075425	72.5432529	30.25300028	62.62141284	31.12478543	35.82115232	41.94856925	42.6294858	100	45.84539637	97.47401592
601699	44.37128163	72.81881813	30.24457659	62.5923063	30.97046441	35.99353768	36.28701396	37.0480166	55.87296096	37.89542028	94.68466084
601727	48.04089108	72.63419337	30.22001601	62.36454549	31.19898825	35.95963078	38.26377491	36.92091667	57.41418256	36.78521504	93.89665175

续表

股票代码	X21	X22	X23	X24	X25	X26	X27	X28	X29	X30	X31	X32
000027	30.00253026	63.15789474	30.51575324	32.37807218	86.75448076	47.35387738	32.94578343	92.50842697	31.03951934	31.30977427	100	92.24011713
000037	30	73.28947368	30.84475821	30.0862555	94.64755419	72.72270148	30.93820704	98.73911517	31.22231511	32.06960707	100	94.49487555
000532	30.10707585	82.5	30.39746012	30.09442422	31.9478145	63.34502007	30	50.63132022	31.16926982	35.17970062	100	96.63250366
000544	30	65.92105263	30.07662349	30.13908042	100	66.219034	30	87.24178722	31.6881033	51.81819161	100	96.96925329
000547	30.22151244	61.31578947	100	30.10857936	84.09728045	44.85445403	30	67.3005618	31.48055307	61.99586482	100	92.44509517
000598	30.00437044	81.57894737	30.43818148	30.40373995	84.67059519	54.61641371	31.01038866	96.49754213	33.30303778	48.23744885	100	95.75402635
000605	30	87.10526316	31.12585332	30.17713032	67.39765784	65.94454952	33.73698362	50.91397472	32.03761284	60.02067657	100	93.1625183
000652	30.00080508	61.31578947	30.24153295	30.07234661	36.52237152	62.71854961	37.58039599	49.36060393	31.80539234	42.94879165	100	92.62079063
000669	30	88.48684211	30.09531297	30.91662817	72.16252404	41.77699866	33.5059876	57.27738764	100	36.86766771	100	97.56954612
000685	30.00506051	60.39473684	30.06346546	30.66005244	85.46275717	73.80126401	33.36071865	46.48244382	31.31569166	75.93837016	100	97.77452416
000692	30	89.86842105	30.05287204	30.06612243	34.10782375	82.56539189	33.41992178	30.05161517	31.46346069	33.38983864	100	96.3250366
000695	30	88.48684211	30.09934931	30.09640271	40.06212236	74.74096969	30	99.56495787	31.37749364	32.8641266	100	95.3147877
000720	30.00023002	78.81578947	30.70998	30.23269795	94.22887398	69.77118605	31.98142264	80.75491573	31.34566646	33.13141735	100	93.60175695
000722	30	60.39473684	30.7483351	30.20305452	32.39979882	46.09124879	30.35615986	100	31.73895942	69.35905681	100	95.72474378
000791	30	88.94736842	30.2457403	30.26440479	82.32979222	55.33330258	32.918944	79.81109551	34.58925983	35.12728839	100	92.44509517
000826	30.06992708	70.52631579	30.02595507	30.14155141	90.62727267	70.2200489	30	53.1997893	32.34140239	51.4619167	100	96.96925329

续表

股票代码	X21	X22	X23	X24	X25	X26	X27	X28	X29	X30	X31	X32
000862	30.00862587	79.73684211	30.68848319	30.06430527	36.76263687	51.46468607	30.03610364	75.77282303	31.45478821	32.05743053	100	97.20351391
000875	30	75.13157895	30.13328298	30.1126807	69.8336154	37.17211791	30	87.77949438	31.9207448	32.7242874	100	96.73499268
000899	30	92.63157895	30.03485961	30.07635455	83.97120894	65.9639249	31.00799316	99.89922753	31.53604013	33.26289842	100	96.88140556
000920	30.07740284	78.81578947	30.14604564	30.0777811	31.80508261	64.1135766	32.83174041	66.13307584	30.94151185	46.43966903	100	97.48169839
000925	30.11765692	92.63157895	30.13118357	30.08829344	75.13848392	44.63809568	33.12613053	63.01896067	31.58967481	49.05037423	100	93.68960469
000939	30.11627678	64.07894737	31.44624971	30.36400026	67.75448756	49.93726069	30	64.2380618	30.95927781	32.75451142	100	96.98389458
000958	30	92.63157895	30.49616963	30.07399394	53.79530888	54.79725054	30	97.4806882	30.84670391	32.97293676	100	68.78477306
000966	30.00402541	65.92105263	30.38084214	30.07972563	58.12484283	68.87991881	30.59340015	97.04073034	30.6526255	32.69117347	100	97.15959004
001896	30	60.39473684	30.84817105	30.09467047	88.80981995	60.30308622	34.50012222	98.89150281	31.14965148	31.464616	100	93.66032211
002074	30.10903104	74.21052632	30.00133349	30.10738207	69.68850465	51.27093232	31.80141775	49.81530899	31.74131699	76.81572335	100	97.598287
002077	30.01610163	30	30.07968362	31.50638892	73.73257482	66.13184481	31.86866292	72.44978933	31.61493448	80.08499622	100	93.36749634
002125	30.08050815	92.63157895	30.079646	30.12940873	61.76212711	63.53877382	31.86866292	57.17907303	31.44333716	35.24633944	100	93.23572474
002140	30.11248139	68.68421053	32.869244	30.12656411	93.06085136	48.50348295	30.25802982	69.98700843	31.69281844	78.61587006	100	96.96925329
002200	30.00069007	60.39473684	30.00437909	30.1208579	71.66058357	49.2397472	37.68528477	84.32619382	31.58967481	49.62995992	100	90.29282577
002218	30.14054424	53.02631579	30.9627588	30.10141263	72.74296706	59.40213129	30	63.85217697	32.08282764	32.41837034	100	92.59150805
002221	30	92.63157895	30.04673105	30.15456021	45.9331607	70.56234719	31.69969445	58.71032303	32.83935456	32.89984291	100	93.46998536

续表

股票代码 \ 指标	X21	X22	X23	X24	X25	X26	X27	X28	X29	X30	X31	X32
002267	30.00092009	93.55263158	30.27650671	30.14982202	74.46288631	84.80324768	31.6693229	72.41783708	31.76219831	44.87735726	100	97.14494876
002339	30	65	30.04362879	30.12886528	79.30625506	62.46989897	66.96773405	44.05898876	32.11743338	74.73854401	100	94.09956076
002340	30.088904	65	30.01726117	30.1104135	82.42970454	64.16201504	34.41850403	54.81706461	33.49888436	32.72428874	100	92.62079063
002379	30.04232429	51.18421053	30.07317229	30.19592176	81.67798327	50.53466808	30.14330237	36.19627809	32.20289524	31.05343108	100	96.67642753
002479	30.09867999	75.13157895	30.20315606	30.17144109	76.051968	60.64215528	64.03837692	58.34901685	32.79195059	31.51171584	100	93.25036603
002499	30.0898241	64.07894737	30.08073967	30.09501861	61.70503436	80.73441897	62.96382303	53.04002809	31.63876276	50.06037243	100	92.48901903
002514	30.13306848	59.47368421	30.20529954	30.13322985	72.06490059	61.82405314	40.5784527	77.42696629	31.47987948	54.921502	100	96.42752562
002534	30.10144027	61.31578947	30.13653353	30.19150318	81.18793712	88.98187018	32.57833048	46.9494382	33.25108707	56.5158633	100	92.50366032
002573	30.07165226	51.18421053	31.90931648	30.11426009	70.91362002	61.49144254	30	85.84515449	32.3494848	47.18856666	100	91.80087848
002598	30.14341953	60.39473684	30.09818543	30.09023796	59.97322078	43.64995156	34.12111953	30	31.16211291	52.82384702	100	93.44070278
002645	30.11604675	63.15789474	30.05759104	30.08048136	74.66984755	58.89837155	30	35.05337079	31.31131332	47.18856666	100	97.68667643
300007	100	39.2105263	30.02245834	30.1183954	68.69889689	78.56114776	38.12503055	32.60533708	31.85245951	54.20803565	100	92.54758419
300021	42.62011324	56.7105263	30	30.1290436	79.8034378	46.71449001	58.85125886	41.00877809	32.06809284	59.5890103	100	93.7920937
300035	30.27867323	67.7631578	30.17328722	30.10108995	83.27895928	31.4854454	47.42300171	43.04634831	31.63337403	59.01423338	100	96.89604685
300040	30.28522889	62.23684211	30.07151283	30.05426845	85.15112588	64.03930433	34.01759961	46.69382022	30.83811563	57.59512326	100	95.98828697
300055	30.11110125	57.63157855	30.02222702	30.15151181	72.26481523	35.4864603	37.36360303	92.04880618	32.3932689	47.83342867	100	95.34407028

续表

股票代码	X21	X22	X23	X24	X25	X26	X27	X28	X29	X30	X31	X32
300070	30.1135165	57.63157895	30.08033046	30.16239776	80.44811016	80.4050376	53.5096309	56.99719101	33.44154493	39.89717013	100	93.01610542
300090	30.09545967	73.28947368	30.06511032	30.14638301	72.77627116	42.58430595	32.94107798	42.44908708	32.32784637	38.64138157	100	96.5885798
300118	30.12892806	51.18421053	30.16020062	30.06443264	60.61313541	38.12151128	45.43644586	54.75316011	31.71858329	74.97366145	100	97.68667643
300125	30.11754191	66.84210526	30.05130308	30.09211456	79.04220106	65.0113023	32.0507211	57.46910112	31.44662092	41.54375755	100	96.26647145
300140	30.2004653	59.47368421	30.58226056	30.12159665	83.723807	62.97688795	30.93082376	47.6695927	31.15243004	62.68844644	100	98.34553441
300152	30.21334661	72.36842105	30.40770629	30.14405637	69.33405379	30	32.7776705	61.42872191	32.28347356	37.09307561	100	97.56954612
300156	30.09718484	77.89473684	30.71309051	30.28791744	64.31940678	35.4089588	33.25685651	92.11025281	31.78417422	32.10245542	100	93.36749634
300172	30.15273547	82.5	30.30568596	30.14485456	84.58495606	69.90358444	30.70427768	54.09445225	32.01521594	39.70779893	100	91.9033675
300187	30.42128767	72.36842105	30.35665029	30.16136181	81.98961456	34.5887346	30	74.78476124	32.11482321	68.72838641	100	98.59443631
300190	76.50726052	37.36842105	30.01729111	30.18923054	79.10167268	53.05669604	36.25910535	62.70189607	31.79874063	46.91956172	100	93.7920937
300197	30.12743291	52.10526316	30.25650289	30.18495089	65.93465598	33.72330119	100	60.40870787	32.16101472	100	100	98.28696925
300232	30.14974517	54.86842105	30.07765701	30.17063526	39.67912512	48.06107856	42.48484478	38.48946629	31.72119346	62.05767575	100	96.35431918
300262	30.12823799	61.31578947	30.07768053	30.19333188	65.88469982	70.54943027	45.44072354	84.11481742	32.38021808	42.70581865	100	94.81698389
300263	30.11880703	67.76315789	30.06762214	30.12674243	66.64117883	42.49388753	45.05316549	40.09199438	32.6106704	40.40705412	100	95.943631
300266	30.15411561	60.39473684	30.0967528	30.10316185	65.71817928	53.73806339	35.47714495	36.88448034	31.87967259	63.14414852	100	95.21229868
300272	30.09821995	79.73684211	30.00226769	30.13928421	59.95656873	46.42708862	30	43.60919944	31.80286637	46.84409638	100	91.81551977
600008	30	54.86842105	30.1588237	30.10956436	91.70251956	82.68164414	51.59117575	45.31495787	31.61156652	48.00154109	100	95.10980966
600126	30.01035105	83.42105263	30.05818119	30.1103116	38.66334985	56.27623749	30.04987778	61.70646067	31.23115599	30.74090254	100	93.26500732

续表

股票 代码	X21	X22	X23	X24	X25	X26	X27	X28	X29	X30	X31	X32
600133	30.00701571	65.92105263	30.13715346	30.26565302	32.88508724	64.05222125	30.0913713	54.99648876	35.29585681	70.97557885	100	95.9043924
600167	30	65.92105263	30.15894007	30.23214601	34.42659163	49.62402546	30	34.62570225	31.89775851	44.00783024	100	93.76281113
600168	30	37.36842105	30.52172907	30.19280542	37.23127324	64.01669973	30	85.79353933	33.42967289	45.5013598	100	93.20644217
600187	30.01667669	92.63157895	30.38509604	30.14277417	40.65683856	54.34192923	30	54.76299157	32.83320804	40.37489158	100	93.13323572
600207	30.0093096	99.07894737	30.05289717	30.09458555	36.41056488	59.97370485	30	55.26439607	31.62175458	45.98374793	100	94.53879941
600257	30	66.84210526	30.34803381	30.12676791	51.32842608	31.51733769	75.44011244	41.05547753	31.59506354	45.69776135	100	96.4421691
600268	30.09867999	68.68421053	30.20613229	30.14476965	43.68751232	100	30.63831582	35.55231742	32.05209505	35.87972267	100	97.45241581
600273	30.00011501	66.84210526	30.34407609	30.06017845	31.97873975	48.96203349	30	37.82092697	30.9845328	33.16732632	100	97.04245974
600283	30	31.84210526	30.2263787	30.10733961	32.33556947	57.11583706	39.3013933	33.87359551	31.48644699	55.19432049	100	98.90190337
600292	30.01472149	66.84210526	32.25977076	30.48737161	33.12059485	79.81731789	30	63.7440309	31.38658712	35.32524906	100	96.69106881
600323	30.04462452	60.39473684	30.23549143	30.20288469	30	68.82179268	34.41970178	55.90835674	31.77920649	46.36801298	100	96.42752562
600333	30	83.42105263	30.47780833	30.11288449	32.24041487	85.12294137	35.03158152	51.17205056	31.2827699	32.54486476	100	96.98389458
600396	30	83.42105263	30.26075535	30.10516582	32.766144	76.67204872	30.53813249	95.33005618	32.27547467	30.21911983	100	97.54026354
600403	30.04025408	71.44736842	30.29934611	100	92.57080521	58.51409328	36.05967978	48.78054775	31.55810023	32.8950496	100	93.20644217
600458	30.10305044	65	30.45210993	30.11511772	35.22351134	71.67320201	30.28258372	49.54002809	31.87249884	36.69617379	100	96.1639243
600461	30	34.60526318	30.06946139	30.09781228	42.90724466	49.04276422	31.74443901	33.85884831	31.89186458	50.86361906	100	93.23572474
600481	30.02139217	67.76315785	30.04735097	30.08200132	42.15552338	47.17626978	30	39.77738764	31.70704805	32.64883922	100	96.96925329
600483	30.06659174	55.78947368	30.00556397	30.08212869	33.59398895	50.1600775	30.63189929	40.0551264	31.37067353	51.08787942	100	97.0863836

续表

指标 股票代码	X21	X22	X23	X24	X25	X26	X27	X28	X29	X30	X31	X32
600493	30.01552657	65.92105263	30.36667933	30.07017282	45.72382059	58.6497209	34.82950379	50.3363764	31.26256217	33.02546581	100	97.01317716
600509	30	65	30.3049682	30.07893593	66.90999055	61.60446556	35.86461745	49.83742978	31.76792384	38.17353485	100	91.84480234
600617	30.01529655	92.63157895	30.07197146	33.09900787	37.45250766	36.32283065	30.01266194	80.19698034	35.84412707	32.78285647	100	97.05710102
600635	30	95.39473684	30.01991446	76.7674481	45.62628714	51.81344282	32.73515033	34.9747191	31.37589386	36.58048438	100	95.12445095
600649	30	75.13157895	30.38865948	30.06681872	51.77089493	75.98745214	30.67741384	67.17029494	31.27771797	35.51738094	100	93.80673499
600758	30	76.97368421	30.04174552	30.09084934	35.10694696	80.77639895	30.38713029	70.94311798	31.52021074	31.62089023	100	97.2181552
600769	30.03488848	87.10526316	30.0292436	30	36.424592	52.64981317	30	46.64220506	30	32.43682572	100	92.95754026
600795	30.00011501	76.05263158	30.17959271	30.10758586	31.47917814	77.58269133	36.9425935	52.2190337	31.73980141	31.27796095	100	100
600863	30.0009209	76.97368421	30.34106022	30.12550269	36.30589483	97.94621027	30	96.79740169	31.65627612	31.16745506	100	97.2181552
600874	30.00816583	40.13157895	30.2503845	30.1001559	39.23189854	93.0506989	30	77.1443118	31.45091506	42.51490682	100	91.6398243
600886	30	71.44736842	30.51219307	30.10786608	31.80508261	88.10029063	34.36948179	73.71558989	31.7484296	30	30	30
600982	30	92.63157895	30.07972031	30.16747561	33.55116938	37.77598376	31.66059643	61.04529494	31.24791157	32.11908882	100	96.47144949
601139	30.06268135	100	30.44485324	30.10670276	35.56368901	55.68528855	33.67025177	42.47120787	31.54968034	31.63560509	100	93.7920937
601158	30.00310531	40.13157895	30.21813265	30.09816892	37.13373978	91.24233058	31.78302371	75.56390449	31.47929008	43.65122874	100	95.68081991
601199	30.01529655	82.5	30.2400665	30.1454999	44.62716392	68.30188679	32.67954045	36.55021067	31.40191131	47.72979924	100	95.81259151
601699	30.09097421	76.97368421	30.35570719	30.11252785	36.84113941	81.5578724	42.7569054	41.04073034	31.21271644	31.97661236	100	94.72913616
601727	30.06003608	56.71052632	30.23322777	30.10165888	91.45749648	73.30396273	31.56032755	37.83813202	31.49848743	44.19928709	100	97.1449876

附表 5：案例企业基础数据表

股票代码	截止日期	资产报酬率A	总资产净利润率（ROA）A	净资产收益率A	营业利润率	成本费用利润率	应收账款周转率A	存货周转率A	营运资金（资本）周转率A	流动资产周转率A	总资产周转率A	资本保值增值率A	总资产增长率A	营业利润增长率A	营业总收入增长率	可持续增长率
600008	2011-12-31	0.049734	0.0355	0.080821	0.173821	0.302088	4.659349	0.953522	0.98185	0.427318	0.186	1.055506	0.129595	2.43816	0.16522	0.048871
600283	2011-12-31	0.039476	0.024779	0.06239	0.159522	0.162942	28.32322	0.497963	-2.57679	0.543206	0.196561	0.846685	-0.00984	-0.14795	-0.0417	0.0133
600461	2011-12-31	0.058252	0.025106	0.059661	0.113799	0.136091	7.478804	35.71431	-2.53097	2.809033	0.249718	1.062613	0.007638	-0.89142	0.177765	0.020645
600649	2011-12-31	0.041121	0.041415	0.084592	0.306382	0.396889	31.74219	0.259258	0.551289	0.285573	0.170508	1.038376	0.053348	-0.58968	0.20187	0.082309
600874	2011-12-31	0.052425	0.030806	0.075323	0.242746	0.320095	1.424872	10.84835	17.48554	0.785395	0.17198	1.039019	0.078305	-0.3499	0.064535	0.063784
600008	2012-12-31	0.046806	0.034013	0.083778	0.183238	0.344651	2.948892	0.480782	1.421685	0.353555	0.154085	1.066717	0.154094	2.595616	-0.04393	0.049049
600283	2012-12-31	0.022782	0.001711	0.005246	0.026486	0.038875	25.96866	0.502869	-2.18657	0.520392	0.20342	0.939002	0.143275	-8.84462	0.183169	-0.02056
600461	2012-12-31	0.057002	0.023651	0.059161	0.107582	0.127152	6.36426	27.57938	-4.14368	2.704286	0.242021	1.0279	0.082001	-0.57445	0.048649	0.041644
600649	2012-12-31	0.048498	0.046601	0.094532	0.38169	0.400854	58.39722	0.300862	0.841012	0.303823	0.170191	1.084988	0.077551	0.746153	0.075551	0.06818
600874	2012-12-31	0.047238	0.026637	0.069813	0.214782	0.293859	1.045047	10.28211	2.353208	0.582871	0.158855	1.05839	0.134466	-0.26072	0.047892	0.050462
600008	2013-12-31	0.050909	0.034874	0.086213	0.178986	0.301603	3.093781	1.008795	1.936193	0.435769	0.17391	1.103991	0.108023	2.364138	0.250591	0.055607
600283	2013-12-31	0.018545	0.00265	0.009029	0.045325	0.053355	35.11227	0.453956	-1.25748	0.541129	0.204159	0.969728	0.077837	0.995032	0.081754	-0.00448
600461	2013-12-31	0.050863	0.021869	0.05629	0.09391	0.109924	5.766275	31.99913	-3.62535	2.367992	0.256394	1.046061	0.076414	-0.49591	0.14034	0.035502
600649	2013-12-31	0.044453	0.041587	0.092964	0.525815	0.756081	27.41681	0.1346	0.416494	0.172255	0.102233	1.054294	0.161834	4.92882	-0.30209	0.068195
600874	2013-12-31	0.042097	0.02604	0.069743	0.210695	0.288292	0.841649	18.22314	1.651417	0.534368	0.158019	1.051332	0.074392	-0.3068	0.068735	0.04398

续表

股票代码	流动比率	速动比率	利息保障倍数A	资产负债率	权益乘数	研发投入强度	技术人员密度	员工人均培训费用	就业人数增长率	管理者受教育程度	管理者社会联系程度	企业公共关系费用支出率	客户满意度	市场占有率	能耗指标	三废排放达标率	废弃物综合利用率
600008	1.770593	1.316608	4.12308	0.560757	2.276643	0.01	0.071	1450.196	0.0317	0.8	0.8	11.617	0.2898	0.1652	0.283	1	0.9725
600283	0.825895	0.30914	3.12394	0.602835	2.517842	0.01	0.063	1299.335	0.1041	0.05	0.45	7.994	0.0957	-0.0417	0.258	1	0.9825
600461	0.473964	0.45003	1.898738	0.579184	2.376336	0.01	0.064	474.3961	0.2537	0.1	0.4	1.037	0.1011	0.5159	0.325	1	0.9683
600649	2.074734	0.33345	-181.663	0.510409	2.042521	0.01	0.076	2234.637	-0.3615	0.3185	0.7083	0.2956	0.674	0.2019	0.869	1	0.9658
600874	1.047029	1.004626	2.914487	0.591021	2.445112	0.01	0.065	980.6414	0.0406	0.125	0.8333	0	0.71	0.0645	0.456	1	0.9698
600008	1.331004	0.779069	4.320865	0.594012	2.463127	0.01	0.072	1268.792	0.1448	0.8947	0.7895	13.62	0.2722	-0.0439	0.331	1	0.983
600283	0.807758	0.29617	1.372891	0.673798	3.065581	0.01	0.062	1340.553	0.0369	0.0556	0.5	2.878	0.1123	0.1832	0.195	1	0.9835
600461	0.605097	0.567457	1.819994	0.600225	2.501409	0.01	0.063	419.2952	-0.2055	0.1	0.4	1.002	0.1285	0.0486	0.198	1	0.9711
600649	1.565578	0.303268	31.39311	0.50703	2.028521	0.01	0.081	2393.887	-0.0623	0.3123	0.5	0.4962	0.4415	0.0756	0.837	1	0.9739
600874	1.329243	1.285468	2.755774	0.618446	2.620864	0.36	0.066	1351.361	0.0163	0.1538	0.8462	0	0.7	0.0479	0.478	1	0.9611
600008	1.290431	0.954332	3.803453	0.595489	2.472123	0.01	0.071	120.2921	0.0003	0.9565	0.6522	0	0.213	0.2506	0.321	1	0.9692
600283	0.699141	1.192188	1.645747	0.706516	3.407345	0.01	0.064	1401.736	0.0096	0.05	0.5	0	0.1015	0.0818	0.233	1	0.9846
600461	0.604896	0.574592	1.878473	0.611498	2.573991	0.01	0.065	354.3915	-0.0098	0.4	0.4	0	0.0793	0.1403	0.294	1	0.9725
600649	1.705274	0.387935	19.9511	0.55266	2.235434	0.01	0.079	2303.242	0.0972	0.3418	0.8261	0	0.5487	-0.3021	0.821	1	0.9761
600874	1.478375	1.452174	3.179346	0.626636	2.678349	0.37	0.067	2137.621	0.0091	0.1667	0.8833	0	0.66	-0.0687	0.359	1	0.9701

附表 6：2006 年中央企业综合绩效评价指标及权重表

评价内容及权数	财务绩效指标（70%）		管理绩效指标（30%）
	基本指标及权数	修正指标及权数	评议指标
盈利能力状况（34）	净资产收益率（20） 总资产报酬率（14）	销售（营业）利润率（10） 盈余现金保障倍数（9） 成本费用利用率（8） 资本收益率（7）	战略管理（8） 发展创新（15） 经营决策（16） 风险控制（13） 基础管理（14） 人力资源（8） 行业影响（8） 社会贡献（8）
资产质量状况（22）	总资产周转率（10） 应收账款周转率（12）	不良资产比率（9） 流动资产周转率（7） 资产现金回收率（6）	
债务风险状况（22）	资产负债率（12） 已获利息倍数（10）	速动比率（6） 现金流动负债率（6） 带息负债比率（5） 或有负债比率（5）	
经营增长状况（22）	销售（营业）增长率（12） 资本保值增值率（10）	销售（营业）利润增长率（10） 总资产增长率（7） 技术投入比率（5）	

参 考 文 献

［1］杜胜利．企业经营业绩评价［M］．北京：经济科学出版社，1999．

［2］孙世敏．经营者业绩评价与激励模式．基于价值创造和生命周期视角的研究［M］．北京：经济科学出版社，2010．

［3］陆庆平．企业绩效评价论：基于利益相关者视角的研究［M］．北京：中国财政经济出版社，2006．

［4］潘康宇．企业绩效评价理论与实证研究［M］．北京：中国物资出版社，2011．

［5］罗伯特·西蒙斯著，张文贤译．战略实施中的绩效评估与控制系统［M］．大连：东北财经大学出版社，2002．

［6］陶在朴．生态包袱与生态足迹［M］．北京：科学出版社，2003．

［7］中国科学院可持续发展研究组．中国可持续发展战略报告［R］．北京：科学出版社，1999，2000，2002，2004，2005．

［8］张蕊．企业战略经营业绩评价指标体系研究［M］．北京：中国财政经济出版社，2002．

［9］张蕊等．循环经济下的企业战略经营业绩评价问题研究［M］．北京：中国财政经济出版社，2011．

［10］国家环保总局．中国 21 世纪议程［M］．北京：中国环境出版社，1994．

［11］李政道，周光召，牛文元．21 世纪中国的环境与可持续发展能力［M］．青岛：青岛出版社，1997．

［12］皮尔斯著，何晓等译．绿色经济的蓝图［M］．北京：北京师范大学出版社，1996．

［13］联合国贸易与发展会议（ISAR）. 企业环境业绩和财务业绩指标的结合［M］. 北京：中国财政经济出版社，2003.

［14］王莲芬，徐树柏. 层次分析法引论［M］. 北京：中国人民大学出版社，1990.

［15］邱菀华. 管理决策与应用熵学［M］. 北京：机械工业出版社，2001.

［16］王兴娟. 基于熵权－TOPSIS 的企业业绩评价研究［D］. 河北大学，2009.

［17］陈维政，吴继红，任佩瑜. 企业社会绩效评价的利益相关者模式［J］. 中国工业经济，2002（7）：57－63.

［18］张蕊. 论企业经营业绩评价的理论依据［J］. 当代财经，2002（4）：68－73.

［19］张川，潘飞. 国内外综合业绩评价体系的研究述评［J］. 当代财经，2008（4）：120－123.

［20］张纯. 论新经济时代 EVA 的效用性［J］. 会计研究，2003（4）：19－22.

［21］黎毅，刘美. 利益相关者黎毅保护效果评价体系研究——以有色金属类企业为例［J］. 江西财经大学学报，2010（3）：16－21.

［22］郝云宏，曲亮，吴波. 利益相关者导向下企业经营绩效评价的理论基础［J］. 当代经济科学，2009（1）：19－25，124.

［23］石高宏. 中国可持续发展评价指标体系初探［J］. 西北大学学报，1999，29（4）：105－108.

［24］张蕊. 循环经济下的企业战略经营业绩评价问题研究［J］. 会计研究，2007（10）：63－66，96.

［25］张蕊，黎毅. 循环经济下企业战略经营业绩评价指标体系设置——以有色金属铜业为例［J］. 当代财经，2009（12）：102－106.

［26］李健，邱立成，安晓会. 面向循环经济的企业绩效评价指标体系研究［J］. 中国·人口资源与环境，2004（4）：121－125.

［27］史晓燕. 基于循环经济的企业绩效评价［J］. 西安石油大学学报（社会科学版），2005（15）：48－54.

［28］高前善. 和谐社会中企业绩效的多重评价［J］. 企业管理，2006

（2）：30－31.

[29] 东北财经大学产业组织与企业组织研究中心课题组．中国战略性新兴产业发展战略研究 [J]．经济研究参考，2011（7）：47－60.

[30] 贺正楚，吴艳．战略性新兴产业的评价与选择 [J]．科学学研究，2011（5）：678－683.

[31] 刘嘉宁．战略性新兴产业评价指标体系构建的理论思考 [J]．经济体制改革，2013（1）：170－174.

[32] 张文泉，张世英，江立勤．基于熵的决策评价模型及应用 [J]．系统工程学报，1995，10（3）：69－74.

[33] 徐泽水．多属性决策的两种方差最大化方法 [J]．管理工程学报，2001，15（2）：11－13.

[34] 梅国平，陈孝新，毛小兵．基于主成分分析的企业会计信息失真预测模型 [J]．当代财经，2006（2）：119－124.

[35] 徐泽水，孙在东．一种基于方案满意度的不确定多属性决策方法 [J]．系统工程，2001，19（3）：76－79.

[36] 王明涛．多指标综合评价中权系数确定的一种综合分析方法 [J]．系统工程，1999，17（2）：56－61.

[37] 徐雅静，王远征．主成分分析应用方法的改进 [J]．数学的实践与认识，2006，36（6）：68－75.

[38] 张辉，田建国．灰色主成分及其实证分析 [J]．山东师范大学学报（自然科学版），2003，18（1）：4－6.

[39] 张立华，陈洁，刘雪芹．上市公司业绩的组合主成分评价方法 [J]．统计与决策，2009（17）：185－186.

[40] 冯根福，王会芳．上市公司绩效多角度综合评价及其实证分析 [J]．中国工业经济，2001（12）：23－29.

[41] 张慧，周春梅．我国旅游上市公司经营业绩的评价与比较——基于因子分析和聚类分析的综合研究 [J]．宏观经济研究，2012（3）：85－92.

[42] 郭新艳，郭耀煌．基于 TOPSIS 法的地区科技竞争力的综合评价 [J]．软科学，2004，18（4）：30－37.

[43] 周晓光，张强，胡望斌．基于 Vague 集的 TOPSIS 方法及其应用

[J]. 系统工程理论方法应用，2005，14（6）：537－541.

[44] 孙晓东，焦玥，胡劲松. 基于灰色关联度和理想解法的决策方法研究 [J]. 中国管理科学，2005，13（4）：63－68.

[45] 朱顺泉，张尧庭. 上市公司财务状况的熵值模糊综合评价模型 [J]. 山西财经大学学报，2002（5）：101－103.

[46] 翁钢民，鲁超. 基于突变级数法的旅游上市公司经营业绩的综合评价 [J]. 统计与决策，2010（9）：56－59.

[47] 吴润衡，英英，张勇. 上市公司经营业绩的多因素层次模糊评价 [J]. 运筹与管理，2004（4）：102－105.

[48] 梅国平. 基于复相关系数法的公司绩效评价实证研究 [J]. 管理世界，2004（1）：145－146.

[49] 汤学俊. 企业可持续成长的多层灰色评价 [J]. 统计与决策，2006（22）：156－158.

[50] 闫少铭，王莉. 数据包络分析法在上市公司经营业绩评价中的应用 [J]. 中国流通经济，2006（1）：56－59.

[51] 周莉，黄河清，蒲勇健. 基于功效系数法的经营者相对业绩评价研究 [J]. 软科学，2006（1）：40－44.

[52] 张蕊. 企业经营业绩评价方法的比较研究 [J]. 当代财经，2006（2）：109－113.

[53] 左军. 多目标决策中敏感性分析的方法探讨 [J]. 系统工程理论方法应用，1987，7（3）：1－11.

[54] 孙世岩，邱志明，王航宇. 基于鲁棒性分析的 ELECTRE－Ⅲ 参数推断方法 [J]. 指挥控制与仿真，2006，28（6）：14－18.

[55] 孙世岩，邱志明，张雄飞. 多属性决策鲁棒性评价的仿真方法研究 [J]. 武汉理工大学学报，2006，28（12）：58－75.

[56] 杨占武. 科技创新中的政府采购政策问题 [J]. 宁夏社会科学. 2006（9）：36－39.

[57] 徐瑞娥. 当前我国发展低碳经济政策的研究综述 [J]. 经济研究参考. 2009（66）：34－40.

[58] 阎维洁. 各国激励企业技术创新政策比较分析 [J]. 当代财经. 2007（8）：56－58.

[59] 王勇. 节能环保产业将成为拉动经济新主角 [N]. 证券时报, 2014 - 02 - 14: A08.

[60] 王应明. 运用离差最大化方法进行多指标决策与排序 [J]. 系统工程与电子技术, 1998, 20 (7): 24 - 26.

[61] 王明涛. 多指标综合评价中权数确定的离差、均方差决策方法, 中国软科学, 1999 (8): 100 - 103.

[62] 陈华友. 多属性决策中基于离差最大化的组合赋权方法 [J]. 系统工程与电子技术, 2004, 26 (2): 194 - 197.

[63] 熊文涛, 齐欢, 雍龙泉. 一种新的基于离差最大化的客观权重的确定 [J]. 系统工程, 2010, 28 (5): 95 - 98.

[64] 徐泽水, 孙在东. 一种基于方案满意度的不确定多属性决策方法, 系统工程, 2001 (5): 76 - 79.

[65] 胡永宏. 对 TOPSIS 法用于综合评价的改进 [J]. 数学的理论与实践, 2002, 32 (4): 572 - 575.

[66] 邱根胜, 邹水木, 刘日华. 多指标决策 TOPSIS 法的一种改进 [J]. 南昌航空工业学院学报 (自然科学版), 2005, 19 (3): 34 - 37.

[67] 付巧峰. 关于 TOPSIS 法的研究 [J]. 西安科技大学学报, 2008, 28 (1): 190 - 193.

[68] 陈伟. 关于 TOPSIS 法应用中的逆序问题及消除的方法 [J]. 运筹与管理, 2005, 14 (3): 39 - 43.

[69] 陆伟峰, 唐厚兴. 关于多属性决策 TOPSIS 方法的一种综合改进, 统计与决策, 2012 (19), 38 - 40.

[70] 林钟高, 章铁生. 从代理理论看代理人业绩评价问题 [J]. 经济管理, 2001 (9): 25 - 27.

[71] 王伟光, 唐晓华. 现代战略管理 [M]. 北京: 经济管理出版社, 2006.

[72] 陈共荣, 曾峻. 企业绩效评价主体的演进及其对绩效评价的影响 [J]. 会计研究, 2005 (4): 65 - 68.

[73] 王化成, 刘俊勇. 企业业绩评价模式研究 [J]. 管理世界, 2004 (4): 82 - 91.

[74] 张蕊. 循环经济下的企业战略经营业绩评价问题研究 [M]. 北

京：中国财政经济出版社，2009.

[75] 王斌. 中国国有企业业绩评价制度回顾与思考 [J]. 会计研究，2008（11）：21 – 28.

[76] Kaplan, R. S., Norton, D. P. 1992. The Balanced Scorecard-Measures That Drive Performance. Harvard Business Review, 70（1）：71 – 79.

[77] Kaplan, R. S., Norton, D. P. 1996. Using the Balanced Scorecard as a Strategic Management System. Harvard Business Review, 74（1）：75 – 85.

[78] Neely, A., Mills, J., Platts, K., Richards, H., Gregory, M., Bourne, M., & Kennerley, M. 2000. Performance measurement system design：developing and testing a process-based approach. International Journal of Operations & Production Management, 20（9/10）：1119 – 1145.

[79] Chenhall, R., & Langfield-Smith, K. 1998. Factors influencing the role of management accounting in the development of performance measures within organizational change programs. Management Accounting Research, 9（4）：361 – 386.

[80] Maltz, A. C., Shenhar, A. J., & Reilly, R. R. 2003. Beyond the Balanced Scorecard：Refining the Search for Organizational Success Measures. Long Range Planning, 36（2），187. doi：10. 1016/S0024 – 6301（02）00165 – 6.

[81] Geweke J, Porter-Hudak S. The estimation and application of long memory time series models, Time Series Anal, 1983（4）：405 – 419.

[82] Sowell F. Modeling long-run behavior with the fraction ARIMA model, Monetary Economics, 1992（29）：277 – 302.

[83] Lo A W. Long-term memory in stock market prices, Econometrical, 1991（59）：1279 – 1313.

[84] Wernick Iddo K, Ausubel Jesse H. National materials flows and the environment, Annual Review of Energy and Environment, 1995（20）：464 – 488.

[85] Adriaanse A, Bringezu S, Hammond A, et al. Resource Flows-The Material Basis of Industrial Economies, Washington, DC：World Resources Institute, 1997.

[86] World Resource Institute（WRI）. The Weight of Nations：Material Outflows from Industrial Economies, Washington, DC：World Resources Insti-

tute, 2000.

[87] Bringezu S, Schütz H. Total Material Requirement of the European Union, Technical Report No. 55. European Environmental Agency, Copenhagen, 2001.

[88] Daly H. E. and Cobb J. B. For the Common Good: Redirecting the Economy toward the Community, the Environment and a Sustainable Future, Boston: Beacon Press, 1989.

[89] Cataned B E. An index of sustainable economic welfare (ISEW) for Chile, Ecological Economics, 1999 (28): 231 – 244.

[90] Repetto, R, Magrat W, Wells M, et al. Wasting Assets: Natural Resources in the National Income Accounts, Washington: World Resources Institute, 1989.

[91] Hueting R. Correcting national income for environmental losses: a practical solution for a theoretical dilemma, Costanza R, ed. Ecological Economics: the Science and Management of Sustainability, New York: Columbia University Press, 1991.

[92] Meyer C A. Environmental and Resource Accounting: Where to Begin, Washington: World Resource Institute, 1993.

[93] International Organization for Standardization. ISO 14301: 1999 Environmental management-Environmental performance evaluation-Guidelines, 1999.

[94] WBCSD. Measuring eco-efficiency: A guide to reporting company performance, ISBN 2 – 94 – 024014 – 0. Jun, 2000.

[95] GRI. Sustainability reporting guidelines-G3 sustainability reporting guidelines, Amsterdam, Oct, 2006.

[96] XIE S Y, HAYASE K. Corporate environmental performance evaluation: A measurement models and a new concept, Business Strategy and the Environment, 2007 (16): 148 – 168.

[97] Dalkey N C. The Delphi method: An Experimental Study of Group Opinion, Rand Memorandum, No. RM-5888-PR, 1969.

[98] Roy, B. The problems and methods with multiple objective functions, Mathematical Programming, 1971, 1: 239 – 266.

[99] Roy, B. How outranking relation help multiple criteria decision making, In Cochrane J L and M Zeleny, ed. Multiple Criteria Decision Making. University of South Carolina Press, 1973.

[100] Roy, B. ELECTRE-Ⅲ: un algorithme de classements fonde sur une representation floue des preferences en presence de ceiteres multiples, Cashiers du CERO, 1978, 20 (1): 3 - 24.

[101] Roy, B. Hugonnard J. Ranking of suburan line extension projects on the Paris metro system by a multicriteria method, Transportation Research, 1982, 16A: 301 - 312.

[102] Arrow K J. Social choice and multicriterion decision-making, USA: Halliday Lithograph, 1986.

[103] Jolliffe I T. Principal component analysis, Springer-Verlag New York, Inc, 1986.

[104] Twining C J, Taylor C J. The use of kernel principal component analysis to model data distributions, Pattern Recognition, 2003, 36: 217 - 227.

[105] Hwang C L, Yoon K Multile attributes decision-making methods and applications, Springer Berlin Heidelberg, 1981.

[106] Chen C T. Extension of the TOPSIS for group decision-making under fuzzy environment, Fuzzy Sets and Systems, 2000 (114): 1 - 9.

[107] Rios Inusu, Simon French. A framework for sensitivity analysis in discrete multi-objective decision-making, European Journal of Operational Research, 1991, 54 (1): 176 - 190.

[108] Roy, B. A missing link in OR-DA: robustness analysis, Foundations of Computing and Decision Sciences, 988, 23. 141 - 160

[109] Vincke, Ph. Robust Solutions and Methods in Decision Aid, Journal of Multi-Criteria Decision Analysis 1999, 8: 181 - 187.

[110] Vincke, Ph. Robust and neutral methods for aggregating preferences into an outranking relation, European Journal of Operational Research, 1999, 112: 405 - 412.

[111] Vincke, Ph. About the application of MCDM to some robustness problems, European Journal of Operational Research, 2006, 144 (1): 312 - 334.

信毅学术文库

229

［112］Kouvelis, P, Yu, G. , Robust discrete optimization and its application, Kluwer Academic Publishers, 1997.

［113］Teece, D. J, Pisano, G. & Shuen, A dynamic capabilities and strategic management. Strategic Management Journal, Vol. 18, No. 7, 1997.

［114］Barney. J. B. Firm resources and sustained competitive advantage ［J］. Journal of Management, 1991.

［115］Luis C. Dias, Joao N. Climaco, On computing ELECTRE's credibility indices under partial information, Journal of Multi-Criteria Decision Analysis, 1999, 8: 74 – 92.

［116］Mason Haire, Biological Models and Empirical Histories in the Growth of Organizations ［M］. Model Organization Theory, ed. Mason Haire, New York: John Wiley, 1959.

［117］Gardner J W. How to prevent organizational dry rot ［J］. Harper's, 1965.

［118］Adizes I. Enterprise Life Cycle ［M］. Beijing: Chinese Social Sciences Publishing House, 1997.

［119］Danny Miller, Peter Friesen. A longitudinal study of the corporate life cycle ［J］. Management Science, 1984, 30 (10): 1161 – 1183.

后　　记

完稿之即，心境不免有些波澜起伏。自 2011 年开始攻读博士到论文完成，经过了四年整，近一千五百个日夜。我与其他在读博士生一样走过了一条颇为不寻常的人生艰旅之路。时年廿八岁，读毕本硕，留校任教，直至走上读博之路，同时又面临婚孕压力，人生重负犹如泰山压顶般袭来。

屈子云：路漫漫其修远兮，吾将上下而求索。伟大先哲的不朽名言，在此后的学习过程中，时时醍醐灌顶般磨砺着我的意志，坚定着我的信念，洗涤着我时陷迷惘的心扉，星星亮点般不懈照耀着我前进的幽明之路，以至一路风餐露宿，宵衣旰食，摸爬滚打，书山，文海，青灯，寒夜。为了完成学业，翻阅文献，摘录文稿，度过无眠之夜，期间还经历了婚孕、哺儿等艰辛时月。然而这一切现在似乎已凝聚为有形成果，一部约十几万字的博士论文渐次成稿，渴望中的学业似乎已在彼岸向我招手。然而这只是我人生长征中的一步，以后的日子里，我还将以加倍的努力回报导师的培育之恩，为社会的进步发展奉献绵薄之力。

在此首先衷心感谢我的导师张蕊教授，在几年的求学生涯中，在她的悉心指导下，我的专业理论与学术水平得到了全面的提升与发展。尤其是她严谨的治学精神更让本人受益匪浅，终生难忘。张蕊老师学术造诣深厚，给予了我学习、科研和论文写作方面的全方位指导，开拓了我的研究视野，增强了我的学识素养，提高了我的科研能力。张蕊老师对我学习上的热情鼓励、科研上的严格要求和生活上无微不至的关怀，是我坚持不懈学习、努力钻研学问和乐观向上生活的动力源泉，能够师从张蕊老师是我求学生涯的最大幸运。

其次，要感谢江西财经大学各位老师的指导和协助。在此诚挚地感谢蒋尧明教授、章卫东教授、谢盛纹教授、刘骏教授、余新培教授、袁业虎教授在学习上对我的启发与有益指导。

再次，要感谢同事和朋友们对我的关心厚爱与鼎力支持。在此感谢唐厚兴博士、熊家财博士。同时，衷心感谢我的闺蜜苏佳妮和好友湛超的全力支持，在多年的交往建立了难能可贵的浓厚情谊。

最后，特别要感谢我的家人一直以来对我学习与生活上的全力关心、理解和支持，感谢我的父母、公婆对我的无私奉献和鼎力相助。在此祝愿四位老人身体健康、快乐幸福、安享晚年；同时感谢我的丈夫，是你的宽容、理解和关爱让我感觉生活幸福、学习充实、后顾无忧。在此还要感谢我的女儿可可和美美，她们纯真快乐的笑容和天真无邪的童趣，为我的全程写作，给予了无穷的动力与快乐。

作者

2019 年 9 月 10 日